博士论文
出版项目

# 教科书中优秀传统文化道德形象的价值传承研究

Research on the Value Inheritance of Excellent Traditional Culture's Moral Image in Textbooks

全晓洁　著

中国社会科学出版社

图书在版编目(CIP)数据

教科书中优秀传统文化道德形象的价值传承研究／全晓洁著.—北京：中国社会科学出版社，2022.4
ISBN 978-7-5203-9627-1

Ⅰ.①教… Ⅱ.①全… Ⅲ.①伦理学—思想史—影响—中小学—文科(教育)—教材—研究—中国 Ⅳ.①B82-092②G633.302

中国版本图书馆 CIP 数据核字（2022）第 014953 号

| | | |
|---|---|---|
| 出版人 | 赵剑英 | |
| 责任编辑 | 田 文 | 刘 洋 |
| 责任校对 | 王 龙 | |
| 责任印制 | 王 超 | |

| | | |
|---|---|---|
| 出 版 | 中国社会科学出版社 | |
| 社 址 | 北京鼓楼西大街甲 158 号 | |
| 邮 编 | 100720 | |
| 网 址 | http://www.csspw.cn | |
| 发行部 | 010-84083685 | |
| 门市部 | 010-84029450 | |
| 经 销 | 新华书店及其他书店 | |
| 印 刷 | 北京君升印刷有限公司 | |
| 装 订 | 廊坊市广阳区广增装订厂 | |
| 版 次 | 2022 年 4 月第 1 版 | |
| 印 次 | 2022 年 4 月第 1 次印刷 | |
| 开 本 | 710×1000 1/16 | |
| 印 张 | 25.75 | |
| 字 数 | 359 千字 | |
| 定 价 | 139.00 元 | |

凡购买中国社会科学出版社图书，如有质量问题请与本社营销中心联系调换
电话：010-84083683
版权所有 侵权必究

# 出 版 说 明

为进一步加大对哲学社会科学领域青年人才扶持力度，促进优秀青年学者更快更好成长，国家社科基金2019年起设立博士论文出版项目，重点资助学术基础扎实、具有创新意识和发展潜力的青年学者。每年评选一次。2020年经组织申报、专家评审、社会公示，评选出第二批博士论文项目。按照"统一标识、统一封面、统一版式、统一标准"的总体要求，现予出版，以飨读者。

全国哲学社会科学工作办公室

2021年

# 前　言

　　中国优秀传统文化中的道德思想源远流长，无论是维系历史，还是滋养当代，都有其自身的独特价值。道德思想是维护社会稳定、维系人类社会发展的基本精神要素。教科书作为文化的载体，继承和发扬历史进程中本民族积累的道德思想精髓是其重要职能。然而，发源和发展于封建社会的中国传统文化中的道德思想，一方面具有不可避免的局限性，另一方面，透过其具体的历史形态，它们又蕴含与今相通之理。因此，教科书对优秀传统文化中的道德形象进行刻画的目的不是复古教育，不是复制全部的、整体的传统道德体系，而是结合现代社会的需求对其进行筛选、检视、转化，使中华民族最基本的道德文化基因与当代文化相适应，与现代社会相协调。虽然传统文化道德形象是已生成的、静态的，但教科书对之的刻画却是动态的、发展的。教科书的内容选择彰显价值倾向，教科书的内容编排传递文化品格。因此"教科书传承什么道德思想？""如何传承？"体现了其对传统文化道德形象的价值传承特点。本书就以内容与形式为切入点分析优秀传统文化的道德形象在教科书中的刻画，并在分析中以"古今对比"为暗线，深层探究教科书在刻画优秀传统文化道德形象过程中表现出的价值传承特点，呈现其背后的时代意义与社会根源，以期为教科书中道德教育内容的选择与编写提供有益借鉴，推动教科书文化传承功能的充分实现，并更好地实现对传统文化道德精神的挖掘和转化。

　　本书的创新之处在于以批判性视角分析教科书中优秀传统文化

道德形象的价值传承。当前对教科书中传统道德的分析都暗含一个前提：默认优秀传统文化中的道德精神在现代场域中的合理性。相关研究多集中着眼于教科书应该从优秀传统文化的道德精神中"拿来"什么。本书则从批判传承的视角入手，期望厘清教科书在进行优秀传统文化道德形象的价值传承中实现了哪些"延续"、哪些"新释"和哪些"超越"。在此基础上进一步剖析，教科书传承优秀传统文化中的道德精神时，应当如何基于现代语境对之进行诠释与呈现，才能挖掘其中的时代价值，从而使"前现代"中的道德精神更好地为现代道德教育助力。

# 摘 要

"优秀传统文化道德形象"指优秀传统文化通过自身秉持的一系列主流道德思想，给人在知觉上造成的一种具体的道德印象。分为个人层面道德形象、社会层面道德形象和国家层面道德形象。"传承"不仅意味着延续，更意味着在延续基础上的新释与超越，因此，本书认为"教科书对优秀传统文化道德形象的价值传承"指教科书通过内容选择和内容呈现刻画优秀传统文化道德形象，从中体现对其价值的延续、新释与超越。上述的"个人—社会—国家""延续—新释—超越"两组横纵坐标成为后续内容分析的维度。

一方面，教科书中的德目内容选择彰显其价值取向。因此，本书运用内容分析法梳理教科书中蕴含的道德内容，针对教科书中涉及的个人、社会、国家三层面的每条德目进行逐一分析，旨在探明教科书刻画每个道德层面时，实现的价值传承特点。内容层面的价值传承特点包括三方面：对优秀传统文化中具有普适性的道德思想的继承；对时代性与普适性交织的道德思想的新释，使之符合时代需求；结合现代伦理观念挖掘资源以弥补传统中薄弱与缺失的优秀道德思想。本书从这三个角度呈现教科书刻画优秀传统文化道德形象时的价值传承特点，剖析古今的延续与差异。另一方面，教科书中的德目呈现形式彰显其价值取向。因此，以面上观照和案例分析相结合的思路探明教科书刻画优秀传统文化中道德形象的形式：一是教科书中有形的呈现方式分析，包括榜样示范、道德叙事、活动牵引；二是教科书中无形的话语表达分析，包括对话、隐喻、规劝。

并在道德呈现形式分析中深层次剖析古今差异及其背后的价值取向变革。

由以上分析可知，教科书继承了传统文化中"天人合一"的世界观与伦理观价值、"内圣外王"的理想人格、"义以为上"的价值取向、"仁"与"礼"的内在品质与外在规则。但同时又表现出以下超越：道德从一元到多元，从义务到权利；利义从相斥到和合，公私从对立到互渗；走出宗法利益关系，达至普遍社会公理三方面。其深层动因包括文化的二元特性、教科书的文化本质、社会发展的推动、观念转换的引领四方面。教科书对优秀传统文化道德形象进行价值传承的关键点在于树立优秀传统道德精神的取舍与转化标准：继承传统道德精神的精髓，弘扬优秀价值观；挖掘传统道德精神的"潜现代性"，与现代汇通；提升传统道德精神的"类后现代性"，与未来接轨。营造优秀传统道德精神呈现的现代性语境：通过开放的德目呈现形式引领学生的道德主体性；在德目诠释过程中加深传统与现代的联结。把握优秀传统道德精神传承的三组关系：让"传统"生发于"现在"以滋养道德文化土壤；找寻"道德自由"与"道德价值共识"的辩证统一；在尊重"个体的道德选择"的基础上引领"超义务"道德。

本书对以上问题进行详细阐述，旨在探索当下教科书通过刻画优秀传统文化道德形象实现了怎样的价值传承，及怎样实现更好的价值传承，以期为教科书中的道德教育内容选择与编排提供借鉴。

**关键词：**优秀传统文化；道德形象；价值传承；中小学教科书

# Abstract

"Moral image" means that individual, company, country, or other moral subject gives people a moral outlook by its own stable moral manifestation. "Excellent Traditional Culture's moral image" means that people's specific moral impression for Excellent Traditional Culture caused by its mainstream moral ideology. It can be divided into moral image of the individual level, moral image of the social level, and moral image of the national level. "Heritage" not only means continuation, but also means new interpretation and transcendence on the basis of continuation, so "the value inheritance of Excellent Traditional Culture's moral image in textbooks" means textbooks portray Excellent Traditional Culture's moral image through content selection and content presentation, by which reflects the continuation, interpretation and transcendence of it. "Person – society – state" and "continuation – interpretation – transcendence" mentioned above are the dimensions of following analysis.

The selection of content in textbooks highlights its value orientation, so this part uses Content Analysis to comb the moral content contained in the textbooks. It analyzes individual level morality, social level morality and national level morality respectively to reveal the value inheritance characteristics when portraying the moral image of Excellent Traditional Culture. The inheritance characteristics include three parts, which are inheriting universal morality; reinterpreting the morality intertwined with advantage and limitation to make it meet the needs of modern society; making up for the weakness and absence of Excellent Traditional Culture. From these three perspectives, this research presents value inheritance characteristics when textbooks portray the moral image of Excellent Traditional Culture, and analyzes the continuation and differences between ancient and modern.

The form of morality presentation in textbooks demonstrates its value orientation, so this part focuses on the presentation form of Excellent Traditional Culture's moral image in the textbooks basing on the combination of general analysis and case analysis. It explores the presentation form of moral image from two aspects, including visible morality presentation such as model demonstration, moral narrative and moral activity, invisible discourse analysis such as dialogue, metaphor, and persuasion. During the analysis, research also explores the differences between ancient and modern, and the value orientation transition behind it.

Basing on the analysis above, the textbooks inherit and surpass Excellent Traditional Culture's moral image mainly on the following levels. They inherit the value of harmony between the heaven and human, the value of sageliness within and kingliness without, justice outweighing benefit, the value orientation of righteousness – centred inner character and courtesy – centred external rules. Transcendence includes three parts, which are from unitary morality to pluralism morality, from obligations to rights, the relationship between righteousness and profit from repulsion to reconciliation, the relationship between public and private from repulsion to reconciliation, and from traditional patriarchal interests to universal social justice. The deep motivations for inheritance and transcendence include four aspects: the dual nature of culture, the cultural essence of textbooks, the promotion of social development and the conversion of ideas.

The key points for the value inheritance of Excellent Traditional Culture's moral image are establishing the criteria for choosing and transforming traditional morality which includes inheriting the quintessence of traditional morality, tapping the "potential modernity" of traditional morality to connect with modernity, promoting the "homologous post – modernity" of traditional morality to be in line with the future; creating a modern presentation context of Excellent Traditional Morality which includes adopting open morality presentation patterns to guide students' moral subjectivity, tightening the linkage between tradition and modernity during the explanation of traditional morality; paying attention to the three sets of relationships in traditional morality inheritance which includes letting the "tradition" arise in "modern" to nourish the soil of moral culture, finding the balance between "moral freedom" and "consensus of moral values", leading "super – obligation" morality on the foundation of respecting "individual moral choice".

This research focusing on the above aspects aims to explore curriculum how to inherit and how to inherit better, and try to come up with optimization strategies from the aspects of content and form.

**Key Words**: Excellent Traditional Culture; Moral Image; Value Inheritance; Premier and Middle School Textbooks

# 目　　录

## 导　论 …………………………………………………………（1）

### 第一节　研究缘起 …………………………………………（2）
一　优秀传统文化的道德精神是学校教育的重要内容 ……（2）
二　继承与发展优秀传统文化道德精神是教科书的使命 …（3）
三　对优秀传统文化道德形象的刻画是教科书实现价值
　　传承的关键 ……………………………………………（5）

### 第二节　文献综述 …………………………………………（7）
一　教科书的价值取向研究 ………………………………（7）
二　教科书中的道德教育研究 ……………………………（10）
三　教科书中优秀传统文化的传承研究 …………………（15）
四　教科书中优秀传统文化道德精神的传承研究 ………（17）
五　已有研究的问题及本研究的方向 ……………………（21）

### 第三节　研究目的及价值 …………………………………（25）
一　研究目的 ………………………………………………（25）
二　研究价值 ………………………………………………（26）

### 第四节　研究思路与方法 …………………………………（27）
一　研究思路 ………………………………………………（27）
二　研究方法 ………………………………………………（28）

### 第五节　研究对象 …………………………………………（29）
一　对象选取 ………………………………………………（29）
二　分析类目 ………………………………………………（30）

第六节　分析框架……………………………………………（32）

## 第一章　相关概念界定……………………………………………（34）
　第一节　优秀传统文化……………………………………………（34）
　　一　优秀传统文化的时间节点……………………………（34）
　　二　优秀传统文化的选择标准……………………………（36）
　　三　优秀传统文化的维度与内容…………………………（41）
　第二节　道德形象…………………………………………………（47）
　　一　道德……………………………………………………（47）
　　二　道德形象………………………………………………（48）
　第三节　优秀传统文化道德形象…………………………………（49）
　　一　优秀传统文化道德形象的维度………………………（49）
　　二　优秀传统文化道德形象的内容………………………（59）
　第四节　教科书与价值传承………………………………………（64）
　　一　价值传承………………………………………………（64）
　　二　教科书与价值传承……………………………………（64）

## 第二章　优秀传统文化的道德形象概貌…………………………（66）
　第一节　优秀传统文化的道德形象结构…………………………（66）
　第二节　优秀传统文化的道德形象维度…………………………（70）
　　一　优秀传统文化道德形象的维度划分依据……………（71）
　　二　优秀传统文化道德形象的维度描述…………………（75）
　第三节　优秀传统文化的道德形象内容…………………………（78）
　　一　优秀传统文化的个人层面道德内容…………………（78）
　　二　优秀传统文化的社会层面道德内容…………………（85）
　　三　优秀传统文化的国家层面道德内容…………………（91）
　第四节　优秀传统文化的道德形象特点…………………………（97）
　　一　伦理本位色彩浓郁……………………………………（98）
　　二　整体主义价值倾向……………………………………（100）
　　三　天人合德的思想观念…………………………………（103）

四　重视道德的实践功夫 ……………………………………（104）
五　道德价值的中庸分寸把握 ………………………………（105）
六　重义轻利的"利己心"规避取向 …………………………（106）
七　"性善"的人性论主流 ……………………………………（107）
八　"保守内求"的自我苛律 …………………………………（108）

## 第三章　教科书中优秀传统文化道德形象的价值传承内容 …………………………………………………………（110）
### 第一节　教科书中道德形象的内容概况 ………………………（110）
### 第二节　教科书中个人层面道德形象的内容分析 ……………（117）
一　教科书中个人层面道德形象的延续 ……………………（117）
二　教科书中个人层面道德形象的新释 ……………………（122）
三　教科书中个人层面道德形象的超越 ……………………（125）
### 第三节　教科书中社会层面道德形象的内容分析 ……………（149）
一　教科书中社会层面道德形象的延续 ……………………（149）
二　教科书中社会层面道德形象的新释 ……………………（153）
三　教科书中社会层面道德形象的超越 ……………………（159）
### 第四节　教科书中国家层面道德形象的内容分析 ……………（184）
一　教科书中国家层面道德形象的延续 ……………………（184）
二　教科书中国家层面道德形象的新释 ……………………（190）
三　教科书中国家层面道德形象的超越 ……………………（194）

## 第四章　教科书中优秀传统文化道德形象的价值传承形式 …………………………………………………………（206）
### 第一节　教科书中优秀传统文化道德形象的呈现方式 ………（206）
一　隐性渗透：对传统德育中德目引领教条性的
　　缓和 ………………………………………………………（207）
二　榜样示范：传统文化与现代文化中道德人格的
　　交织 ………………………………………………………（210）
三　道德叙事：传统文化中一元道德形象的开放性

　　　　表述 …………………………………………………… (219)
　　四　活动牵引：从传统权威规训到道德主体的自我
　　　　心智谋求 ……………………………………………… (227)
　第二节　教科书中优秀传统文化道德形象的话语表达 …… (232)
　　一　号召到对话：教科书话语中道德价值引领方式的
　　　　走向 …………………………………………………… (232)
　　二　隐喻：从"圣化"的德育到"亲切"的德育 ……… (238)
　　三　惩戒与规劝：古今道德合法性论证的差异 ………… (246)

## 第五章　教科书中优秀传统文化道德形象的价值传承特点与归因 …………………………………………………… (254)

　第一节　教科书中优秀传统文化道德形象的价值传承
　　　　特点 …………………………………………………… (254)
　　一　教科书中优秀传统文化道德形象的继承 ………… (254)
　　二　教科书中优秀传统文化道德形象的超越 ………… (258)
　第二节　教科书中优秀传统文化道德形象的价值传承
　　　　归因 …………………………………………………… (262)
　　一　文化的二元特性 …………………………………… (262)
　　二　教科书的文化本质 ………………………………… (263)
　　三　社会发展的推动 …………………………………… (264)
　　四　观念转换的引领 …………………………………… (269)

## 第六章　教科书中优秀传统文化道德形象的价值传承关键 …………………………………………………………… (276)

　第一节　教科书需确立优秀传统道德精神的取舍与转化
　　　　标准 …………………………………………………… (276)
　　一　延续：继承传统道德精神的精髓，弘扬优秀
　　　　价值观 ………………………………………………… (276)
　　二　新释：挖掘传统道德精神的"潜现代性"，与现代
　　　　汇通 …………………………………………………… (278)

三　超越：提升传统道德精神的"类后现代性"，
　　　　与未来接轨 ……………………………………………（279）
第二节　教科书需营造优秀传统道德精神呈现的现代性
　　　　语境 ……………………………………………………（281）
　　一　通过开放的德目呈现形式引领学生的道德
　　　　主体性 …………………………………………………（281）
　　二　在德目诠释过程中加深传统与现代的联结 …………（282）
第三节　教科书需把握优秀传统道德精神传承的三组
　　　　关系 ……………………………………………………（284）
　　一　让"传统"生发于"现在"以滋养道德文化
　　　　土壤 ……………………………………………………（284）
　　二　寻找"道德自由"与"道德价值共识"的辩证
　　　　统一 ……………………………………………………（285）
　　三　在尊重"个体道德选择"的基础上引领"超义务"
　　　　道德 ……………………………………………………（287）

**第七章　教科书中优秀传统文化道德形象的价值传承展望** …（290）
第一节　教科书中优秀传统文化道德形象的价值传承
　　　　内容优化 ………………………………………………（290）
　　一　结合社会需求与学生特征建构优秀传统道德精神
　　　　体系 ……………………………………………………（290）
　　二　保障教科书中优秀传统道德精神的整体性
　　　　与层次性 ………………………………………………（292）
　　三　加强教科书中优秀传统道德精神的合法性建设 ……（294）
第二节　教科书中优秀传统文化道德形象的价值传承
　　　　形式优化 ………………………………………………（295）
　　一　变革优秀传统道德精神的负载方式激发学生道德
　　　　主体性 …………………………………………………（295）
　　二　多门学科协同共建保障优秀传统道德精神的立体化
　　　　阐释 ……………………………………………………（297）

三 建立教科书中优秀传统道德精神资源的多方
　 链接 ………………………………………………………（298）

**结　语** …………………………………………………………（300）

**附录一**　人民教育出版社小学语文教科书德目统计 …………（303）
**附录二**　人民教育出版社小学品德与生活/品德与社会
　　　　 教科书德目统计 ………………………………………（312）
**附录三**　人民教育出版社中学语文教科书德目统计 …………（317）
**附录四**　人民教育出版社中学思想品德教科书德目统计 ……（322）
**附录五**　人民教育出版社中学历史教科书德目统计 …………（324）
**附录六**　统编版小学语文教科书德目统计 ……………………（328）
**附录七**　统编版小学道德与法治教科书德目统计 ……………（336）
**附录八**　统编版中学语文教科书德目统计 ……………………（341）
**附录九**　统编版中学道德与法治教科书德目统计 ……………（346）
**附录十**　统编版中学历史教科书德目统计 ……………………（349）
**附录十一**　人教版三科教科书单项德目数量及占比
　　　　　 统计表 ………………………………………………（353）
**附录十二**　人教版三科教科书各层次德目数量及占比
　　　　　 统计表 ………………………………………………（354）
**附录十三**　统编版三科教科书单项德目数量及占比
　　　　　 统计表 ………………………………………………（355）
**附录十四**　统编版三科教科书各层次德目数量及占比
　　　　　 统计表 ………………………………………………（356）

**参考文献** ………………………………………………………（357）

**索　引** …………………………………………………………（381）

# Contents

**Introduction** ·················································································· (1)
  Section 1 Research Origins ·············································· (2)
    1  Moral Spirit of Excellent Traditional Culture is An
       Important Content of School Education ······················ (2)
    2  Inheriting and Developing the Moral Spirit of Excellent
       Traditional Culture is the Mission of Textbooks ············· (3)
    3  The Depiction of Excellent Traditional Cultural's Moral
       Image is the Key to Realize the Inheritance Duty of
       Textbooks ······························································ (5)
  Section 2 Literature Review ············································· (7)
    1  Research on the Value Orientation of Textbooks ·········· (7)
    2  Research on Moral Education in Textbooks ················ (10)
    3  Research on the Inheritance of Excellent Traditional
       Culture in Textbooks ············································· (15)
    4  Research on the Inheritance of Excellent Traditional
       Cultural's Moral Spirit in Textbooks ·························· (17)
    5  The Shortages of Existing Research and the Direction of
       This Research ······················································ (21)
  Section 3 Research Purpose and Value ···························· (25)
    1  Research Purpose ················································· (25)

  2 Research Value ………………………………………… (26)

Section 4 Research Ideas and Methods ……………………… (27)

  1 Research Ideas ………………………………………… (27)

  2 Research Methods ……………………………………… (28)

Section 5 Research Object ……………………………………… (29)

  1 Object Selection ………………………………………… (29)

  2 Analysis Category ……………………………………… (30)

Section 6 Analysis framework ………………………………… (32)

## Chapter 1 Definition of Related Concepts ……………… (34)

Section 1 Excellent Traditional Culture ……………………… (34)

  1 Time of Excellent Traditional Culture ……………… (34)

  2 Selection Criteria of Excellent Traditional Culture ……… (36)

  3 Dimension and Content of Excellent Traditional

    Culture ………………………………………………… (41)

Section 2 Moral Image ………………………………………… (47)

  1 Moral …………………………………………………… (47)

  2 Moral Image …………………………………………… (48)

Section 3 Excellent Traditional Cultural's Moral Image ………… (49)

  1 Dimension of Excellent Traditional Cultural's

    Moral Image …………………………………………… (49)

  2 Content of Excellent Traditional Cultural's

    Moral Image …………………………………………… (59)

Section 4 Textbooks and Value Inheritance …………………… (64)

  1 Value Inheritance ……………………………………… (64)

  2 Textbooks and Value Inheritance …………………… (64)

**Chapter 2  Overview of Excellent Traditional Cultural's
          Moral Image** ·············································· (66)

Section 1 Structure of Excellent Traditional Cultural's
          Moral Image ·············································· (66)
Section 2 Dimension of Excellent Traditional Cultural's
          Moral Image ·············································· (70)
  1  Foundation of Dimension ································ (71)
  2  Description of Dimension ································ (75)
Section 3 Content of Excellent Traditional Cultural's
          Moral Image ·············································· (78)
  1  Personal – Level Moral Content ····················· (78)
  2  Social – Level Moral Content ······················· (85)
  3  National – Level Moral Content ····················· (91)
Section 4 Features of Excellent Traditional Cultural's
          Moral Image ·············································· (97)
  1  Strong Color of Ethics – Centered ·················· (98)
  2  Tendency of Holism ···································· (100)
  3  Moral of the Unity of Heaven and Human ········ (103)
  4  Moral Practice – Orientation ························ (104)
  5  Doctrine of the Mean ·································· (105)
  6  Justice Outweighing Benefit ························· (106)
  7  Original Goodness of Human Nature ··············· (107)
  8  Self – Disciplined ······································ (108)

**Chapter 3  Value Inheritance Content of Excellent Traditional
          Cultural's Moral Image in Textbooks** ············ (110)

Section 1 Content Overview of Moral Images in Textbooks ······ (110)
Section 2 Content Analysis of Personal – Level Moral Image in

    Textbooks ················································· (117)
  1 Inheritance of Personal – Level Moral Image in
    Textbooks ················································· (117)
  2 Reinterpretation of Personal – Level Moral Image in
    Textbooks ················································· (122)
  3 Transcendence of Personal – Level Moral Image in
    Textbooks ················································· (125)
 Section 3 Content Analysis of Social – Level Moral Image in
    Textbooks ················································· (149)
  1 Inheritance of Social – Level Moral Image in
    Textbooks ················································· (149)
  2 Reinterpretation of Social – Level Moral Image in
    Textbooks ················································· (153)
  3 Transcendence of Social – Level Moral Image in
    Textbooks ················································· (159)
 Section 4 Content Analysis of National – Level Moral Image in
    Textbooks ················································· (184)
  1 Inheritance of National – Level Moral Image in
    Textbooks ················································· (184)
  2 Reinterpretation of National – Level Moral Image in
    Textbooks ················································· (190)
  3 Transcendence of National – Level Moral Image in
    Textbooks ················································· (194)

**Chapter 4 Value Inheritance Form of Excellent Traditional
    Cultural's Moral Image in Textbooks** ············ (206)
 Section 1 Presentation Modes of Excellent Traditional Cultural's
    Moral Image in Textbooks ···························· (206)

1 Recessive Penetration: Mitigation of Sermon Tendency
    in Traditional Moral Education ……………………… (207)
  2 Model Demonstration: Interweaving of Moral Personality
    in Traditional Culture and Modern Culture …………… (210)
  3 Moral Narrative: Transcendence of Monism of Truth
    in Excellent Traditional Culture's Moral Image ………… (219)
  4 Moral Activity: Autonomy of Moral Subject rather than
    Traditional Authoritative Discipline …………………… (227)
Section 2 Discourse Expression of Excellent Traditional
         Cultural's Moral Image in Textbooks ……………… (232)
  1 From Summon to Dialogue: Development Direction of
    Morality Value Guiding Method ………………………… (232)
  2 Metaphor: Easing the Tendency of "Sanctification" of
    Traditional Moral Education …………………………… (238)
  3 Punishment and Exhortation: Differences of Morality
    Demonstration Style between Ancient and Modern
    Times ………………………………………………… (246)

# Chapter 5 Value Inheritance Features and Reasons of Excellent Traditional Cultural's Moral Image in Textbooks ……………………… (254)

Section 1 Value Inheritance Features of Excellent Traditional
         Cultural's Moral Image in Textbooks ……………… (254)
  1 Inheritance of Excellent Traditional Cultural's Moral
    Image in Textbooks …………………………………… (254)
  2 Transcendence of Excellent Traditional Cultural's Moral
    Image in Textbooks …………………………………… (258)

Section 2 Value Inheritance Reasons of Excellent Traditional
　　　　　Cultural's Moral Image in Textbooks ……………（262）
　1　Dual Nature of Culture ……………………………………（262）
　2　Cultural Essence of Textbooks ……………………………（263）
　3　Promotion of Social Development ………………………（264）
　4　Conversion of Ideas ………………………………………（269）

## Chapter 6　Key to Value Inheritance of Excellent Traditional Cultural's Moral Image in Textbooks …………（276）

Section 1 Establishing the Criteria for Choosing and
　　　　　Transforming Traditional Morality ………………（276）
　1　Inheritance: Inheriting the Quintessence of Traditional
　　　Morality ……………………………………………………（276）
　2　Reinterpretation: Tapping the "Potential Modernity"
　　　of Traditional Morality to Connect with Modernity ………（278）
　3　Transcendence: Promoting the "Homologous Post-
　　　Modernity" of Traditional Morality to be in Line With
　　　the Future …………………………………………………（279）
Section 2 Creating a Modern Presentation Context of Excellent
　　　　　Traditional Morality …………………………………（281）
　1　Adopting Open Morality Presentation Patterns to Guide
　　　Students' Moral Subjectivity ………………………………（281）
　2　Tightening the Linkage between Tradition and Modernity
　　　during the Explanation of Traditional Morality …………（282）
Section 3 Paying Attention to the Three Sets of Relationships
　　　　　in Traditional Morality Inheritance …………………（284）
　1　Letting the "Tradition" Arise in "Modern" to Nourish
　　　the Soil of Moral Culture …………………………………（284）

    2    Finding the Balance between "Moral Freedom" and
"Consensus of Moral Values" ········· (285)

    3    Leading "Super – Obligation" Morality on the Foundation
of Respecting "Individual Moral Choice" ········· (287)

## Chapter 7   Value Inheritance Optimization of Excellent Traditional Cultural's Moral Image in Textbooks ········· (290)

Section 1 Content Optimization ········· (290)

    1    Constructing Excellent Traditional Morality System basing on Social Demand and Students' Characteristics ········· (290)

    2    Guaranteeing the Integrity and Hierarchy of Excellent Traditional Morality in Textbooks ········· (292)

    3    Strengthening the Legality Construction of Excellent Traditional Morality in Textbooks ········· (294)

Section 2 Form Optimization ········· (295)

    1    Transforming Morality Presentation Patterns to Guide Students' Moral Subjectivity ········· (295)

    2    Combining Several Subjects to Guarantee Three – Dimensional Explanation of Excellent Traditional Morality ········· (297)

    3    Establishing Multiplex Resource Links of Excellent Traditional Morality in Textbooks ········· (298)

## Conclusion ········· (300)

## Appendix 1 ········· (303)
## Appendix 2 ········· (312)

| | |
|---|---|
| **Appendix 3** | (317) |
| **Appendix 4** | (322) |
| **Appendix 5** | (324) |
| **Appendix 6** | (328) |
| **Appendix 7** | (336) |
| **Appendix 8** | (341) |
| **Appendix 9** | (346) |
| **Appendix 10** | (349) |
| **Appendix 11** | (353) |
| **Appendix 12** | (354) |
| **Appendix 13** | (355) |
| **Appendix 14** | (356) |
| **Reference** | (357) |
| **Index** | (381) |

# 导　　论

> "传统的存在本身就决定了人们要改变它们，继承传统并依赖于它的人，同时也在修正与超越它。当传统处于新的境况时，人们便可以感受到原先隐藏着的新的可能性。"[1]
>
> ——爱德华·希尔斯（Edward Shils）

中国优秀传统文化中积累的道德精神浩繁庞杂，一方面，它们发源于、发展于前现代，具有一定的时代局限性；另一方面，透过其具体的历史形态，它们又蕴含与今相通之理。因此，教科书在文化传承过程中必须从中提炼出精华，发扬具有普适性、生发性的道德精神，转化具有局限性但仍含有现代价值的道德精神。教科书作为文化载体与文化实体，对传统文化中道德精神的传承并不是复古取向，而是通过主动选择与编制实现古为今用。所以说，虽然传统文化道德形象是已生成的、静态的，但教科书对之的刻画却是动态的、发展的。教科书对传统文化道德形象的刻画体现其价值选择倾向，探析教科书如何选择与编制传统文化中的道德思想，实现传统文化道德形象的价值传承，有益于借力传统资源优化道德教育，也有益于更好地传承历史。以下就本书的选题缘由、文献综述、研究思路进行具体阐述。

---

[1] ［美］爱德华·希尔斯：《论传统》，傅铿、吕乐译，上海人民出版社1991年版，第285页。

## 第一节 研究缘起

### 一 优秀传统文化的道德精神是学校教育的重要内容

中国优秀传统文化中的道德精神独树一帜、自成一格,其合理内核历久不衰,是泱泱中华世代以来求生存谋发展的内在文化基因、人生智慧和精神动力。[①]《礼记·曲礼上》中载有"道德仁义,非礼不从"之说,是"道"与"德"连缀的开始。而后荀子又进一步将"道德"的意蕴转化为人的内在存在。道德成为人与自我、他人、社会相处的实际操作系统。中国文化中将人尊为"万物之灵",其原因在于人是有道德的动物,由此可见道德在中国传统观念中的价值与意义。传统伦理思想是中华传统文化的重要组成部分,自孔子起,以智、仁、勇为三达德,并以此为基础建立起第一个完整的道德规范体系,其中包含礼、孝、悌、忠、恕、恭、宽、信、敏、惠、温、良、俭、让、诚、敬、慈、刚、毅、直、俭、克己、中庸等一系列德目。之后,孟子又以仁、义、礼、智作为四基德或母德,并在此基础上扩展成"君惠臣忠、父慈子孝、兄友弟恭、夫义妇顺、朋友有信"的"五伦十教"。法家管仲则提出"礼、义、廉、耻"的"国之四维","孝悌慈惠,恭敬忠信,中正比宜,整齐樽诎,纤啬省用,敦蠓纯固,和协辑睦"的"义之七体"。这些德目,均被后人综合为"知、仁、圣、义、忠、和"的"六德","孝、友、睦、姻、任、恤"的"六行","礼、义、廉、耻"的"四维","忠、孝、仁、爱、信、义、和、平"的"八德"。可见,在中华民族悠久的历史进程中,形成了包括个人品质、家庭道德、国家伦理,乃至宇宙规范在内的,成熟完备的道德价值体系。从内在的情感信念,

---

[①] 周全:《传统伦理思想之现代价值及其教育路径》,《黑龙江高教研究》2016年第3期。

到外在的行为方式，都提出了系统的道德要求。其中精忠报国、振兴中华的爱国情怀，天下兴亡、匹夫有责的担当意识，孝悌忠信、礼义廉耻的荣辱观念，崇德向善、见贤思齐的社会风尚等思想观念，充分体现着现代社会仍应恪守的是非曲直评判标准。《关于实施中华优秀传统文化传承发展工程的意见》指出："中华优秀传统文化蕴含着丰富的道德理念和规范……传承发展中华优秀传统文化，就要大力弘扬自强不息、敬业乐群、扶危济困、见义勇为、孝老爱亲等中华传统美德。"

中国优秀传统文化中的道德精神被越来越多的人认可与重视，对其进行挖掘、创造性转化，引领社会道德的发展是被全民寄予厚望的道德建设之路。学校教育作为有计划、有目的、有组织地培养人的活动，将中国优秀传统文化中的道德精神作为学校教育的重要内容，不仅是优秀传统文化的道德精神代代相传、不断迸发生机与活力的关键，也是优化道德教育的必要之举。

## 二 继承与发展优秀传统文化道德精神是教科书的使命

作为文化传承的载体与实体，教科书不是机械复制传统文化，而是在这一过程中选择与再造传统文化，影响着文化血脉在人类社会的延续。从某种意义上讲教科书演绎着文化演进、创生的结果，担负着传递和发扬人类历史进程中认识与实践的成果、思想观念、审美情趣、伦理道德、习俗规范等人类文化特质的使命。学校教育是传承中国优秀传统文化道德精神的最为体系化、系统化的方式，教科书又是教师进行学校教育的逻辑依据。因此，教科书是传承优秀传统文化道德精神的重要载体。自古以来流淌进中华民族血液中的道德精髓的思想性价值及其在中国传统文化中的至高地位应该在教科书中得以彰显。

但是反观当下教科书中的道德教育，仍然存在着一系列问题：第一，教科书传承优秀传统文化道德精神的价值导向模糊。随着全球化进程的不断推进，发达国家凭借其强势经济与科技力量进行文化扩张，向外极力输出政治理念、价值观和生活方式。而在我国经济社会结构不断调整，社会价值取向由单一向多元转变的过程中，中国传统价值观与现代文化价值观之间的冲突必然存在，导致教科书传承优秀传统文化道德精神的价值导向不明确。应结合现代道德教育特质和传统文化道德思想的精髓，对传统文化的道德教育价值取向重新定位。以素养发展、价值涵养、人格提升为落脚点，在西方国家推进新殖民主义的冲击下保障本民族独有的文化特色，同时又确立更具包容性的优秀传统文化教育价值取向，让中华优秀传统文化中的道德精神"走近时代"，"活在当下"，保证道德教育与现代接轨。第二，教科书传承优秀传统文化道德精神的内容选择标准缺失。当下教科书中的优秀传统文化传承，包括优秀传统文化道德精神的传承都较为杂乱、零碎，存在系统性、整体性不足的缺陷。中国优秀传统文化中的道德精神博大精深、包罗万象，应将其置于时代发展的大背景下，科学理性地分类与精选，着力发掘并在教科书中呈现其深邃灿烂、历久弥新的信仰、思想、精神与智慧。第三，教科书传承优秀传统文化道德精神的编排呈现无序性。教科书中的道德教育内容没有像智育那样形成科学化、标准化、系统化的编排逻辑，甚至存在着"小学讲共产主义，中学讲爱国主义，大学讲文明礼貌"[①]的"错位"现象。教科书应当结合学生身心特点和道德发展的水平和阶段、传统文化中道德精神的逻辑层次、学生生活世界次第展开的顺序编制教科书内容，让传统文化中的道德精神在教科书中切实"落地"。

由于教科书刻画优秀传统文化道德形象存在上述问题，因而未能很好地实现对中国优秀传统文化道德精神的传承与创新。亟须从教科书入手，建构清晰的道德图景，为道德教育提供基本的方向参考。教育部于2014年3月颁布了《完善中华优秀传统文化教育指导

---

① 郑敬斌：《学校德育课程内容衔接问题与治理路径》，《思想理论教育》2015年第1期。

纲要》①，强调从"爱国""处世""修身"三个层面推进立德树人教育。为中国优秀传统文化中的道德精神融入教科书提供了指导方向、政策保障和具体的行动指南，具有统一思想、凝聚共识、激浊扬清、正本清源的重要作用。当下研究者需要在此大政方针的指导下，进一步探究教科书刻画优秀传统文化道德形象的方式，将思想指导落实于实践中。

### 三 对优秀传统文化道德形象的刻画是教科书实现价值传承的关键

在生活中有两件小事让我意识到现代场域下道德价值取向在逐渐改变。场景一：有一天我看到一篇推送文章，文章就这样一个核心问题进行讨论："当你的孩子被抢了心爱的玩具时，你该怎么办？"文中给出的建议是：家长可以教孩子跟对方讲道理，告诉对方"这个玩具是我的，请你还给我"，或者跟对方协商"如果你喜欢我的玩具，你可以拿一个你的玩具和我交换玩"，或者跟对方强调"我先玩了之后再给你玩"。读到这里，我不禁想起我小时候遇到类似情况，家长通常都会教导孩子说"你要懂得谦让"，如果这时候孩子还是不同意，甚至会遭到家长的批评。场景二：女儿吃完饭正在看电视，妈妈走过来说："你爸爸要过来了，你不把'正位子'让给爸爸坐吗？"女儿指了指旁边的沙发说："这里还有位子，爸爸可以坐这里，我为什么要让呢？老师说过要维护自己的权利、要有自主精神，不能为了讨好父母，做家长的哈巴狗。"以上两个故事反映出当代社会越来越关注规则、权利、平等和民主，不再一味地强调个体的"服从忍让"和"牺牲自我"。这反映出传统道德在现代场域下的范式转变。

---

① 中华人民共和国教育部：《完善中华优秀传统文化教育指导纲要》，《中国教育报》2014年4月2日第3版。

建立在自给自足的自然经济之上的传统社会，由于缺乏精细的分工系统，社会成员之间在职能与功能上相互独立，极少有直接依赖关系。因此维护社会运行秩序只能依靠外部整合力量，一方面在于国家、宗族等共同体的强制性力量将社会成员的命运紧紧维系在一起，另一方面则在于中国传统文化中存在与社会结构特征相适应的"集体意识"，这种"集体意识"的核心观念要求社会成员一切以集体利益先行，它是社会生活中其他一切道德规范与价值观念合法性及有效性的基础。相应的道德范式倡导个体的服从、忠顺、奉献与牺牲，而个体维护与追逐自身利益的行为则被视为自私自利加以贬损。随着市场经济的不断发展和社会分工的逐渐细化，传统社会自给自足的小农经济解体，社会成员之间相互依赖的关系加深。经济系统正常运行建立在经济行为自由、平等、独立基础之上，也建立在交换主体的个人需求和权利得到保障的前提之下。随着经济发展重要性的凸显，国家在法律上、政治上、道德上逐渐肯定个人不可剥夺的基本权利。个体利益与集体利益不再被割裂与对立，而是相互统整与结合起来。

中国社会处于从传统向现代变迁的转型时期，由原来"农业的、乡村的、封闭半封闭的传统社会向工业的、城镇的、开放的现代社会转变"[①]，社会生活方式发生深刻变革，导致曾在很长一段历史时期占支配地位的既有生活方式、交往规范失去存在的合理性，旧的价值体系、意义系统受到冲击，效力衰减，适宜现代社会特点的、新的价值体系与意义系统逐渐形成。这样的道德范式转变必然影响社会对青少年道德发展的要求，也必然反映于教科书对不同德育资源的选择上。教科书在刻画优秀传统文化道德形象时，如何以现代眼光审视与改造优秀传统文化中的道德观念，做出符合时代需求的价值选择，是进行良好道德教育的前提和实现合理传承的关键。探索教科书对中国优秀传统文化道德精神进

---

① 张警：《社会转型期道德失范和重建探析》，《改革与开放》2011年第10期。

行怎样的继承与超越,及其背后的时代意蕴,以期消解文化和时代变迁中传统道德思维与现代道德思维的矛盾,更好地继承传统文化精髓正是本书的主旨所在。

## 第二节 文献综述

文献综述分为五部分:一是教科书的价值取向研究;二是教科书中的道德教育研究;三是教科书中优秀传统文化的传承研究;四是教科书中优秀传统文化道德精神的传承研究;五是已有研究的问题及本书的方向和目的。

### 一 教科书的价值取向研究

20 世纪 60—70 年代,教科书的内容品质问题引发了人们的关注,相关研究者开始探讨教科书中的文化、政治、经济特征,并展开了卓有成效的研究。

#### (一) 国外学者的相关研究

谢弗(Schaefer)发表的《反省、价值标准和社会学科教科书》一文,使用频率统计和内容分析的方法对 93 本美国教科书的内容进行了研究,结果发现,教科书向学生灌输最多的是平等、自由、民主和宽容等政治准则。教科书中只强调美国社会的优越性,有意避开其中的问题与冲突,并告诉学生一定能从这样的政治制度中获益。[①] 谢弗的分析超越了教科书作为知识载体的局限,深入对教科书的价值分析中,揭示了教科书的政治属性。

麦克·杨(Michael F. D. Young)主编的《知识与控制——教育社会学新探》主要分析教育知识的社会构成,考察教育知识的确认、

---

① 黄育馥:《人与社会——社会化问题在美国》,辽宁人民出版社 1986 年版,第 156 页。

选择、组织与评价。而在这以前,学界缺乏对知识的价值研究,基本上"忽视了学校教科书的内容和形式的潜在功能"[1]。伯恩斯坦(Basil Bernstein)认为:"现代社会,由于阶级、地位、权力的差异而形成'阶层化',这在教育知识的选择、分配、分类、传递和评价中得到反映。"[2] 杨和伯恩斯坦首先提出了从社会学角度对教科书知识价值进行分析的思想,并认为政治经济对教科书内容的选择与教育知识的分配具有重大作用,探讨了知识与价值、知识与控制之间的关系。

阿普尔(Michael W. Apple)对教科书的价值取向展开了深入、具体的研究,他提供了一个教科书分析的具体框架:1. 课程呈现了谁的知识?2. 课程内容由谁选择?3. 课程为什么以此方式组织和教授,又为何只传递给某些特殊群体?4. 谁的"文化资本"被安排在学校课程中?5. 课程中是以什么观点来解释经济实体,以及是以谁的原则来界定社会主义?6. 为何社会文化的特殊部分会在学校中以客观的、事实性的知识出现,如何呈现?7. 官方的知识如何具体地表现在代表社会统治集团利益的意识形态结构中?8. 学校是如何将这些限定的而且只代表部分标准的知识合法化为不容置疑的真理的?9. 在文化机构中施教的知识代表谁的利益?[3] 从这9个问题来看,阿普尔强调教科书分析是研究课程与意识形态关系的重要途径,他为教科书意识形态的研究奠定了理论基础和分析框架,对教科书的研究产生了深远的影响。此后,世界各国学者开始对教科书内容进行具体细致的研究,使教科书的价值分析成为课程研究的重要领域。

---

[1] Michael Apple, *Ideology and Curriculum 2nd Edition*, New York: Routledge, 1990, p. 31.

[2] R. Sharp, *Knowledge, Ideology and the Politics of School*, London: Routledge & Kegan Paul Books Ltd., 1980, p. 81 – 84.

[3] Michael Apple, "Making Curriculum Problematic", *The Review of Education*, Vol. 5, No. 1, January 1979, p. 210.

## (二) 国内学者的相关研究

国内对教科书的价值取向研究起步较晚，1996年前，全面系统的研究及成果几乎未见到。[①] 后续则有吴康宁、吴永军等代表人物。

吴康宁提出让教科书成为观念载体的方式一般有两种：一种是通过"数量差异"来隐示特定的观念，包括"篇幅差异"和"频度差"；另一种是通过"形象塑造"来渗透特定的观念。吴康宁用数量差异对我国1956年与1987年两套版本的《中国历史》教科书进行了分析。发现1956年版本中"文人"占重点人物的72.1%，这一比例表明：对中华民族的文明作出重要贡献的，首推思想家、科学家、文学家、艺术家、医学家等"文人"。[②] 另一种是通过"形象塑造"来渗透特定观念。比如我国早期小学语文教科书所载男性的形象往往是正向的，女性的形象多为负向的，这反映了我国传统文化中"男尊女卑"的价值取向。

吴永军认为"内容分析法"主要是分析教科书中的价值取向和价值特征；分析的类目可以是人物，也可以是政治、道德、文化等方面的"目标"或"期望"，具体可以通过主题或副题的分析来揭示，还可以是教科书表达的思想或没有表达或回避的思想、观念；分析的单位可以是整套教科书、单科教科书、课文或段落；分析的范围可以纵向的纬度为基础，如分析不同历史时期教科书的不同面貌，也可以横向纬度作参照，分析不同国家、地区、经济政治或文化背景下的同时段教科书，还可以以"点"作为参照，即对某个国家或地区的某个历史时段的某学科教科书进行分析。总结起来，可以得到教科书的社会学分析的类型表（见表0-1）。

---

[①] 吴永军：《课程社会学》，南京师范大学出版社1999年版，第3页。
[②] 吴康宁：《对教学内容的若干社会学分析》，《教育评论》1993年第4期。

表 0-1　　　　　　　　　教科书分析类型表

|  |  | 人物类 | 目标类 |
| --- | --- | --- | --- |
| 整套 | 纵向 | A | B |
|  | 横向 | C | D |
|  | 点分析 | E | F |
| 片段 | 纵向 | G | H |
|  | 横向 | I | J |
|  | 点分析 | K | L |

## 二　教科书中的道德教育研究

教科书中的道德教育研究分为三方面：一是教科书中道德教育的内容研究；二是教科书中道德教育的形式研究；三是教科书中道德教育的演变过程和发展方向研究。

### （一）教科书中道德教育的内容研究

此类研究多针对某套教科书的道德教育内容进行频度统计和质性分析，其目的有以下两个。

1. 展现教科书的德育价值取向

余婉儿从"个人""亲属、师友"及"团体、国家、世界"三个道德元素层面分析香港两套有代表性的教科书，发现个人层面的道德要素最受重视，其中占比最大的是审美价值，重视机敏性和智慧性的性格意志培养。同时都较少触及对社群的责任感和家园民族的关怀。[①] 余海燕以"坚毅勇敢、亲孝友爱、敬畏自然、聪明智慧、诚实守信、爱国爱家、尊重多元文化、热爱科学"为维度，分析中日小学语文教科书中的道德教育要素。发现其共同点在于都强调人与自然和谐相处和爱国爱家的德育要素。但在个人、社会、自然道德层面，中国分别强调自我自省、亲孝友爱、保护环境，日本分别

---

① 余婉儿：《香港小学语文新课程教科书中文学教材的德育元素分析》，《陕西师范大学学报》（哲学社会科学版）2009 年第 7 期。

注重坚毅勇敢、诚实守信、珍爱生命。① 周全通过分析发现教科书具有功利化倾向，表现为道德的有用性、选取事例的金钱化以及道德人物商人化三个方面。究其原因在于社会对学生金钱处理能力的客观需求、社会价值评判标准的功利化以及社会对有用性的片面追求。②

2. 探究教科书中德育内容选择的问题与改进

夏惠贤、李国栋从"政治认同、公民人格、国家意识、文化自信"四个维度对语文教科书进行分析。发现教科书中各维度有不同程度的"断层"、插图情境与学生生活缺乏联系。最后提出协调德育内容分布不均、注重内容衔接的连续性和贯通性、强化德育内容设计的主题性和情境性等建议。③ 谢翌、程雯集中从领域、维度、向度分析教科书内容中的道德期待，发现道德期待过于宏大抽象、各个结构要素之间关系不明、道德发展阶段性特点不明等缺点。并提出道德期待应该将可持续发展和德性培育作为道德发展的核心关切与首要价值期待，并将儿童视为道德主体。④ 如果说上述研究者是对教科书中的德育内容做整体性观照，另外一些学者则针对某一德目进行了集中分析。例如，姚金娟将孝道分为"奉养双亲、尊敬双亲、使亲无忧、陪亲在侧、谏亲以礼、顾扬双亲、事亲以礼和祭念亲人"等维度进行分析，提出为更好的传递孝道，教科书应把握孝道内涵的时代性。⑤ 刘源针对诚信一目进行分析，发现教科书中存在诚实和

---

① 余海燕：《中日小学语文教科书道德教育要素比较研究》，硕士学位论文，浙江师范大学，2015年，第33页。

② 周全：《思想品德教科书的功利化倾向——以人教社初中思想品德教材为例》，《江苏教育研究》2009年第9期。

③ 夏惠贤、李国栋：《从立德树人看小学语文教科书德育内容的改进——基于苏教版与人教版的比较研究》，《全球教育展望》2016年第4期。

④ 谢翌、程雯：《新时期儿童道德期待的课程文本研究》，《中国教育学刊》2016年第12期。

⑤ 姚金娟、韦雪艳：《小学语文教科书中孝道观及孝育方式——以苏教版为例》，《教育探索》2016年第5期。

守信教育素材比例失衡及诚信知行动力源较为单一等问题,建议根据诚信知行规律选择教科书中的诚信教育素材,以适应不同层次诚信教育的需要。① 乔芳以伦理学中的勇气概念为理论工具分析德育教科书,发现教科书没有准确、完整地呈现勇气的境遇、目的和行动三个要素,窄化了勇气概念的内涵,指出德育内容选取应强调德目的伦理学基础。② 吕梦含通过教科书中的国家形象间接探究爱国之德,指出教科书中爱国情感的培养存有追求至善、时代色彩薄弱、回避消极现实、生活取向不足,以及缺乏少数民族视角和法治理念等问题。③

(二) 教科书中道德教育的形式研究

此类研究对教科书中的德目呈现形式进行分析,分为两种类型。第一,从编制技术取向分析教科书呈现德目、编排内容的合理性,其目的在于探讨教科书的编写与德目的呈现是否符合学生的认知特点,是否能真正实现德育目标。例如:王世伟分析品德教科书中的问题设计,得出问题包括道德两难问题、迁移类问题、发散性问题和创造性问题,并分析各类问题的价值意义,最后指出问题应做到趣味性、多样性与层次性相统一,并以服务于学生生活为价值追求。④ 杜文艳分析发现教科书充分体现了国家意志,遵循儿童成长的内在逻辑,增加了儿童道德与法治学习的乐趣和成效。⑤ 第二,分析教科书中的叙事方式、榜样人物、插图等德目呈现形式中暗含的价值倾向。例如:刘黔敏分析教科书中的叙事模式,发现德育叙事存

---

① 刘源:《近代以来中小学德育教科书中诚信知行的缺位》,《教育评论》2015年第3期。
② 乔芳、丁道勇:《何种勇气——小学德育教科书中勇气概念的错位》,《上海教育科研》2013年第10期。
③ 吕梦含:《润物无声 爱国有声——我国语文教科书"国家形象"的建构与实效》,《湖南师范大学教育科学学报》2016年第5期。
④ 王世伟:《德育教科书中的问题设计探析》,《思想理论教育》2009年第14期。
⑤ 杜文艳:《用社会主义核心价值观润泽学生的心灵——以苏教版〈品德与生活〉〈思想品德〉修订教材为例》,《中小学德育》2014年第7期。

在情境极端化、情节发展线性化、故事结构高度结构化、人物功能定型化等特点，叙事模式中暗含二元对立的人性观、抽象单一的道德观、客体化的学生观等价值预设。[①] 刘黔敏还分析了德育教科书中的榜样，发现自致角色多于先赋角色、表现性角色多于功利性角色、男性角色多于女性角色、成人角色多于儿童青少年角色，榜样选择体现出精英化、完人化、成人本位和男性道德优越等潜在教育观。[②] 饶琳从地域和职业维度对教科书中的插图进行社会学分析，发现其中蕴含的潜在价值特性：城乡学生占有文化资本的不均衡导致学业成功机会不均等，且教科书中插图的职业导向的功利性会影响学生对职业选择的公平性和理性。[③]

（三）教科书中道德教育的演变过程和发展方向研究

这类研究是通过比较不同时期教科书中的道德教育，展现其随时间脉络的转换，在教科书中的延传与变化，以为当下教科书中德育内容的选择与呈现提供借鉴。胡金木通过比较20世纪80年代以来我国的小学德育教科书，发现在教科书的价值导向上，呈现去政治化倾向，即从强调个体政治品质到强调道德的生活指向意义；在课程类型上从知识化倾向的学科课程到强调情感体验的综合活动课；在课文素材上从抽象的精英案例到具体的生活事件；在语言呈现方式上从成人化的训导到生活化语言。[④] 除了上述从教科书价值、类型、素材等较为宏观的层面作比较分析的研究外，还有研究从道德教育目标、道德教育内容、道德教育形式等较为微观的切入点着手进行分析。第一，就道德教育目标而言，孙凤华对教科书中的道德

---

① 刘黔敏：《我国中小学德育课教科书叙事模式的分析与反思》，《江苏教育学院学报》（社会科学版）2009年第2期。

② 刘黔敏：《中小学德育教科书中的榜样人物分析》，《教育评论》2009年第1期。

③ 饶琳：《小学思想品德教科书（人教版）插图潜在价值特性的社会学分析》，《继续教育研究》2008年第6期。

④ 胡金木：《变革中的小学德育课程的文本分析》，《教育研究与实验》2010年第2期。

教育价值取向进行了研究，提出"主体性道德人格的培育是我国学校道德教育面临的选择，发展公民道德是马克思主义伦理学的新方向，是构建和谐社会的德育切入点"。① 孙彩平以"学生德育境遇"为切入点，比较分析了1981年以来的6套小学德育教科书，以揭示儿童德育境遇的转变，发现在德育目标上从"五爱"转变为"过好自己的生活"，教科书设计思路由"聚焦儿童良心及其审查机制的建立"转变为"关注儿童现实生活问题的解决"，在德育过程中儿童由"聆听榜样故事"转变为"学过自己的生活"。并进一步提出两种德育境遇包含的伦理困境：前者为无思、无我、无生活，后者为自我中心的伦理立场、技术化的生活理路以及功利论的道德逻辑。② 第二，就道德教育内容而言，王琪以"热爱祖国、热爱中国共产党、热爱科学、热爱劳动以及个人道德品质"为维度，分析了1949年后人民教育出版社出版的7套小学语文教科书的文本内容。发现爱国爱党一直是教科书中德育价值取向不变的主旋律；对个人品质教育的重视程度在教科书中逐步提升；和谐理念逐步渗透。③ 屠锦红以民国与当代具有代表性的语文教科书为研究对象，依据我国课程社会学专家吴永军教授制订的"道德价值取向量表"编制的21项德目为分析维度，比较得出两套教科书的道德价值取向有高度重视"仁爱""亲孝"等中华传统美德、强调"自强""勇敢""坚毅"的个人特质、公德重于私德三个共同点，但对"团结"与"勤俭"德目的重视程度有差异。④ 第三，就道德教育形式而言，张丽敏、谢均才以"榜样人物"为切入点，对人教社1999年版和2005年版的小学品德

---

① 孙凤华：《人教版〈思想品德〉教科书中公民道德教育价值取向分析》，《通化师范学院学报》2009年第11期。
② 孙彩平：《小学德育教材中儿童德育境遇的转变及其伦理困境》，《华中师范大学学报》（人文社会科学版）2016年第3期。
③ 王琪：《小学语文教科书中德育价值取向研究》，硕士学位论文，沈阳师范大学，2017年，第32页。
④ 屠锦红：《民国与当代小学语文教科书价值取向比较研究——以"开明版"和"人教版"为例》，《河北师范大学学报》（教育科学版）2014年第2期。

教科书中榜样的年龄、性别、职业等20个维度进行纵向比较以考察其演变轨迹。发现"中国、儿童、男性、现代、汉族"等维度基本不变，但榜样人物的"虚实、职业、类型、政治面貌、呈现方式、榜样品质、教学方式"等维度有显著变化。最后提出教科书中的榜样表现出主体性、真实性、时代性、多元化、生活化等发展趋势，存在男女比例失衡、趋避明星人物和出现道德功利倾向等问题。[1] 章乐、范燕燕以"问题"为切入点，对新课改前后的两套人教版德育教科书中问题的呈现位置、类型、表述进行分析，发现"问题"从灌输走向对话，从利于教转向利于学，从认知取向转向情感取向，从知、情、行比例失调转向协调，且综合型问题增多，从练习味向生活味转变，从第二人称表述为主向第一人称表述为主转变。[2]

### 三 教科书中优秀传统文化的传承研究

研究者关于教科书中优秀传统文化的传承研究多从不同学科入手，一方面从应然层面，探讨教科书中传统文化传承的路径和策略；另一方面从实然层面，分析教科书中传统文化传承的现状。

（一）从应然层面探讨教科书中传统文化传承的路径和策略

教科书传承功能的实现，关键在于如何更好地将传统文化融入教科书，因此探讨教科书中传统文化传承的方式与策略是现有研究的重点。闫闯、郑航提出小学德育教科书优秀传统文化教育的优化策略：第一，重视德育教科书与中华优秀传统文化的融合，以外显性和潜在性相结合的方式呈现优秀传统文化；第二，优化优秀传统文化的文本内容，平衡家国情怀教育、社会关爱教育和人格修养教

---

[1] 张丽敏、谢均才：《中国大陆小学品德教科书中榜样的嬗变——人民教育出版社1999年版和2005年版小学品德教科书内容分析》，《教育学报》2016年第3期。
[2] 章乐、范燕燕：《小学德育教材中"问题"的比较研究——基于人教社两套小学三年级德育教材》，《上海教育科研》2009年第11期。

育三者之间的关系；第三，改进优秀传统文化的外部构成，使内容呈现形式具有直观性、形象性，考虑活动性课程设计，提升优秀传统文化的可接受性和可理解性。① 钱初熹从生活性角度切入提出具体建议，认为中国的美术教科书应该将中国优秀传统文化的元素和智慧创造性地融入教科书中，开发更多植根于优秀传统文化并结合现代生活的课例，引导学生灵活运用从传统美术作品中提取出来的"中国元素"进行再创造，以切实开展与全球化和多元文化的时代变化齐头并进的优秀传统文化教育。②

（二）从实然层面分析教科书中传统文化传承的现状

此类研究多对教科书中的传统文化因素进行分析，比如对传统伦理、传统技艺、传统文学、传统节日、传统风俗、古代人物故事进行梳理。其目的有两个方面，一方面，体现教科书中传统文化传承的特点。例如：闫闯、郑航通过对1978年以来四套人教版小学德育教科书的文本分析发现：优秀传统文化教育的要素类目由集中分布走向均衡分布；分段布局由低年级向高年级转移；载体形式从偏向单一到偏向综合；主题内容注重国家情怀教育与人格修养教育；角色地位从素材取向为主向学习取向为主移动。③ 吴晓威、高长山认为语文教科书中优秀传统文化呈现特点表现为载体具有互补性、内容具有丰富性、资源具有时代性、编排具有专题性、板块具有多样性。④ 另一方面，揭示教科书中传统文化传承的困境。例如：钱初熹分析发现，由于教科书编者与教师们对优秀传统文化的认识局限于继承，对究竟如何开展植根于优秀传统文化并与现代生活相结合的

---

① 闫闯、郑航：《小学德育教科书中传统文化教育的嬗变——以四套人教版小学德育教科书为文本》，《课程·教材·教法》2015年第10期。
② 钱初熹：《亚洲地区中小学美术教科书中传统文化的比较研究》，《学校艺术教育》2013年第7期。
③ 闫闯、郑航：《小学德育教科书中传统文化教育的嬗变——以四套人教版小学德育教科书为文本》，《课程·教材·教法》2015年第10期。
④ 吴晓威、高长山：《长春版小学语文（实验）教科书中华传统文化内容呈现方式研究》，《教育理论与实践》2016第10期。

美术教育，或灵活运用传统美术的"中国元素"对其进行再创造的美术教育的认识明显不足，导致教科书中优秀传统文化教育以静态的呈现方式为主。① 中村哲认为教科书的内容组织缺乏对优秀传统文化在今天和未来的价值、优秀传统文化对国际社会的影响方面的考虑。② 权五铉认为韩国社会科课程中传统文化的内容组织缺乏系统性和连贯性，教科书较多地反映了动态的传统观，注重传统与现在的不同、变化和发展，但是对传统与现在的关联性和连续性以及韩国优秀传统文化与外来文化的关系反映不足，单一文化主义视角仍占主流，缺乏对韩国文化消极面的批评，等等。③

**四 教科书中优秀传统文化道德精神的传承研究**

教科书中传统文化道德精神的传承研究主要包括传统文化道德精神的德育价值、教科书传承什么传统文化的道德精神、教科书怎么传承传统文化的道德精神三方面。

**（一）从理论层面论证"传统文化道德精神的德育价值"**

综观搜集的文献，研究者认为传统文化道德精神的德育价值的研究主要包含三方面。一是传统文化道德精神融入教科书对思想教育效果的价值。认为其有益于"保持思想教育的资源优势、增强思想教育内容的厚重感、提高思想教育方法的实效性"④；"增强德育的人文底蕴，提高德育的感召力和吸引力"⑤。二是传统文化道德精

---

① 钱初熹：《中国中小学美术教科书中的传统文化》，《全球教育展望》2015年第3期。
② ［日］中村哲：《日本小学社会科教科书中的"传统与文化"》，许芳译，《全球教育展望》2012年第9期。
③ ［韩］权五铉：《韩国小学社会科教科书中的"传统文化"》，沈晓敏译，《全球教育展望》2012年第9期。
④ 吴俊蓉、陈和平：《传统道德教育资源在高校思想政治教育中的运用》，《华中农业大学学报》（社会科学版）2008年第4期。
⑤ 秦永芳：《试论在青少年德育中传统文化德育资源的开发与利用》，《学术论坛》2007年第8期。

神融入教科书对青少年成长的价值。认为其将有助于青少年更加全面准确地认识中华民族的历史传统，加强实现中华民族伟大复兴中国梦的理想信念；同时增强民族文化的自尊心与自信心，促进其自觉践行社会主义核心价值观；① 增强青少年的道德修养，提高青少年德育的艺术。② 三是传统文化道德精神融入教科书对社会道德建设的作用。认为其是面对多元文化增强中华民族文化认同、有效抵御外来冲击的必要举措；③ 是削弱市场经济的负效应，解决现代社会精神迷失、道德失范的一剂良药；是践行社会主义核心价值观、实现民族复兴中国梦的动力源泉。④ 虽然，社会、德育与青少年三类价值主体不一致，但是德育的对象和最终落脚点是人，且人的道德发展最终促成社会层面道德水平的提升，三者环环相扣、相互联结，价值取向呈现一致性。

（二）从道德结构入手分析"教科书传承什么传统文化的道德精神"

中国传统文化建构了一套成熟的道德价值体系，大多数研究者都从国家情怀、社会关爱、人格修养与尊重自然四个层面选取传统文化的道德精神作为德育课程资源。⑤ "家国情怀"是传统文化中呈现的个体对国家与民族的深厚情感和责任担当，是个人与国家紧密联系的精神纽带。家国情怀教育有助于加强公民对国家的情感认同，巩固民族凝聚力的心理基础。"社会关爱"是传统文化中呈现的

---

① 巴晓津：《中华优秀传统文化教育与大学生思想道德素质的培养》，《思想理论教育导刊》2014年第7期。

② 秦永芳：《试论在青少年德育中传统文化德育资源的开发与利用》，《学术论坛》2007年第8期。

③ 秦永芳：《试论在青少年德育中传统文化德育资源的开发与利用》，《学术论坛》2007年第8期。

④ 于春海、杨昊：《中华优秀传统文化教育的主要内容与体系构建》，《重庆社会科学》2014年第10期。

⑤ 陈思敏：《通识教育：传统道德文化资源的良好载体》，《中共银川市委党校学报》2008年第1期。

"仁爱共济""立己达人"的道德观念。社会关爱教育有益于个体合理认识自我与他人、个人与群体、个人与国家之间相互依存的关系，从而达成关爱他人、心系社会和忠于国家的状态和境界。"人格修养"是传统文化中呈现的"品性净直"的君子人格。人格修养教育有益于个人自觉养成良好的道德品质和行为习惯，达成理想人格。"尊重自然"是传统文化中呈现的对自然万物的敬畏尊重，与自然万物平等共处的思想认识，有益于建立和谐的人与自然关系。在国家伦理层面，有研究者认为中华优秀传统文化博大精深，其中国家层面的伦理道德精华包括胸怀天下、忧国忧民的爱国精神[1]，"天下兴亡、匹夫有责"的责任意识[2]，"家国一体"的整体主义精神[3]，修齐治平、内圣外王的家国情怀[4]。在社会伦理层面，有研究者认为其中的道德教育资源包括推崇"仁爱"[5]"仁义"[6]的行为规范和交往原则，强调团结和谐[7]、注重整体。要求个体在人际交往中树立正确的"义利观、荣耻观、诚信观、孝德观"[8]、诚实守信[9]、遵守礼仪

---

[1] 李成:《传统文化教育的德育功能和特点》,《黑龙江高教研究》1999 年第 3 期；许艳玲:《小学德育中的优秀传统文化及其渗透》,《教学与管理》2017 年第 5 期。

[2] 张雪蓉:《在课程改革中渗透传统优秀道德文化》,《教育探索》2003 年第 5 期。

[3] 石书臣:《中国优秀传统文化与现代德育的内在联系》,《思想理论教育》2012 年第 3 期。

[4] 于春海、杨昊:《中华优秀传统文化教育的主要内容与体系构建》,《重庆社会科学》2014 年第 10 期。

[5] 魏传光、胡旖旎:《中华优秀传统文化教育课程设计论略——以〈思想道德修养与法律基础〉课为例》,《教育探索》2015 年第 7 期；张雪蓉:《在课程改革中渗透传统优秀道德文化》,《教育探索》2003 年第 5 期。

[6] 李建芳等:《高校思想道德修养课程实效性批判——中国传统文化的视角》,《教育学术月刊》2012 年第 12 期。

[7] 许艳玲:《小学德育中的优秀传统文化及其渗透》,《教学与管理》2017 年第 5 期。

[8] 石书臣:《中国优秀传统文化与现代德育的内在联系》,《思想理论教育》2012 年第 3 期。

[9] 巴晓津:《中华优秀传统文化教育与大学生思想道德素质的培养》,《思想理论教育导刊》2014 年第 7 期。

规则[1]。在个人伦理层面，传统文化在人格塑造和心性修养方面具有十分丰富的资源，研究者们提出不仅要注重个体道德的自我修养，还要追求理想人格的精神境界。[2] 认为我们一方面要汲取中国优秀传统文化中所倡导的乐观主义人生态度、立志励志的理想信仰[3]、自强不息的奋斗精神[4]，另一方面还要传承其中蕴含的修身为本、厚德载物的主体自律精神[5]，加强道德践履。在自然伦理方面，研究者们一致强调"天人合一"的和谐世界观与伦理观价值。[6]

### （三）从课程编制理论入手分析"教科书如何传承传统文化的道德精神"

相关文献中关于传统文化道德精神融入教科书的方法论述分为抽象的纲领性原则和具体的操作手段两个层面。抽象的纲领性原则包括"辩证性原则、针对性原则、开放性原则、创造性原则"[7]"本土性原则、生活性原则、开放性原则、创新性原则、生态性原则"[8]"内容广度丰富性，内容深度基础性，内容编排序列性，内容结合的

---

[1] 许艳玲：《小学德育中的优秀传统文化及其渗透》，《教学与管理》2017年第5期。

[2] 张雪蓉：《在课程改革中渗透传统优秀道德文化》，《教育探索》2003年第5期。

[3] 石书臣：《中国优秀传统文化与现代德育的内在联系》，《思想理论教育》2012年第3期。

[4] 于春海、杨昊：《中华优秀传统文化教育的主要内容与体系构建》，《重庆社会科学》2014年第10期；许艳玲：《小学德育中的优秀传统文化及其渗透》，《教学与管理》2017年第5期。

[5] 李建芳等：《高校思想道德修养课程实效性批判——中国传统文化的视角》，《教育学术月刊》2012年第12期。

[6] 秦永芳：《试论在青少年德育中传统文化德育资源的开发与利用》，《学术论坛》2007年第8期。

[7] 秦永芳：《试论在青少年德育中传统文化德育资源的开发与利用》，《学术论坛》2007年第8期。

[8] 王付欣：《西南民族地区优秀传统德育资源开发研究》，《民族教育研究》2009年第2期。

灵活性的原则"① 等开发与利用传统文化德育资源，并将其融入学校现有课程体系的原则。具体的操作手段包括"以'通识教育'为传统文化中道德资源的良好载体"②"开发传统文化中道德规范的校本课程"③"直接融入现有课程，将传统终极关怀理论与核心价值体系、理想信念教育相结合，'刚健有为，自强不息'的精神与个人立志成才教育相结合，'四维、五常、八德'道德规范体系与'八荣八耻'教育相结合"④，以及"修订课程标准和教材，融入教师的教和学生的学，制定课程评价标准"⑤，等等。

**五 已有研究的问题及本研究的方向**

（一）已有研究的问题

就教科书的价值取向研究而言，已有研究将教科书视为一种社会产品，以文化学、社会学的视角洞悉教科书中的意识形态力量与价值取向，为本书提供了理论支撑，且其中的教科书价值分析方法与分析框架对本书具有参考价值。但已有的教科书价值取向研究较少针对教科书中的德育价值取向进行分析，更少将教科书中的德育价值取向与传统道德价值取向作比较。

就教科书中的道德教育研究而言，分为三个方面：一是教科书中道德教育的内容研究；二是教科书中道德教育的形式研究；三是教科书中道德教育的演变过程和发展方向研究。其中，教科书中的

---

① 许庆如：《论中小学传统文化教育内容筛选的原则》，《当代教育科学》2015年第12期。
② 陈思敏：《通识教育：传统道德文化资源的良好载体》，《中共银川市委党校学报》2008年第1期。
③ 梁景萱：《"礼仪育人"德育特色的实践探索》，《中国教育学刊》2010年第6期。
④ 吴俊蓉、陈和平：《传统道德教育资源在高校思想政治教育中的运用》，《华中农业大学学报》（社会科学版）2008年第4期。
⑤ 张善超、李宝庆：《中华优秀传统文化融入中小学课程设计：内涵、路径与特色》，《教育理论与实践》2016年第11期。

道德教育内容研究、道德教育形式研究的主要分析维度为本书探索教科书中传统文化道德形象的价值传承提供了分析思路与理论支撑。但其中仍然存在一些问题，第一，研究思路重内容轻结构。研究多先建构教科书中德育内容的维度，再通过频数分析统计德目数量，对"教科书如何呈现德育要素"的研究不够。第二，研究方法重量轻质。多数研究采用频数统计的方法，对教科书的质性分析较少。第三，缺乏对深层动因的探究。上述研究虽然涉及教科书中德育要素的历史变化，剖析时间进程中教科书中哪些德育因素表征出超越时空的稳定，哪些德育因素体现出与时俱进的革新。但多只作浅层次的数量对比，未能对"变与不变"背后的价值取向进行深入挖掘，更未能对"变与不变"背后的社会深层动因作深入探析，描绘出变迁的特征与发展规律。

就教科书中优秀传统文化的传承研究而言，分为两个层面：从应然层面，探讨教科书中传统文化传承的路径和策略；从实然层面，分析教科书中传统文化传承的现状。以上研究在优秀传统文化分析框架、分析方法及改进意见上为后续研究与实践提供了参考，但总体来说有以下几点不足。第一，分析类目重显轻隐。研究多从显性角度对优秀传统文化中的传统技艺、传统节日、传统艺术进行分析，传统道德精神多作为其中一个总类目，没有深入细化分析。尤其是语文教科书中，对优秀传统文化的关注仍然只停留在寓言、神话、诗文、文言文上。新课程标准中关于优秀传统文化的教学要求提到要注重"人文性"，然而研究中偏重于"文"而忽视了"人"。第二，分析方法重量轻质。大多研究侧重量的分析，对教科书中优秀传统文化的篇目、比例、重点维度进行统计，得出教科书传承优秀传统文化的特点，这些结论大多源于外显指标的简单频数统计，质的分析较少，缺乏对教科书的社会背景的关注，并未深究教科书中优秀传统文化背后的价值取向。第三，研究太过宽泛。传统文化包罗万象，诸多研究都是"一把抓"，很少有研究对传统文化的某个维度进行集中且深入的分析，本书则从传统文化的道德精神入手。

就教科书中传统文化道德精神的传承研究，主要包括三方面：传统文化中道德精神的德育价值、教科书传承什么传统文化道德、教科书怎么传承传统文化道德。存在以下不足，第一，缺乏批判性视角。多仅从正面论述传统文化道德精神的价值，并未涉及文化固有的二元性，没有对传统文化道德精神的时代性进行批判性阐述。在谈及传统文化的道德精神融入现代教科书时也多从继承的角度展开，鲜有涉及传统文化与现代思想的衔接，及如何实现传统文化道德精神的优化与超越。第二，分析重"应然"轻"实然"。多从应然层面论证教科书中传统文化道德精神传承的必要性与有效性，讨论应当如何选取内容资源、应当如何呈现。较少从实然层面具体分析教科书中传统文化道德精神的传承情况。第三，缺乏与时代语境的契合。研究多分析教科书保留了哪些传统文化道德精神，未涉及教科书结合时代语境对传统文化道德精神实现了哪些转化与超越，更未对"继承""转化""超越"的社会动因进行深入探讨。

（二）本书的研究方向

以上通过对相关研究的文献梳理，了解已有研究现状，分析研究不足，以此为基础寻找本研究的切入点。经过总结，本书的研究方向如下。

其一，从教科书研究角度看，我国的教科书研究主要集中在"心理学"和"工艺学"层面上，即对教科书中知识的内在逻辑结构、教科书与学生心理发展水平相适应、教科书编制与学生有效学习等问题的研究成果颇多，而对教科书价值取向的分析则相对较少。本书从社会学、文化学的视角分析教科书中的道德价值取向，并期望挖掘教科书在刻画优秀传统文化道德形象时的价值传承特点。

其二，弘扬中国优秀传统文化的道德精神是教科书传承功能的核心。如何充分实现教科书的传承功能不仅是教科书理论研究的重点，也是教科书编制的现实需要。但从理论层面探讨传统文化道德精神的价值、筛选与编排原则，显得较为抽象。从教科书编制的角度，探究教科书中优秀传统文化道德形象的价值传承内容与形式，则更有益于将理论落地。因此，本书从教科书编制的内容与形式入手，以期探明教科书传承传统文化道德精神的实然情况。

其三，我们需认识到，当下教科书中的道德教育思想不是凭空而来，都是从中国优秀传统文化中汲取，并结合时代特征对之继承、转化与超越的结果。因此在教科书研究中，一味立足当下对道德教育作"单子式"分析而忽视其历史探源是不充分的，一味向外探求经验而忽视自身的传统是不成熟的。基于此，本书从回溯教科书中道德精神的传统根源入手，分析教科书道德精神对传统的坚守与变化。

其四，传统文化道德精神形成于小农自然经济、封建宗法社会和专制王权基础之上，在历史形态上属于"前现代"，不可避免地具有封建社会的特定思想内涵和时代烙印。[①] 其蕴含的思想观念在当时的历史条件下对社会发展起到了一定的积极作用，却在一定程度上与当代语境产生背离，既包含鄙陋的传统，也包含优秀的传统。即使那些在现代看来仍然具有极高价值的成分也需要在现代化语境中进行诠释与挖掘，才能在新的时代焕发新的生机。因为优秀传统文化道德精神的这一特征，教科书在传承过程中不应完全默认优秀传统文化道德精神在现代场域中的合理性，仅仅着眼于从中"拿来"什么，还应结合时代特点，在传承过程中对优秀传统文化道德精神进行改造与超越。因此，本书从批判传承的视角入手，期望厘清教科书在对优秀传统文化道德形象进行价值传承的过程中实现了哪些"延续"、哪些"新释"和哪些"超越"。

---

① 贾松青：《国学现代化与当代中国文化建设》，《社会科学研究》2006年第6期。

## 第三节　研究目的及价值

### 一　研究目的

本书旨在探索教科书通过刻画优秀传统文化道德形象实现了怎样的价值传承，及怎样实现更好的价值传承，以期在古今对比中，进一步挖掘、吸取优秀传统文化中的道德精髓，为教科书中的道德教育内容选择与编排提供借鉴。具体研究目的如下。

第一，刻画优秀传统文化的道德形象。通过梳理优秀传统文化道德研究的相关文献，分析优秀传统文化道德精神的层次、维度、内容及特征，勾画优秀传统文化的道德形象，搭建后续文本分析框架。

第二，分析教科书刻画优秀传统文化道德形象的内容及其价值传承特征，分析教科书刻画优秀传统文化道德形象的内容，即教科书究竟选择什么内容刻画优秀传统文化的道德形象。针对教科书中涉及的个人、社会、国家三层面的德目进行逐一分析，探明教科书在刻画每个道德层面时延续了什么、新释了什么、超越了什么，以从内容分析中厘清教科书对传统文化道德形象的价值传承特征。

第三，分析教科书刻画优秀传统文化道德形象的形式及其价值传承特征，分析教科书刻画优秀传统文化道德形象的形式，即教科书究竟怎样刻画优秀传统文化的道德形象。分析从两个层面展开，一是分析教科书中有形的道德形象呈现方式，二是分析教科书中无形的道德形象话语表达，并深入剖析每种刻画形式表现出的价值传承特征。

第四，总结教科书对优秀传统文化道德形象的价值传承特征，分析其原因。通过内容分析与形式分析，提炼与总结教科书对优秀传统文化道德形象的价值传承特征，即对其实现怎样的继承与超越，及其背后的深层动因。

第五，提炼教科书对优秀传统文化道德形象的价值传承关键点。在上述分析基础上，提炼教科书对优秀传统文化道德形象进行价值传承的关键点，包括在内容选择上的取舍和转化标准是怎样的？在呈现形式上如何营造现代性语境？总体上需协调哪些关系使"传统"中的道德精神与时代相契合？

第六，提出教科书对优秀传统文化道德形象实现价值传承的优化路径。结合教科书中优秀传统文化道德形象价值传承的关键，并针对当下教科书刻画传统文化道德形象存在的问题，从内容和形式两个层面提出优化策略。以探明教科书传承优秀传统文化道德精神时，应当如何基于现代语境对之进行诠释与呈现，才能挖掘其中的时代价值，从而使"前现代"中的道德精神更好地为现代道德教育助力。

### 二 研究价值

第一，有益于教科书文化传承功能的充分实现。从内容和形式两方面分析教科书中优秀传统文化道德形象的价值传承，为当前教科书的文化建设，尤其是道德精神传承功能的充分实现提供参照和借鉴。

第二，有益于优化教科书中道德教育内容的选择与编写。从优秀传统文化的道德精神中吸取德育因素，寻找现代教科书中道德教育的提升空间，为教科书中道德教育内容的选择提供有益的借鉴。从课程编制理论入手对教科书的内容呈现、话语表达进行分析，为教科书中道德教育内容的编写提供有益借鉴。

第三，有益于更好地实现对传统文化道德精神的挖掘和转化。揭示优秀传统文化道德形象的价值在教科书中的传承与超越，借力"时代之手"挖掘传统文化中道德精神的现代意义，并分析其背后的深层动因，为实现对传统文化道德精神的挖掘和转化提供有益借鉴。

## 第四节 研究思路与方法

**一 研究思路**

本书遵循"文献分析→实证探索→总结与归因→理论建构→实践提升"的路径进行(见图 0-1)。具体来说,第一,通过梳理"优秀传统文化道德精神"等相关文献,建构优秀传统文化的道德形象,并形成教科书中优秀传统文化道德形象的内容分析框架;通过梳理"教科书分析"的相关文献,建立教科书中优秀传统文化道德形象的形式分析框架。第二,依据建立起的分析框架,从内容和形式两方面,分析教科书刻画优秀传统文化道德形象的现状。分析过

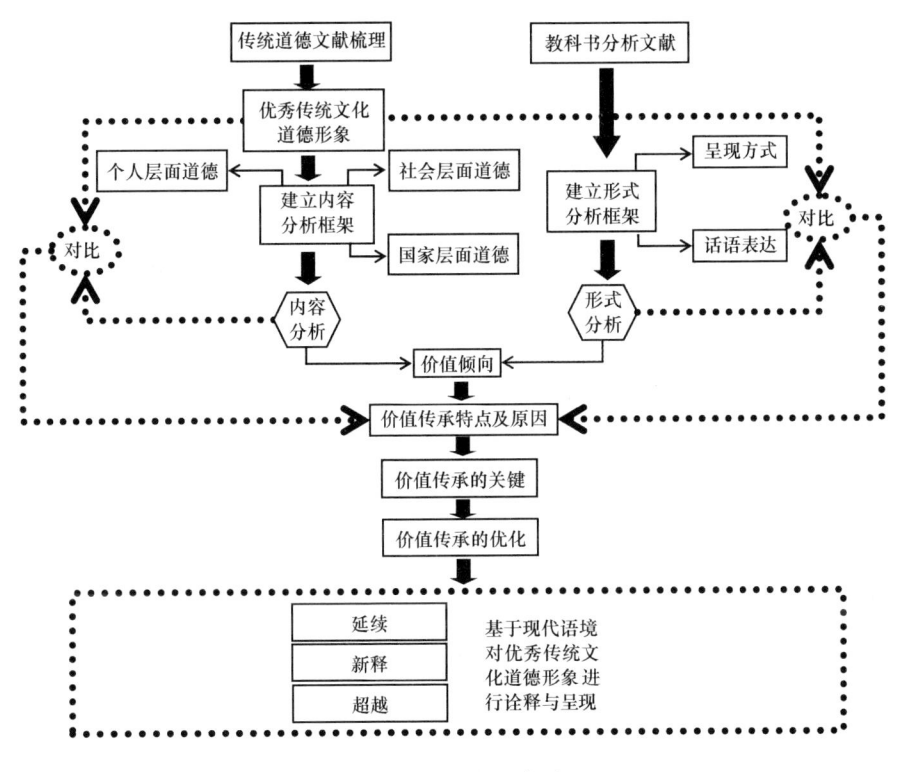

图 0-1 研究思路图

程中以"古今对比"为暗线，深层探究教科书在刻画优秀传统文化道德形象过程中表现出的价值传承特点。第三，总结教科书中道德形象的价值传承特点，并分析其背后的深层动因。第四，基于以上分析提炼出教科书中优秀传统文化道德形象价值传承的关键。第五，由理论落脚到实践，提出教科书中优秀传统文化道德形象价值传承的提升路径。

## 二 研究方法

### （一）文献研究法

通过对传统文化道德的层次、结构、核心思想及特征等相关文献的梳理，为本书的内容分析建构理论框架；通过对教科书文本分析的相关文献梳理，为本书的形式分析建构理论框架；通过对文化哲学、社会学、文本分析理论等相关文献的研读，为本书透过教科书洞察文本背后的社会根源打下理论基础。

### （二）内容分析法

内容分析法是指通过定量分析，以客观及系统的态度推论文本内容的倾向性或特征。本书采用内容分析法，通过定量的方式统计教科书中各德目的数量与占比，以此探明教科书中道德精神传承的价值取向，内容分析法在本研究中的应用步骤如下。

第一，拟订内容分析的目的。本书进行内容分析的目的在于解决"说什么"的问题，即描述教科书中优秀传统文化道德形象刻画情况。

第二，制订教科书的研究单位和类目。教科书的研究目的决定以后，就要制订观察单位，即将要测量的特定材料。通常包括分析单位和分析类目。（1）教科书分析单位。分析单位是内容量化时依循的标准，本研究以"篇"作为单位来统计相应的概念类目，一篇具体是指一个课文标题。采用复选式的记录方式，只要教科书中的文字涉及类目概念就予以记录。比如：在某篇内容当中，出现德目A和德目B时，两个德目均进行记录。（2）教科书分析类目。本书的内容分析的目的在于测量教科书中道德教育内容的情况，分析类目以文章第二章建构的中国传统道德形象中的德目框架为准，这将在下文的"分析类目"中作进一步阐释。

（三）文本分析法

文本分析法旨在从符号学、结构主义和语言学的角度，定性分析文本的结构与意义，挖掘文本表层内容背后隐藏的价值倾向与意识形态，并强调将文本解读与社会环境相联系。本书运用文本分析法，通过定性的方式分析教科书中的德目内涵与呈现方式，期望挖掘其背后的道德价值传承倾向。主要进行两个步骤，第一，"描写"——从符号学、语言学的角度分析教科书中德目的内涵与意义（"说什么"），以及德目呈现形式（"怎么说"），以此探寻教科书中深层的价值倾向。第二，"解释"——结合社会学与文化学的相关理论分析教科书秉持这些价值倾向的缘由。

## 第五节 研究对象

### 一 对象选取

本书以人民教育出版社出版的中小学语文、品德（包括《品德与生活》《品德与社会》《思想品德》）、历史全套教科书，教育部统编的中小学语文、道德与法治、历史全套教科书为研究对象。作出此选择的原因有二，第一，严格说来，中小学德育、语文、历史、艺术、体育等教科书都具有传承优秀传统文化的作用，但针对优秀传统文化中的道德精神传承，语文、品德与历史相对于其他科目更显重要。《关于实施中华优秀传统文化传承发展工程的意见》明确指出，促进优秀传统文化传承的重点任务之一便是"修订中小学道德与法治、语文、历史等课程教材"。因此，本研究选取语文、品德、历史三科为研究对象。第二，人民教育出版社出版的中小学语文、品德与历史教科书使用年限长，其间经过多次修订，较为成熟，具有很强的参考意义。而且它包括中小学所有年级的全套教科书，整体性强，有益于从整体上分析教科书中优秀传统文化道德形象的刻画情况。统编版教科书是2016年在总结已有经验的基础上，由教育部组织编写的新版教科书，其中蕴含新的教科书编制理念，具有参考意义。由此，本书具体选择下述教科书作为研究对象：

人民教育出版社2005—2009年出版的《语文》小学一到六年级1至12册、2007—2009年出版的《品德与生活（社会）》一到六年级1至12册、2009—2013年出版的《语文》中学七到九年级1至6册、2001—2006年出版的《历史》七到九年级1至6册、2004—2008年出版的《思想品德》七到九年级1至5册；2016—2019年教育部组织编写的《语文》小学一到六年级1至12册、《道德与法治》一到六年级1至12册、《语文》七到九年级1至6册、《历史》七到九年级1至6册、《道德与法治》七到九年级1至6册。

采用普查的方式进行研究，对每篇课文以"科目［语文（YW）、品德（PD）、历史（LS）］—年级（1—9）—册［上（s）、下（x）］—课"进行编码，其中统编版教科书中的课文编码在编码前另加一个"T"字母以示区分，例如"YW6x19"指人教版语文六年级下册第19课，"TPD8s5"指统编版思想品德八年级上册第5课，以此类推。若遇到部分年级教科书分单元重复进行课目编码，为方便区分则在课目编码前加上单元编码，例如："PD6x2－2"指人教版《品德与生活社会》六年级下册二单元第二课。

**二 分析类目**

（一）内容分析类目

通过梳理优秀传统文化道德形象蕴含的基本德目维度与内容，得出本研究内容分析的基本类目表（见表0－2）（此类目表的具体阐述见第二章），分为个人、社会和国家三个层面，共包括持节、宽恕、爱国等在内的 33 个德目。

表 0-2　　　　　　　　　　内容分析类目表

| 个人层面道德 || 社会层面道德 |||  国家层面道德 ||
|---|---|---|---|---|---|---|
| | | 关涉他人的德性 | 关涉群体的德性 | 关涉环境的德性 | | |
| 持节 | 自尊自信 | 宽恕 | 守规 | 环保 | 爱国 | 团结 |
| 节制 | 自立自强 | 礼让 | 责任 | 爱物 | 公忠 | 抗争 |
| 勤劳 | 明智 | 孝慈 | 正义 | 厚生 | 奉献 | 民本 |
| 知耻 | 敬业 | 诚信 | | 遵道 | 和睦 | 和平 |
| 谦虚 | 进取 | 感恩 | | | | |
| | 勇毅 | 仁爱 | | | | |
| | | 友善 | | | | |

(二) 德目选取说明

本书对教科书中每篇课文的德目归纳以教师指导用书为依据。瑞士语言学家索绪尔提出结构语言学中的一对范畴——能指与所指，他认为能指是具体事物或抽象概念的语言符号，所指是语言符号所表示的具体事物或抽象概念。教科书传递的道德也涉及"所指"与"能指"两个层面，"能指"指教科书内容本身蕴含的道德，"所指"是教师指导用书规定的教科书内容要传递给学生的道德。具体而言，教科书中的每课内容所蕴含的道德不是唯一的，不同的人可作不同的解读。而与教科书配套的教师指导用书则对每课负载的道德有规定性描述，这则表现出教科书的道德价值取向。因此，本书以教师指导用书为依据，归纳教科书中负载的德目，并对之进行分析，能体现教科书的道德价值取向。

因为本书旨在研究教科书在刻画优秀传统文化道德形象时对其的价值传承，即对其有何继承与超越。因此，分析类目以上表（表 0-2）为基础，但在分析的过程中发现，教科书中有传统文化道德形象类目表中缺失的德目，则补充在表内，形成最终教科书刻画优秀传统文化道德形象的内容结果（见表3-1）。

还需解释一点，教科书中还涉及外国人、世界历史的例子，本书认为这些都是教科书刻画优秀传统文化道德形象的载体，其本质还是表现了教科书本身刻画优秀传统文化道德形象的价值取向，是教科书对优秀传统文化道德形象在现代语境下的再刻画。

（三）形式分析类目

通过梳理教科书分析的相关文献，得出本研究形式分析的基本类目表（见表0-3），包括呈现形式与话语表达两个层面，共包含榜样、叙事、活动、号召/对话、隐喻、规劝六个类目。

表0-3　　　　　　　　形式分析类目表

| 呈现形式 | 话语分析 |
| --- | --- |
| 榜样 | 号召/对话 |
| 叙事 | 隐喻 |
| 活动 | 规劝 |

## 第六节　分析框架

本书中的文本分析和内容分析包括两条主线一条暗线。由于教科书刻画优秀传统文化道德形象的内容与形式均可表达其蕴含的价值取向，因此本书包括两条主线：第一，分析教科书刻画优秀传统文化道德形象的内容，第二，分析教科书刻画优秀传统文化道德形象的形式。其中，内容分析包括个人层面道德、社会层面道德、国家层面道德三个层面，形式分析又包括道德形象的呈现方式与话语表达两个层面。由于本书进行文本分析和内容分析的目的在于探究教科书在刻画优秀传统文化道德形象过程中对其实现了怎样的继承与超越，因此在内容分析与形式分析中隐藏一条暗线，即古今不同语境下优秀传统文化道德形象的对比。由此，形成两条主线一条暗线的分析框架（见图0-2）。

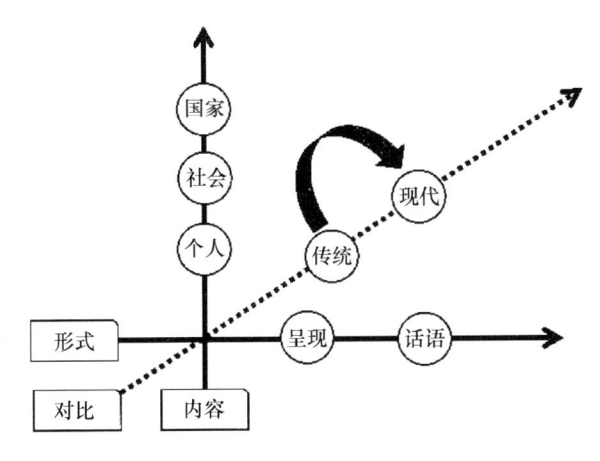

图0-2 分析框架图

# 第 一 章

# 相关概念界定

本章对优秀传统文化、道德形象、优秀传统文化道德形象、教科书与价值传承四个核心词组进行界定。

## 第一节 优秀传统文化

优秀传统文化涉及时间节点、选择标准、维度内容三个核心要素,以下通过梳理此三要点进行概念界定。

### 一 优秀传统文化的时间节点

关于中国传统文化的定义,理论上的分歧主要在文化的起始时间节点上。一是"封建时期说",认为中国传统文化主要是指1840年中国进入近代之前,在封建社会逐步形成的文化,[1] 例如王学伟认为:"中国传统文化的内涵是中华民族1840年鸦片战争以前创造的

---

[1] 钱逊:《关于马克思主义与传统文化关系的几点思考》,《学术月刊》1996年第5期;张翼星:《马克思主义与中国传统文化的结合与冲突》,《安徽大学学报》1996年第1期;田广林:《中国传统文化概论》,高等教育出版社1999年版,第13页。

文化成果的总和。"① 张岱年认为文化是一个生生不息的运动过程，任何一种民族文化，都有它发生、发展的历史，都有它的昨天、今天和明天。传统文化主要指文化的昨天，是 1840 年鸦片战争以前的中国文化。② 持这种观点的学者认为，"1840 年应该是中国传统文化的一个结止点，因为鸦片战争是中国近代史的一个起始点，中国传统文化不应该包括中国的近代文化"。二是"三时期"说，认为中华传统文化是中国氏族社会晚期、奴隶社会、封建社会三个历史时期的具有各种知识价值的精神成果的总和。③ 三是"近代"说，认为中国传统文化是从远古经中世纪直至近代史各个时期人们创造的可供今人继承的文化成果。④ 四是"清朝"说，将周秦以降直至清朝最后一个皇帝退位，也就是 1911 年辛亥革命之前的文化都称作传统文化。⑤ 五是"建国"说，认为 1949 年前中华民族所创造的与中华民族生存方式相适应的并历史积累起来的一切文化成果都可称为传统文化。六是"五四"说，认为中国传统文化是指"从氏族社会晚期到五四运动以前，上下五千年在中国范围内所形成并发展壮大起来的文化"⑥。有学者将中国从三大文化区到"五四"时期的文化划分为传统文化的起源时期、发展时期、繁荣时期和转化时期。传统文化起源于河洛民族（华夏集团）、海岱民族（东夷集团）和江汉民族（苗蛮集团）的大文化区时期，三者在交流过程中逐步融合，

---

① 王学伟：《试论中国优秀传统文化的科学内涵》，《海南师范大学学报》（社会科学版）2014 年第 6 期。
② 张岱年、方克立：《中国文化概论》，北京师范大学出版社 2004 年版，第 7 页。
③ 徐仪明：《中国文化论纲》，河南大学出版社 1992 年版，第 6 页。
④ 庄严：《何谓传统文化》，《兰州学刊》1987 年第 2 期。
⑤ 杜悦：《什么是国学？什么是传统文化？——中国文化研究所刘梦溪所长访谈录》，《中国教育报》2007 年 5 月 23 日第 3 版。
⑥ 董朝刚：《中国传统文化概论》，北京广播学院出版社 1994 年版，第 7 页；高晚欣、郑淑芬：《中国传统文化概论》，哈尔滨工程大学出版社 2002 年版，第 6 页；陈先达：《历史进步中的传统与当代》，《求是》1996 年第 1 期。

共同创造了史前光辉灿烂的中华文化。传统文化的发展期在春秋战国时期,这一时期文化领域随着社会生产力的发展而空前繁荣,出现了诸子蜂起、百家争鸣的盛况。各家学说或相反相成,或相得益彰,从而形成促进文化发展的合力,奠定了传统文化的基本格局。传统文化的成熟期自秦汉迄宋明大约延续了将近两千年,这一时期文化在各个方面都得到了较充分的发展,取得了灿烂的成果。从明末清初到1919年五四运动以前,是传统文化的转折期,新旧文化之间呈现出错综复杂的变化和尖锐曲折的斗争状态。① 除此之外,有观点认为"中国传统文化不能单纯理解为中国封建文化,它不仅应该包括中国的近代文化,还应该包括马克思主义传入中国以后的中国革命文化";还有观点认为"中华传统文化有双重内涵,一种是古代社会形成和发展出来的古代文化传统,另一种是五四运动之后形成和发展起来的社会主义文化传统"②;等等。对此,因为目前国内学术界持"五四"说者居多,故本书亦持这一观点。

## 二 优秀传统文化的选择标准

通过梳理相关学者对优秀传统文化内涵的研究可以看到,诸位学者对"优秀"的评判标准各异,总体而言,大致分为以下几个方向:"历史—实践"筛选论、"时代—实践"筛选论、"历史—现实"需求论、精神需求论、价值理性论、综合理性论、层次分析论、"马克思主义指导"论等。

"历史—实践"筛选论,强调传统文化是在历史的长河中被反复冲刷筛选后遗留下的,符合社会实际的文化成果。这类观点强调文化的动态筛选过程,重在传承性和历史性,是从传统来提升现代,但相对轻视了时代性和当下性。例如:有学者认为优秀传统文化

---

① 王立新、吴国春:《中国传统文化概论》,北京广播学院出版社1994年版,第17页。
② 段超:《中华优秀传统文化当代传承体系建构研究》,《中南民族大学学报》(人文社会科学版)2012年第3期。

"是指那些经过了实践检验、时间检验和社会择优继承检验而保留下来并能传之久远的文化"[1],"是历史长期积淀下来的具有稳定性、持久性和连续性的本民族文化"[2],"是一个民族在历史实践活动中创造和积累的文明成果"[3]。

"时代—实践"筛选论（现实需求论），强调传统文化是经历当下时代打磨筛选出的，符合客观实际又促进社会发展的文化成果。这类观点重点强调以"时代"的标准进行筛选，认为对当下生产、生活具有积极影响的就是"优秀"传统文化。这类观点对社会发展有着深沉的使命感和责任感，属于工具理性，表现出很强的实用性倾向。关注实践性和当下性，从现代省思传统，具有较强的时代感，但相对忽略了传统文化的历史传承性、民族性和前瞻性。例如有学者将科学性、进步性作为优秀传统文化的考评标准，"科学性指正确反映客观实际，与实际相符合；进步性指促进社会的发展，或在社会生活中有促进社会发展的作用。这两个方面是统一的，只有正确反映客观实际，才能促进社会的发展"[4]。有学者将社会实践作为文化的检验标准，对各种文化思想进行扬弃，弃其糟粕，取其精华。[5] 有学者立足当下，认为传统文化中孰优孰劣的判定具有相对性，应该将"时代推出的新生活和新认识作为判定的标准"[6]。有学者强调传统文化的现代转化特征，认为中华优秀传统文化"是中华民族

---

[1] 李申申等：《传承的使命：中华优秀文化传统教育问题研究》，人民出版社2011年版，第10页。

[2] 李洪钧：《中华优秀传统文化简论》，辽宁大学出版社1994年版，第3页。

[3] 高晚欣、郑淑芬：《中国传统文化概论》，哈尔滨工程大学出版社2002年版，第5页。

[4] 张岱年：《分析中国传统文化的优缺》，载谢龙《平凡的真理 非凡的求索——纪念冯定百年诞辰研究文集》，北京大学出版社2002年版，第8页；张岱年：《论弘扬中国文化的优秀传统》，《中国社会科学院研究生院学报》1991年第2期。

[5] 杨宪邦：《中国哲学与中华民族精神》，《中国哲学史》1993年第10期。

[6] 庞朴：《文化传统与传统文化》，载福建省炎黄文化研究会《中华文化与地域文化研究——福建省炎黄文化研究会20年论文选集》第1卷，鹭江出版社2011年版。

1840年以前创造的，并能够经过现代意义上的创造性转换而服务于中国现代化建设的文化"①。还有学者强调传统文化中的"优秀精神成果"，认为优秀传统文化指"传统文化中所包含的能够提高人民的思维能力，促进社会主义物质文明和精神文明的发展，推动社会进步的一切有重大价值的优秀精神成果的总和"②。

"历史—现实"需求论，这是"历史—实践"筛选论与"时代—实践"筛选论的结合，既强调历史实践的检验过程，又强调对现实世界的作用。马克思主义中判断文化先进与否的标准有两个，一个是历史尺度，另一个是价值尺度。历史尺度指优秀传统文化要符合社会客观规律，推动历史进步。价值尺度指优秀传统文化要反映人的价值、需要和发展，"历史——现实"需求论坚持了两种尺度的统一。有学者认为"优秀传统文化一方面是人类文明进步的结晶，是人类思维成果的精华；另一方面又代表未来发展方向，是推动社会全面进步的思想保证、精神动力和智力支持"，"优秀传统文化就是健康、科学、向上的文化，文化优劣的判定标准在于看它是否能够反映和促进人类社会的全面进步和发展"。③

精神需求论同样着眼于优秀传统文化对当下的积极影响，但是不同于现实需求论强调优秀传统文化对现代社会精神、物质各方面的影响，精神需求论则只侧重精神内涵上的影响，认为优秀传统文化是具有激励进步、促进发展的积极作用的，有益于增强民族认同感的，在当下仍具有强大生命力的活精神。但这一理论仍然强调优秀传统文化的实用价值，是工具理性，并不属于价值理性范畴。李宗桂提出优秀传统文化的五个特征：第一，体现积极民族精神，反

---

① 王学伟：《试论中国优秀传统文化的科学内涵》，《海南师范大学学报》（社会科学版）2014年第6期。

② 张继功等：《中国优秀传统文化概论》，陕西师范大学出版社1998年版，第23页。

③ 刘国彬、崔丽华：《论"中国先进文化"的内涵、特点和作用》，《广西民族学院学报》（哲学社会科学版）2004年第10期。

映中国文化健康的精神方向；第二，催人奋进，无论在历史上还是当下，都能激发民族自信心和自豪感；第三，是维系民族共同心理、共同价值追求的思想纽带，具有民族文化认同功能；第四，是历久弥新的智慧结晶，具有历史继承性和稳定性；第五，是中华文化的活精神，在今天仍然具有强大的生命力。[①] 在李宗桂看来，界定"中国优秀传统文化"应该从历史条件出发，在中华民族的发展史上、中国文化的发展史上，曾经起了积极的、推动社会进步的作用，比如能够促进公序良俗的形成、能够增强中华民族凝聚力、能够提升民族的精神底气之类的思想力量或者精神价值，就是优秀的、合理的。[②]

价值理性论不属于工具理性，不强调优秀传统文化的"作用"，它超越功利主义，坚持文化价值的立场进行判断。这一理论从文化发展的长远角度着眼，将文化同现实需求剥离开来，有益于以文化本位的视角洞察文化的内在价值与意义。有学者认为功利主义的坐标并不能囊括传统文化的多层面价值，例如哲学、文学、艺术、宗教的价值都无法用"功用"二字衡量，而需要立足文化自身发展的立场来判断。"未能解决判衡文化价值的标准，功利主义的影响太深"是"五四"以来把传统文化与现代化对立起来的原因所在，"我们看待传统文化，要从一个更高的角度，从人性和人生的需要，社会文化的全面发展，以及文化自身的内在价值来认识传统文化的意义与价值"[③]。

综合理性论，是工具理性和价值理性的结合，工具理性的评判标准是以某种政治、经济的功效为尺度，价值理性的评价标准是以文化本身的内在价值为准绳。综合理性论将两者统整起来，既强调

---

[①] 李宗桂：《试论中国优秀传统文化的内涵》，《学术研究》2013年第11期；李宗桂：《优秀文化传统与民族凝聚力》，《哲学研究》1992年第3期。
[②] 李宗桂、林安梧：《关于"中国优秀传统文化的当代价值"的对话》，《贵州社会科学》2014年第4期。
[③] 陈来：《中国文化传统的价值和地位》，《社科信息文荟》1994年第12期。

优秀传统文化对当今社会的效用，又强调文化本身的内在精神价值。有学者认为"应当将这两种评价标准相结合来看待中国文化传统的价值，才能更全面地估计中国传统文化的价值"①。还有学者认为要将文化价值作为判断优秀传统文化的前提，将历史实践作为鉴别优秀传统文化的尺度。②

层次分析论，强调从文化的各个层次结构入手，尤其是从影响思维结构、价值取向的深层文化结构入手进行宏观和微观的深入分析，在表层结构、整体结构、深层结构上实现对传统文化的扬弃。这类观点有益于我们多方位、全视角地对传统文化进行评判。有学者认为"只有透过中国文化的表层结构，深入其内部，用动态方法分析其深层结构，即分析影响社会心理、思维方式、价值取向、风俗习惯、情趣意向、伦理道德等的文化主体结构，才能揭示出中国传统文化的真实面貌与深刻内涵，才有可能做到实事求是的分析传统文化对现代社会所产生的广泛影响"③。还有学者认为"只有对传统文化中的各个层面进行分析，在每一个层面上、每一个系统上，实现对传统文化的扬弃，才是科学的态度和方法。也只有这样，才能清醒地认识民族传统文化的优点，深刻批评民族传统文化中'劣'的一面。这也是摆正传统文化与现代化关系的正确途径"④。

"马克思主义指导"论，强调依据马克思主义的思想对优秀传统文化进行审思、批判、继承和发扬。李锦全认为古为今用、批判继承也就是在马克思主义理论指导下进行综合创新、推陈出新，这是

---

① 陈卫平：《略谈传统与价值》，载《反思：传统与价值——中国文化十二讲》，上海文艺出版社1991年版，第6页。
② 李申申等：《传承的使命——中华优秀文化传统教育问题研究》，人民出版社2011年第2期。
③ 赵吉惠：《论中国传统文化的层次结构与体用》，《人文杂志》1987年第12期。
④ 张鸿雁：《中国传统文化新探》，《社会科学》1986年第6期。

中国传统文化在当代发展的正确方向。① 陈先达认为由于时代不同，条件不同，处境不同，对儒家伦理进行审视、应用儒家文化处理当下的实际问题，还是需要我们用马克思主义的世界观和方法论来分析，去粗取精。② 方克立认为中华文化在新世纪必然要复兴，但这个复兴不能以儒学和新儒学为指导，而必须以马克思主义为指导。③

本书认为，教科书中优秀传统文化的价值尺度应该在于传统文化的文化品性，包括其社会价值和内在价值两方面。"优秀"既要观照历史又要观照当下和未来，既要关注其价值理性，又要关注工具理性。价值理性强调的是文化本身的科学性、真理性，从文化的内在价值出发进行提炼。工具理性强调文化对国家、民族发展的功效，从文化的使用功能性出发。价值理性兼顾过去、现在和未来，工具理性侧重于现在。文化的价值理性标准表现为：具有能够超越时代的价值，即不仅在其产生时期具有科学性，而且在当代、未来仍然能凸显其文化建设价值；具有超越国家、民族界限的价值，即不仅在我国，乃至在全世界层面都具有文化建设功能；具有超越社会性质的价值，即在不同社会属性下都能彰显其文化建设功能。工具性标准表现为有利于建设社会主义新文化；有利于增强民族认同、民族自信与民族凝聚力；有利于推动社会和谐可持续发展。

## 三 优秀传统文化的维度与内容

中国传统文化包罗万象，涉及价值精神、科学与技术、礼仪与风俗、文教制度、艺术与生活、文学与史学各个方面。1986年，庞

---

① 李锦全：《儒学在当代的推陈出新》，载国际儒学联合会《儒学与当代文明——纪念孔子诞生2555周年国际学术研讨会论文集》，九州出版社2005年版，第10页。

② 陈先达：《历史进步中的传统与当代》，《求是》1996年第1期。

③ 方克立：《"马魂、中体、西用"：中国文化发展的现实道路》，《北京大学学报》（哲学社会科学版）2010年第4期。

朴提出文化的三层次说，将广义文化分为物质文化层、理论与制度文化层、心理文化层。由于本书重点梳理优秀传统文化中的道德精神，因此，文中涉及的优秀传统文化主要指心理文化层。下面先对优秀传统文化的维度与内容进行梳理，如表 1-1 所示。

表 1-1　　　　　　　优秀传统文化的维度与内容

| | |
|---|---|
| 李申申① | 关于精神层面：(1) 以"己所不欲，勿施于人"为表征的做人准则；(2) 以"自强不息""厚德载物"为基座的修身理论；(3) 以"仁者爱人"为情感基础的人与人交往的传统；(4) 以"人而无信，不知其可也""人无信不立，业无信不兴"为信条的诚信之道；(5) 以"为天地立心，为生民立命，为往圣继绝学，为万世开太平""人生自古谁无死，留取丹心照汗青"为使命的胸襟；(6) 以"先天下之忧而忧，后天下之乐而乐""安得广厦千万间，大庇天下寒士俱欢颜"为生命导向的忧国忧民的情怀；(7) 以"天下兴亡，匹夫有责""苟利国家生死以，岂因祸福趋避之""我自横刀向天笑，去留肝胆两昆仑"为人生坐标的爱国奉献精神；(8) 以"有朋自远方来，不亦乐乎"为对外关系主旨的礼仪观念；(9) 以"天人合一""道法自然"为根本信条的人生宇宙观；等等<br>关于政治文化、制度文化和为官之道层面：(1) 以严格的科举考试为依托的非世袭的官僚制度；(2) 以"大道之行也，天下为公"为理念的政治诉求；(3) 以"民惟邦本，本固邦宁""民为贵，社稷次之，君为轻"为治国之本的民本思想；(4) 以"吏不畏吾严而畏吾廉，民不服吾能而服吾公"为官之法，惟有三事：曰清、曰慎、曰勤"为"为官之道"的做官底线；(5) 以"策杖只因图雪耻，横戈原不为封侯"的做官意图；等等<br>关于思维方式层面：(1) 以"一阴一阳之谓道"为特征的对立统一的思维方式；(2) 以"万物负阴而抱阳，冲气以为和""有无相生，难易相成，长短相形，高下相倾，音声相和，前后相随""祸兮，福之所倚；福兮，祸之所伏"为侧重点，强调对立面的和谐、依存、渗透、相互转化的有机、辩证的发展观；(3) 以"道生一，一生二，二生三，三生万物"为出发点的对事物进行整体性把握的直觉思维与体悟；(4) 以"诚者，天之道也。思诚者，人之道也。至诚而不动者，未之有也。不诚，未有能动者也""尽其心者，知其性也。知其性，则知天矣。存其心，养其性，所以事天也"为主旨的人本主义思维倾向；等等 |

---

① 李申申：《中华优秀文化传承与弘扬中的文化自我认同问题探究》，《河南大学学报》(社会科学版) 2013 年第 1 期。

续表

| | |
|---|---|
| 习近平① | 关于道法自然、天人合一的思想；关于天下为公、世界大同的思想；关于自强不息、厚德载物的思想；关于以民为本、安民富民乐民的思想；关于以政为德、政者正也的思想；关于苟日新，日日新，又日新、革故鼎新、与时俱进的思想；关于脚踏实地、实事求是的思想；关于经世致用、知行合一、躬行实践的思想；关于仁者爱人、以德立人的思想；关于以诚待人、讲信修睦的思想；关于清廉从政、勤勉奉公的思想；关于信约自守、力戒奢华的思想；关于中和、泰和、求同存异、和而不同、和谐相处的思想；关于安不忘危、存不忘亡、治不忘乱、居安思危的思想；等等 |
| 李申申②、陈洪澜、李荷蓉、王文礼③ | 宇宙人生观——天人合一、道法自然；道德伦理观——以民为本、崇尚和谐、德行仁善；社会价值观——承担责任、自强不息、爱国奉献 |
| 刘水静④ | "刚健有为"的自强不息传统；"革故鼎新"的改革创新精神；"海纳百川"的开放包容气度；"仁者爱人"的以人为本理念；"崇中尚和"的和谐共生文化 |
| 张岱年⑤ | 天人合一；以人为本；刚健自强；以和为贵 |
| 张岱年、程宜山⑥ | 刚健有为（处理各种关系的人生总原则，包括自强不息、厚德载物两方面）；和与中（人与人的关系，包括与民族的关系，君臣、父子、夫妇、兄弟、朋友等人伦关系）；崇德利用（人自身的关系，即精神生活与物质生活之间的关系）、天人协调（人与自然的关系） |

---

① 习近平：《在纪念孔子诞辰2565周年国际学术研讨会暨国际儒学联合会第五届会员大会开幕会上的讲话》，《人民日报》2014年9月25日第2版。

② 李申申：《中华优秀文化传承与弘扬中的文化自我认同问题探究》，《河南大学学报》（社会科学版）2013年第1期。

③ 李申申等：《传承的使命——中华优秀文化传统教育问题研究》，人民出版社2011年第2期。

④ 刘水静：《酝酿社会主义核心价值观要立足中华优秀传统文化》，《湖北社会科学》2015年第1期。

⑤ 张岱年：《中国文化的基本精神》，《齐鲁学刊》2003年第5期。

⑥ 张岱年、程宜山：《中国文化精神》，北京大学出版社2015年版，第15页。

续表

| | |
|---|---|
| 钱逊[①] | 仁爱精神、自强不息精神；富贵不淫、贫贱不移、威武不屈的独立人格精神；忧国忧民、竭诚尽忠的爱国精神；"慎独"的高度自觉的道德精神以及敬老爱幼、尊师重道、温、良、恭、俭、让的传统美德 |
| 罗豪才[②] | 天下一统的国家观；人伦和谐的社会观；兼容并蓄的文化观；勤俭耐劳的生活观 |
| 李宗桂[③] | 爱国主义的民族情怀；团结统一的价值取向；贵和尚中的思维模式；勤劳勇敢的优良品质；自强不息的进取意识；厚德载物的博大胸襟；崇德重义的高尚情怀；科学民主的现代精神 |
| 杨宪邦[④] | 刚健有为；自强不息；艰苦奋斗；民为邦本；革故鼎新；仁民爱人；舍生取义；崇尚道德；尊师重教；精忠爱国；实事求是；经世致用；辩证思维 |
| 王学伟[⑤] | 万物一体、民胞物与的天人合一思想；和而不同、并行不害的和谐共生思想；自强不息、刚健有为的积极进取思想；天下己任、整体为上的爱众为公思想；己所不欲、勿施于人的修身仁爱思想；孝亲尊老、忠信笃敬的社会伦理思想；与时消息、通权达变的求新务实思想；以道制欲、中正平和的德行理性思想；尊师重教、劝学劝善的教育教化思想 |
| 张岂之[⑥] | 天人之学；道法自然；居安思危；自强不息；厚德载物；以民为本；仁者爱人；尊师重道；和而不同；日新月异；天下大同 |
| 唐镜[⑦] | 天地之性人为贵的人道精神；天地万物为一体的生命意识与宇宙情怀；自强不息的人生态度和进取精神；禀然大义的人格气节和高尚的情操；宽厚仁爱的道德追求 |

---

① 钱逊：《关于马克思主义与传统文化关系的几点想法》，《学术月刊》1996年第5期。
② 罗豪才：《弘扬中华优秀传统文化 增强民族认同感和凝聚力》，《中央社会主义学院学报》2007年第4期。
③ 李宗桂：《中国文化精神与中华民族精神的若干问题》，《社会科学战线》2006年第1期。
④ 杨宪邦：《弘扬中华优秀文化》，《中华文化论坛》1994年第4期。
⑤ 王学伟：《中国优秀传统文化研究30年》，《中州学刊》2014年第4期。
⑥ 张岂之：《中华优秀传统文化核心理念读本》，学习出版社2012年版，序。
⑦ 唐镜：《中国传统文化中的人文精神》，《求索》2011年第2期。

续表

| | |
|---|---|
| 高国希① | 在立国方面，涉及以孝为先、天下兴亡、匹夫有责、和而不同、爱国主义等精神；处世方面，涉及立己达人、先忧后乐、推己及人、克己奉公、礼乐教化、德法相济等精神；为人方面，涉及正心笃志、礼义廉耻、厚德载物、恪尽职守、刚健进取、忠诚与孝敬等品质 |
| 邵汉明② | 人文精神；和谐意识；伦理本位；忧患意识；整体思维 |
| 金开诚③ | 作为基本哲理的阴阳五行思想；解释大自然与人类社会关系的天人合一思想；指导解决社会问题的中和中庸思想；指导如何对待自身的修身克己思想 |
| 高晚欣、郑淑芬④ | 天人合一；刚健有为；贵和尚中；崇尚气节；道德至上 |
| 于春海、杨昊⑤ | 自强不息的民族精神；修齐治平的家国情怀；崇德向善的道德追求；"内圣外王"的人格修养 |
| 朱维宁⑥ | 整体的辩证的世界观和宇宙观；强调个人独立人格和修养的人生观和道德观；"国家兴亡，匹夫有责"的爱国主义；刚健自强不息的精神；开放意识 |
| 赵君尧⑦ | 忧国忧民思想；民本思想；道德准则；"天人合一"的和谐思想；"中庸之道"的辩证法思想 |
| 汤一介⑧ | 得道多助的观念；兼爱互利的观念；崇尚自然的观念；和而不同的观念 |

---

① 高国希：《中华优秀传统文化的现代阐释与教育路径》，《思想理论教育》2014年第5期。

② 邵汉明：《中国文化研究二十年》，人民出版社2006年版，第504页。

③ 金开诚：《中华传统文化的四个重要思想及其古为今用》，载何怀宏、葛剑雄《党员领导干部十七堂文化修养课》，华文出版社2010年版，第16页。

④ 高晚欣、郑淑芬：《中国传统文化概论》，哈尔滨工程大学出版社2002年版，第11页。

⑤ 于春海、杨昊：《中华优秀传统文化教育的主要内容与体系构建》，《重庆社会科学》2014年第10期。

⑥ 朱维宁：《中国传统思想文化与二十一世纪国际学术研讨会综述》，《山东社会科学》1991年第5期。

⑦ 赵君尧：《台湾高校传统文化教育的有益启示》，《福建省社会主义学院学报》2012年第5期。

⑧ 汤一介：《中国文化对21世纪人类社会可有之贡献》，《文艺研究》1999年第3期。

| | |
|---|---|
| 李洪钧[1] | 传统的道德观：穷不失义，达不离道；己所不欲，勿施于人；己欲立而立人，己欲达而达人；富贵不能淫，贫贱不能移，威武不能屈；<br>传统的人生价值观：知有生之乐，怀虚生之忧；正其义不谋其利，明其道不计其功；鞠躬尽瘁，死而后已；忠国孝亲，赤子之情；信义至诚，一诺千金；戒奢节俭，清正廉洁；虚怀若谷，知过必改；<br>光照千秋的爱国主义：天下兴亡，匹夫有责；御侮图强，发奋图强；继往开来，历史新篇；<br>自强不息的民族进取与奋斗精神：锲而不舍，知难而进；勇于革新，变法图强；放眼世界，博采众长 |
| 王立新、吴国春[2] | 忠、孝、贞 |

由此可见，已有文献对优秀传统文化研究颇丰，本书仅选取部分作梳理，并在此基础上尝试总结优秀传统文化（心理文化层）的内容框架，主要包括价值精神、伦理道德、自我修养与思维方式四部分。其中价值精神，主要指国家层面的情怀与价值观；社会道德，主要指社会层面的行为规范；人格修养，主要指个人层面的自我修养；思维方式，主要指哲学人生观。具体框架如表1-2所示。

表1-2　　　　　优秀传统文化（心理文化层）的内容框架

| | |
|---|---|
| 价值精神 | 刚健有为，自强不息的积极进取精神<br>天下己任，整体为上的爱众为公思想<br>忧国忧民，竭诚尽忠的爱国奉献精神<br>与时消息，通权达变的求新务实思想<br>舍生取义，杀身成仁的正义无畏精神 |

---

[1] 李洪钧：《中华优秀传统文化简论》，辽宁大学出版社1994年版，第60页。
[2] 王立新、吴国春：《中国传统文化概论》，北京广播学院出版社1994年版，第101页。

続表

| | |
|---|---|
| 社会道德 | 己所不欲，勿施于人的修身仁爱思想<br>尊师重教，劝学劝善的教育教化思想<br>孝亲尊老，忠信笃敬的社会伦理思想<br>先公后私，公而忘私的处世奉献思想<br>仁爱共济，立己达人的社会关爱思想<br>威信并行，德法相济的社会治理思想 |
| 人格修养 | 正心笃志，崇德弘毅的崇高人格追求<br>以道制欲，中正平和的德行理性思想<br>虚怀若谷，知过必改的谦虚谨行思想<br>崇德向善，坚忍豁达的乐观主义精神<br>刚正不阿，大义凛然的独立人格气节<br>以义获利，以义制利的义利和谐思想 |
| 思维方式 | 人文精神<br>整体思维<br>和谐意识<br>对立统一<br>忧患意识 |

以上对优秀传统文化的时间节点、选择标准、维度内容作了逐一界定，综上所述可以得出，优秀传统文化是中华民族五四运动以前创造的，具有超越时间与空间的价值性与真理性，并能够经过现代意义上的创造性转换而服务于中国现代化建设的文化，包括价值精神、社会道德、人格修养和思维方式。

## 第二节 道德形象

### 一 道德

在早期的儒家著作《孟子》《论语》中，"道""德"两字分开使用，所谓"苟不至德，至道不凝焉"（《中庸》），只有至德的人才能体现至道。"道"是行为应当遵循的原则,"德"是实现原则的有益实践。儒家将"道德"连用始见于《荀子》和《易传》,所谓"和顺于道德而理于义,穷理尽性以至于命"(《周易·说卦传》),"故学至乎礼而至矣,夫是之谓道德之极"(《荀子·劝学篇》)。道家的"道""德"的概念与儒家有联系又有区别,除了德性、品德之义外,"道"还指天地的本源,万物生长的内在基础,必须遵守的最高准则,"德"指天地万物所具有的本性。例如:"虚而无形谓之道,化育万物谓之德"(《管子·心术上》)。在中国传统哲学中,"道""德"既能分而视之,又能合二为一,"道"的语义学本意指"道路",引申为"人的一切行为应当遵循的基本的、最高的准则",而"德"事实上被理解为人内心对"道"的心得,引申为"德性、品德、觉悟,是对合理的行为原则的具体体现"。[①] "道德"连用则指行为原则及其具体运用的总称。[②] 随着中国道德思想的发展,道德逐步演变为以"精神—实践"的形式把握世界的一种特殊方式,[③] 道德作为指导人行为的原则,其中背后蕴含着价值精神。在此,我们认为道德是调整各种伦理关系的行为准则与规范。

## 二 道德形象

形象,指具体事物的外在体现。张毓强认为:"形象是在一定的情境下,物质发生时出现的信息在人脑中产生影像,之后依靠某种媒介而输出。"[④] 菲利普·科特勒(Philip Kilter)将形象定义为:"人们对某一对象的信念、看法与印象。"[⑤] 西蒙斯(Simmons LW)和亨德森(Henderson V)提出:"形象是一个关于职业和个人的特

---

[①] 王正平:《中国传统道德论微探》,上海三联书店2004年版,第3页。
[②] 张岱年:《中国伦理思想研究》,上海人民出版社1989年版,第3页。
[③] 王正平:《中国传统道德论微探》,上海三联书店2004年版,第18页。
[④] 张毓强:《国家形象会议》,《现代传播》2002年第2期。
[⑤] Philip Kotler, "There's No Place Like our Place", *Public Management*, Vol. 27, No. 6, January 2001, pp. 14 – 21.

征，它复杂且相对固定，容易鉴别。"[1] 吴灿新认为："从心理学的角度来看，形象就是人们通过视觉、听觉、触觉、味觉等各种感觉器官在大脑中形成的关于某种事物的整体印象，简言之是知觉，即各种感觉的再现。"[2] 秦启文、周永康认为："形象作为客观事物的主观映像，是经过思维活动加工、建构的产物，由此引起主体意识活动的迹象或印象，是人或事物由其内在特征决定的外在表现。"[3] 由此可见，形象是由主体、客体、主客体关系三个方面决定的，人是形象的确定者和评价者。因此，本书认为"形象"是人在某种情境下对人或事的总体评价和印象。"道德形象"是一种借鉴性说法，通常是指个人、企业、国家等道德主体通过自身一系列比较稳定的道德表现，给人们在知觉上造成的一种具体道德形态和道德面貌。这种具体道德形态和道德面貌是道德主体的道德修养水平的重要标志。

## 第三节　优秀传统文化道德形象

由于本书要在优秀传统文化道德形象的定义的基础上建构分析框架，因此需对其"维度"与"内容"作操作性描述。

### 一　优秀传统文化道德形象的维度

综观学者们的研究成果，对道德维度的分析包括两条路径：纵向的层次分析、横向的分析型解构。层次分析从道德的境界与层次入手对道德进行划分，形成从低级到高级的级差序列；分析型解构

---

[1] Simmons, Leo W. ed., "Nursing Research: a Survey and Assessment", *Nursing Research*, Vol. 13, No. 4, Fall 1964, p. 349.
[2] 吴灿新:《道德形象与个人命运》,《伦理学研究》2016年第6期。
[3] 秦启文、周永康:《形象学导论》,社会科学文献出版社2004年版,第2—3页。

主要依据人们的心理行为过程——知、情、意、行以及道德的内容、形式来划分。

(一) 基于层次分析的维度划分

道德主体世界观、人生观、价值观的差异，以及社会地位、职能、权利和义务的区分决定了道德具有层次性。以下主要从道德的社会动机层次、道德的个体动机层次、道德的利益主体层次、道德的主动性层次、道德的发展性层次进行归纳梳理。

1. 道德的社会动机层次

道德的社会动机层次，指从社会层面着眼，依据不同层级的道德所需达成的目的取向进行划分，从基本秩序的维持到对至善至美的追求分属于不同的道德层次。例如：美国当代著名法学家富勒将道德分为"义务的道德"和"愿望的道德"两种类型。① "义务的道德"是保障一个社会有序运行的必不可少的基本原则，"愿望的道德"是人类对至善至美的追求，是人类生活的最高目的，属于高层次的道德要求。刘云林也将道德划分为旨在使社会有序化的道德和超越性的道德两个方面。② 伦理学家唐凯麟教授指出维护社会存在的基本道德义务属于社会有序化层次范畴，提高生命质量的道德属于超越的层次范畴，包括对生命权的保护、对家庭利益关系的保护、对所有权的保护、对某些精神领域的权利的保护，等等。③ 陈泽环则提出了"三层次论"，认为底线伦理、共同信念和终极关怀三个基本要素组成了当下开放、平等、多元社会的道德结构。④ 以上的分类方式，在分类标准上呈现出一致性，都是从道德对社会的作用、目的的角度进行划分，学者的观点大多从维持社会基本秩序的基础性道德规则出发进行衍生，层次划分的差异源于不同学者对道德目的价

---

① [美] 富勒：《法律的道德性》，郑戈译，商务印书馆2005年版，第6页。
② 刘云林：《道德的结构、层次与当代中国道德建设》，《探索》2005年第6期。
③ 唐凯麟、曹刚：《道德的法律支持及限度》，《哲学研究》2000年第4期。
④ 陈泽环：《分离基础上的互补——再论当代社会的道德结构》，《学术月刊》2006年第8期。

值取向的认识的区别，但划分的思想一致。

2. 道德的个体动机层次

道德的个体动机层次，指从个人层面着眼，依据不同层级道德达成的目的以及不同个体对道德的掌握程度进行划分。早在先秦时期，道德人格名目就分为小人、士、君子和圣人，四者因智慧、境界和价值的差距而居于不同的层次。孟轲根据人们对仁、义、礼、智等品德掌握的纯熟程度，将道德人格划分为善、信、美、大、圣、神等层次。孔子把"君子"境界进一步划分为"仁人""贤人""圣人"等层次。在当代的研究中，也有不少学者从个人角度着眼，对道德进行层次划分，例如：李春秋、毛蔚兰将道德修养的境界分为君子境界、圣贤境界、慎独境界。① 蔡元培根据道德的主客观性将其分为消极道德和积极道德，消极道德指道德的"自律"，即道德的自我约束、自我控制和自我调节，是个人善恶价值取向的心理过程与观念，属于道德主观意识活动。积极的道德指道德的"自为"，即人们的道德活动及其在此基础上形成的道德关系、道德人格，属于客观方面的范畴。② 以上的分类方式，都是以不同层级的道德作用到人身上最终达成的目的以及个人对道德的掌握程度为标准进行划分，形成梯度的道德人格层次。

3. 道德的利益主体层次

道德的利益主体层次划分涉及有利还是不利、对谁有利、有何利的问题。对谁有利中的"谁"是"己"还是"他"，而"他"又可以是个体的"他"，也可以是群体"他"。因此，以下学者的分类主要从是"损"还是"利"、是"先"还是"后"、是"我"还是"他"等基本点入手。罗国杰依据人们现实中的行为表现，将人的道德境界分为三个层次：第一层次是无私奉献、一心为公，即全心全

---

① 李春秋、毛蔚兰：《传统伦理的价值审视》，北京师范大学出版社2003年版，第309页。

② 陈剑旄：《蔡元培伦理思想研究》，北京大学出版社2009年版，第41页。

意为人民服务；先公后私、先人后己属于第二个层次；顾全大局、热爱国家、遵纪守法、诚实劳动属于第三个层次。① 有研究者依据个体道德需要活动的目的进行划分，例如陈长生将道德分为为己、为他和为己与为他相统一三个层次。② 其中，"为己"是基础层次，是个体道德需要的存在和发展的前提；"为他"是提升层次，使个体道德需要与他人道德需要，以及社会道德需要得以互动和沟通；"为己与为他统一"是整合层次，使个人道德需要和他人道德需要、社会道德需要实现共同利益基础上的动态平衡和统一。张绪仓从道德的后果出发，将道德分为损人损己、损人不利己、损人利己、利己不损人（道德底线）、利己利人、利人不损己、舍己为人。③ 值得注意的是，上述研究者中有人把"损人损己""损人利己"等层次也列入道德层次。康德指出德性之所以有那样大的价值，只是因为它招来那么大的牺牲，不是因为它带来任何利益。④ 因此，他认为把个人幸福原理作为意志的动机，那是直接违反道德原理的。⑤ 在康德看来，任何一种道德行为都是理性抑制与战胜感性的结果，必然伴随个人利益的牺牲。但是在现代的道德理念中，认为自我实现也属于道德范畴。因此，本书认为道德层次应以"利己不损人"为底线。

4. 道德的主动性层次

在认知程度上，人的道德境界既有自发与被动之不同，又有情感有无或强弱之差异，因此道德的主动性层次根据道德主体在践行道德行为时的主动性程度进行道德层次划分。有研究者根据"道德行为是否必须履行"对道德层次进行划分，例如，罗尔斯将个人道

---

① 罗国杰：《建设与社会主义市场经济相适应的思想道德体系》，人民出版社2011年版，第15—16页。
② 陈长生：《论个体道德需要的层次》，《唯实》2009年第9期。
③ 张绪仓：《利己不损人——"经济人"的道德底线》，《硅谷》2008年第10期。
④ ［德］康德：《实践理性批判》，邓晓芒译，人民出版社2004年版，第158页。
⑤ ［德］康德：《实践理性批判》，邓晓芒译，人民出版社2004年版，第35页。

德行为分为自然义务、职责义务与分外行为三类。① 自然义务是作为一个"一般的个人"所应当履行的义务。例如：不伤害他人的义务、帮助他人的义务、同情弱者的义务，等等。职责义务是由社会基本结构、制度性安排所规定的义务，它以制度的正义性以及相关人员同样履行相关义务为前提。分外行为属于好的、崇高的道德行为，却并不是"一个一般的人的义务或责任"，例如：英雄主义和自我牺牲的行为等。高兆明将伦理道德分为规范论的责任伦理与美德论的责任伦理。规范论的责任伦理是"责任"取向，具有外在加予而非内在生成，以及伦理实体性等特征。美德论立场的责任伦理是"美德"取向的，是道德主体出于信念与良知，基于成为高尚的人的美德动机而自觉担当的责任义务。这种责任义务不是外在强加的、命令的，而是发自内在信念、道德责任感而自觉自愿承担的义务。② 有研究者根据道德需要的产生过程和人们对道德规范的接受程度进行道德层次划分，陈小明将道德划分为义务的道德和追求的道德，前者是社会生活中最基本的行为准则，后者是引导人们争取至善生活的规范。③ 黄向阳将道德分为理想层次、原则层次、规则层次。道德理想是提倡的、最高的道德境界，是行为的"高标"。道德规则是强制执行、必须遵守的道德要求，分为"不准式"的行为禁令和"必须式"的行为指令两种形式。道德原则是在普遍情况下必须遵守、特殊情况下允许变通的道德要求，是行为的"基准"。④ 冯友兰通过人生境界的角度探讨道德哲学，依据道德自觉程度划分出四个认识

---

① 高兆明：《存在与自由：伦理学引论》，南京师范大学出版社2004年版，第78页。
② 高兆明：《道德责任：规范维度与美德维度》，《南京师大学报》(社会科学版) 2009年第1期。
③ 陈小明：《道德需要——道德层次与新时期道德建设》，《道德与文明》1997年第5期。
④ 黄向阳：《德育原理》，华东师范大学出版社2000年版，第101页；张伊丽：《道德层次及其课程意义——以苏教版四年级下册〈想想他们的难处〉为例》，《上海教育科研》2009年第11期。

境界，觉解程度越深，境界越高。这四个境界分别是自然境界、功利境界、道德境界和天地境界。① 有研究者根据个人在履行道德行为时是否必须考虑行为后果对道德层次进行划分，例如：马克斯·韦伯（Max Weber）将道德行为分为"责任伦理"与"信念伦理"，"责任伦理"指的是行为准则必须将行为的可能后果考虑在内，"信念伦理"指行为准则只执着于行为信念本身，而不将行为后果考虑在内。②

5. 道德的发展性层次

在个人的道德认知发展过程中，随着生理心理机制的成熟，道德水平由低到高发展。有心理学研究者根据不同年龄阶段个体的道德表现进行道德发展的层次划分。劳伦斯·科尔伯格（Lawrence Kohlberg）将儿童的道德发展分为三水平六阶段，水平一为前习俗道德，水平二为习俗道德，水平三为后习俗道德。③ 概言之，道德内化过程的发展性特点决定了道德需要的形成和发展经历由他律道德需要到自律道德需要，最后到自由道德需要的发展过程。④ 基于此，美国明尼苏达大学道德研究小组提出了新科尔伯格理论（neo - Kohlbergian），将道德发展划分为三个认识图式。第一，个人利益图式，表现为从关注自我向关注人际关系的转变，但是这里的人际关系中的"人"仅指个体所熟悉的人。第二，维持规范图式，表现为个体社会和政治观念的逐步形成和发展，处于此图式作用下的个体尤其重视习俗、法律等起规范性作用的规则。第三，后习俗图式，表现为个体基于对法律、规则等中心道德原则的理解基础上，形成关于

---

① 冯友兰：《中国哲学简史》，涂又光译，北京大学出版社 1985 年版，第 389—395 页。
② ［德］马克斯·韦伯：《学术与政治》，冯克利译，生活·读书·新知三联书店 1998 年版，第 107 页。
③ 王道俊、郭文安：《教育学》，人民教育出版社 2016 年版，第 269 页。
④ 夏湘远：《义务·良心·自由：道德需要三层次》，《求索》2000 年第 3 期。

社会该如何更好运作的理念,并认为社会中的每个人必须被公平对待。① 卢先明则认为道德内化的发展性使得公民道德的发展呈现出自发、自觉和自由三个层次。② 以上对道德层次发展的分类都呈现出以下特质:在道德认知上从关注道德的实用性尺度到关注道德的价值性尺度,在道德情感上从服从到认同,在道德行为上从外在约束到自觉践行。

(二) 基于分析型解构的维度划分

从心理学角度来说,道德品质是由智力的、非智力的心理因素以及行为因素,即知、情、意、行等因素构成。有学者提出道德品质是由形式与内容构成。还有学者认为道德品质由道德心理、道德规范和道德哲学构成。分析型解构法主要基于对道德内在构成的不同观点,形成一系列不同的结构分类。

1. 基于心理行为过程的道德维度

道德心理行为过程包括知、情、意、行,由于对道德本体认识的差异导致研究者在知、情、意、行四者之中有偏倚,形成同宗同源但又各有千秋的道德维度分类。

有的研究者重视道德的情与行。例如:科尔伯格(Lawrence Kohlberg)认为一般要从道德行为、道德态度或道德观念等方面来衡量道德。③ 乔治·林德(Georg Lind)认为道德行为是由个人对于某种道德理念或原则的情感,以及个人根据这些理念或原则进行推理和付诸行动的能力组成。④ 有研究者重视道德的知和行,钱广荣认为

---

① Darcia N. and Tonia B., "Moral Schemas and Tacit Judgment or How the Defining Issues Test is supported by Cognitive Science", *Journal of Moral Education*, Vol. 31, No. 3, June 2002, p. 297.

② 卢先明:《略论公民道德的层次性》,《道德与文明》2005 年第 4 期。

③ Kohlberg, L., The Development of Modes of Moral Thinking and Choice in the Years 10 to 16, Ph.D. dissertation, University of Chicago, 1958.

④ Fasko, D. eds., *Contemporary Philosophical and Psychological Perspectives on Moral Development and Education*, Creskill, NJ: Hampton, 2004, p. 145.

道德可以分为道德意识、道德活动、道德关系三个基本要素。[1] 有的研究者重视道德的知、情、行。例如，黄向阳认为道德是道德认知、道德情感、道德行为等构成的综合体。[2] 杜威将道德分为道德知识、道德感情、道德能力三部分。[3] 有的研究者重视道德的情、知、意。例如，孙英认为道德素质由三类因素构成：作为指导因素与首要环节的道德认识，作为动力因素、决定性因素与基本环节的道德感情，作为过程因素与最终环节的道德意志。[4] 正如蔡元培所说："人之成德也，必先有识别善恶之力，是智之作用也。既识别之矣，而无所好恶于其间，则必无实行之期，是情之作用，又不可少也。既识别其为善而笃好之矣，而或犹豫畏缩，不敢决行，则德又无自而成，则意之作用，又大有造于德者也。故智、情、意三者，无一而可偏废也。"[5] 蔡元培所说的智、情、意也与张曙光提出的"理性""情感""信念"相对应，他认为道德是综合性的社会意识，其结构包括"理性""情感""信念"及三者之间的相互关系，因而道德又分为理性型道德、情感型道德和信念型道德三种形态。[6] 有的研究者重视道德的知、情、意、行。例如，吴铎按照道德自身的规律，根据道德心理要素将道德结构区分为道德认知、道德情感、道德意志和道德行为。[7] 李莉、胡迎秋将道德进行了三层次、四成分的十二维理论划分。纵向上分为道德素养、道德修养或道德人格、道德境界三层次；横向上分为道德认知（包括道德觉知、价值认知、观点认取、道德推理、道德决定和道德自知六个子属性）、道德意志（包括自觉、果断、坚持和自制四个子属性）、道德情感（包括态度和体验两

---

[1] 钱广荣：《中国伦理学引论》，安徽人民出版社2009年版，第34页。
[2] 黄向阳：《德育原理》，华东师范大学出版社2000年版，第108页。
[3] 《胡适学术文集·教育》，中华书局1998年版，第417页。
[4] 孙英：《论大学生道德素质构成》，《思想战线》2004年第6期。
[5] 《蔡元培全集》第2卷，中华书局1984年版，第253页。
[6] 张曙光：《道德三要素与道德三形态——关于当前道德建设的理论与实践的思考》，《新时期伦理研究》1997年第1期。
[7] 吴铎：《德育课程与教学论》，江苏教育出版社2003年版，第35页。

个子属性)、道德行为四成分。①

2. 基于内容与形式的道德维度

道德包括内容、形式、行为三个要素，内容是道德价值，形式是道德载体，行为是道德实践，研究者根据对三要素的重视程度不同进行维度划分。第一，强调道德内容。例如，亚里士多德和孔子把德性分为三个主要方面：社会价值、道德感及道德智慧。亚里士多德的社会价值以社会习俗为核心，道德感以情感为核心，道德智慧以品性为核心。孔子的社会价值以礼为核心，道德感以爱或仁爱为核心，道德智慧以义为核心。② 涂尔干在对人的心态的考察中提出了著名的道德三要素：纪律精神、牺牲精神、自律精神。③ 杜威认为道德是性格力量、道德敏感性和道德判断力的有机综合体。④ 第二，强调道德内容和道德形式。例如：王海明将道德分为形式和内容两个方面，道德规范是形式，道德价值是内容。道德形式（道德规范）又分为道德价值规范和道德价值判断，道德内容（道德价值）分为道德目的与行为事实。如此，道德价值规范、道德价值判断、道德目的、行为事实便形成了由外及里、层层深入的形式与内容关系（见图 1-1）。⑤ 第三，强调道德内容和道德行为。例如：斯洛汀认为道德有赖于人道的关心、客观的思维和果断的行动的和谐结合。⑥ 王海明认为道德由"行为事实"和"道德目的"两方面构成，前者

---

① 李莉、胡迎秋：《教师与学生道德结构的比较分析及启示》，《师德与德育》2014 年第 12 期。

② 余纪元：《德性之镜——孔子与亚里士多德的伦理学》，中国人民大学出版社 2009 年版，第 148 页。

③ [法]爱弥尔·涂尔干：《道德教育》，陈光金、沈杰、朱谐汉译，上海人民出版社 2006 年版，第 93 页。

④ 杜威：《教育中的道德原理》，载赵祥麟《学校与社会·明日之学校》，人民教育出版社 1994 年版，第 142—164 页。

⑤ 王海明：《论道德结构》，《湖南师范大学社会科学学报》2004 年第 9 期。

⑥ Roger Straughan ed., *Models of Moral Education: An Appraisal*, New York: Longman Inc., 1980, pp. 1-2.

是道德构成的源泉和实体,后者是道德构成的条件与标准。① 第四,强调道德内容、道德形式与道德行为。例如:刘志山、李燕燕将道德分为德性、德目与德行三层含义。② 甘葆露认为道德分为思想意识体系、规范体系和活动体系。③ 刘云林认为道德包括价值形态、规范形态和秩序形态。④

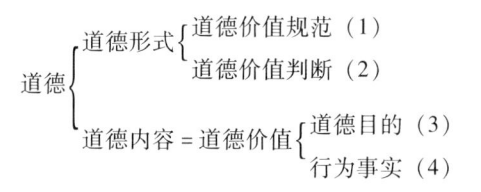

$$道德\begin{cases}道德形式\begin{cases}道德价值规范(1)\\道德价值判断(2)\end{cases}\\道德内容=道德价值\begin{cases}道德目的(3)\\行为事实(4)\end{cases}\end{cases}$$

图 1-1 王海明的道德结构层次

以上道德维度的划分方式从不同视角展开,主要将道德分为个体性维度和社会性维度。道德的个体性维度分为三类。第一,个体的道德心理结构,包括道德认知、道德情感、道德意志等心理因素。第二,个体的道德行为结构,包括道德动机、道德行为、道德效果、道德评价和道德修养等外化形式。第三,道德的境界结构,即不同的道德关系和道德观念所反映的个人道德认识层次。道德的社会性维度分为三类。第一,道德的关系结构,包括个人与个人、与社会集体以及与自然间的关系。第二,道德的现象结构,包括道德意识现象、道德规范现象、道德活动现象等范畴。第三,道德的水准结构,在适用性上有过时的、现存的以及理想的道德之分,在层次上有维护基本秩序与追求至善至美的高低之别。内在动机上既有利他为主与利己为主之别,又有被动服从与主动认同之别。外在行为上既有道德行为的恒常与偶发频率之别,

---

① 王海明:《伦理学原理》,北京大学出版社2001年版,第87页。
② 刘志山、李燕燕:《道德的三层涵义与得道的三重境界》,《伦理学研究》2001年第3期。
③ 甘葆露:《伦理学概论》,高等教育出版社1994年版,第50页。
④ 刘云林:《道德的结构、层次与当代中国道德建设》,《探索》2005年第6期。

又有结果程度之别。上述关于道德维度的分析为本书提供了理论基础，尤其是层次分析法呈现出的道德认知从关注道德的实用性尺度到关注道德的价值性尺度，在道德情感上从服从到认同，在道德行为上从外在约束到自觉践行，在道德追求上从"底线"到"高标"，在一定程度上反映了传统社会和现代社会对个体道德要求的走向，对本书而言具有可贵价值。然而，道德是行为的、价值的、关系的、心理的、思维的和语言的多层次的构成物，有极其复杂的结构。① 大多数维度分类法都很难将教科书中涉及的道德进行一一归类，其中只有道德的关系结构分类具有参考意义，因此本书依据道德的关系结构将传统文化道德形象的维度划分为个人层面道德形象、社会层面道德形象和国家层面道德形象（划分依据将在第二章中重点阐述）。

## 二 优秀传统文化道德形象的内容

中国传统道德思想经过两千多年的历史发展和演进，形成了名目繁多、内涵丰富的诸多道德规范或德目。早在商代，就提出了"六德"，即知、仁、圣、义、忠、和六个规范。春秋时期的孔子提倡仁、孝、悌、忠、信等道德规范。《管子·牧民》篇以礼、义、廉、耻为"国之四维"。战国时期，孟子上继孔子，提出了仁、义、礼、智四德说，并提出"五伦"，即父子有亲、君臣有义、夫妻有别、长幼有序、朋友有信的伦理原则。汉代的董仲舒则根据孔子的"君君，臣臣，父父，子子"，提出"三纲"，即君为臣纲、父为子纲、夫为妻纲；以及"五常"，即仁、义、礼、智、信。宋元时期，思想家们在"国之四维"上，配以孝、悌、忠、信，变成了"孝悌忠信、礼义廉耻"八德。关于优秀传统文化中的道德精神，众多学者作出了梳理，现整理如表1-3所示。

---

① 朱小蔓：《知识概念变迁下的德育》，《德育报》2000年3月27日第1版。

表1-3　　　　　　　　优秀传统文化中的道德内容表

| | |
|---|---|
| 张锡勤[①] | 孝、忠、友悌、仁、恕、智、勇、礼、诚、信、廉、耻、谦、谨慎、勤俭、宽厚、公正、贵和、气节、知报、奉献、中庸、表率、自强、自尊自信、乐教、修身、改过、重行、慎独、自省、重微、力命、德才等 |
| 傅永聚[②] | 仁、孝、慈、义、和、信、俭、廉、耻、善 |
| 罗国杰[③] | 公忠（祛邪胜私、循法而行、尽己为人、献身国家）<br>正义（义即中正、义以治世、君子尚义、以义建利、义益天下）<br>仁爱（仁为人道、仁礼相合、爱民抚众、兴利除害、尊己爱人、成人以仁）<br>中和（中和为道、君子尚中、行不偏激、团结和谐、因事制宜）<br>孝慈（孝为公理、以孝事亲、以慈育儿、孝助教化）<br>诚信（无信不立、言行一致、心诚是本、信为政基、诚生德业）<br>宽恕（恕为人则、推己及人、以直报怨、平心容人）<br>谦敬（谦敬必诚、尊人卑己、自厚宽人、敬以进德、克骄防矜）<br>礼让（礼以定伦、礼以正身、恭敬谦让、以和为贵）<br>自强（人应自强、自胜自立、穷则思变、革旧图强）<br>持节（立操以仁、守志持身、重在大节、穷达持节、成仁取义）<br>知耻（耻为大节、守仁行义、慎言检行、不义则辱、君子有耻）<br>明智（智在知道、利人利国、自知知人、智必审慎、见微达变）<br>勇毅（勇必仁慈、行义循礼、明见善断、无畏敢为、知耻改过、勇不妄为）<br>节制（守正不流、行为有度、取用有节、自主自制）<br>廉洁（见利思义、守法循礼、仕应守廉、廉废国毁）<br>勤俭（勤俭立德、敬业节用、不奢不吝、勤俭国富）<br>爱物（取物以时、节用有度） |
| 罗国杰[④] | 勤劳勇敢、厚德载物（艰苦创业、利用厚生、质朴俭约）<br>勇于探索、务实求真（勤奋好学、求索攻坚、开拓创新）<br>胸怀天下、公忠为国（情系故土、忧国忧民、以身许国、抗暴御侮）<br>民族和睦、四海一家（维护统一、和睦相处、携手共进、协和万邦）<br>酷爱自由、勇于斗争（反抗暴虐、持正不阿、威武不屈、崇尚理想）<br>励精图治、济世安民（变法革新、体国恤民、谏诤广纳、举贤惜才、顾全大局）<br>廉洁奉公、清正严明（清介自守、反贪拒贿、秉公执法、为民除害）<br>以教兴国、正风敦俗（兴学崇教、尊师重道、敦俗化民）<br>家庭和睦、孝慈友恭（勤俭持家、夫妻情笃、父慈子孝、兄友弟恭、注重家教）<br>忠于职守、敬业乐业（尽职尽责、诚信无欺、精益求精）<br>以道交友、以友进德（道义相砥、贞信不渝、患难与共）<br>乐群贵和、尊礼重义（尊老爱幼、谦恭礼让、严己宽人、见利思义、扶危济困、见义勇为）<br>德量涵养、躬行践履（砥志自强、从善自新、风节自律） |

---

① 张锡勤：《中国传统道德举要》，黑龙江大学出版社2009年版，目录。
② 傅永聚：《〈中华伦理范畴〉丛书》，中国社会科学出版社2006年版，序。
③ 罗国杰：《中国传统道德·规范卷》，中国人民大学出版社1995年版，目录。
④ 罗国杰：《中国传统道德·德行卷》，中国人民大学出版社1995年版，第24页。

续表

| | |
|---|---|
| 梁启超① | "公""忠""义""仁爱""中和""孝慈""廉洁""勤俭" |
| 陈萌② | 民本思想与人文精神、"大同社会"理想与和谐思想、"家国同构"的伦理传统与朴素的爱国主义情操、自强不息的忧患意识和求变求新的创新精神、崇德厚理的德性文化和明礼知耻的礼治文化、整体大义、仁爱原则、人伦价值与孝爱美德、高尚道德情操与理想人格 |
| 李雪③ | 共同理想、以德治国、协和万邦、厚德载物、天下为公、刚健有为、正心诚意、修齐治平、中庸之道、对立统一、家国一体、诚信友善、修己安人、以人为本、爱国、孝道、公平、正义、和谐 |
| 李新涛④ | "孝悌忠信""天下兴亡,匹夫有责"的家庭和社会责任感;"自强不息""磨砺坚强"的个人品格;"厚德载物""己所不欲,勿施于人"的处世精神 |
| 孙中山⑤ | 忠孝、仁爱、信义、和平 |
| 高晚欣、郑淑芬⑥ | 仁、爱人、孝悌、忠恕、礼、义、信、中庸、恭、宽、敏、勇 |
| 王立新、吴国春⑦ | 忠、孝、贞 |
| 张立文⑧ | 人心伦理范畴:爱、良知、耻、善、志、毅、格、省、正心、诚、乐、圣、忧等;<br>家庭伦理范畴:孝、悌、敬、勤、俭、友、贞、温等;<br>人际伦理范畴:仁、义、礼、智、信、恭、宽、敏、惠、恕、直、中等;<br>社会伦理范畴:忠、廉、德、公、洁、庄、勇、节、健、实、恒、明、质、行、刚、气等;<br>世界伦理范畴:和、合、强、美等;<br>自然伦理范畴:顺、道、和等 |

---

① 刘太恒:《论中国传统道德的当代价值》,《道德与文明》2000年第1期。
② 陈萌、姚小玲:《论中国传统伦理思想的理论价值与现实意义》,《学校党建与思想教育》2014年第2期。
③ 李雪:《传统文化视角下道德发展问题反思》,《人民论坛》2016年第25期。
④ 李新涛、唐慧荣:《传统文化中的道德素质教育》,《教育理论与实践》2001年第5期。
⑤ 刘余莉:《"仁义礼智信"研究三十年》,《河南社会科学》2010年第1期。
⑥ 高晚欣、郑淑芬:《中国传统文化概论》,哈尔滨工程大学出版社2002年版,第225页。
⑦ 王立新、吴国春:《中国传统文化概论》,北京广播学院出版社1994年版,第101页。
⑧ 张立文:《中华伦理范畴丛书》,中国社会科学出版社2006年版,第21—24页。

续表

| | |
|---|---|
| 陈来[1] | 性情之德：齐、圣、广、渊、宽、肃、明；<br>道德之德：仁、义、勇、让、固、信、礼；<br>伦理之德：孝、慈、悌、敬、爱、友、忠；<br>理智之德：智、咨、询、度、诹、谋 |
| 张岱年[2] | 公忠、仁爱、诚信、廉耻、礼让、孝慈、勤俭、勇敢、刚直 |
| 王永智[3] | 善、孝、礼、勤、新 |
| 杨启亮[4] | 重德精神和入世忘我精神、自德精神和自我磨炼精神、群德精神与自然陶冶精神 |
| 陈桂蓉[5] | 仁、义、礼、智、信、忠孝、廉、耻勇、恭、宽、敏慧 |
| 瞿振元、夏伟东[6] | 公忠、正义、仁义、中和、孝慈、诚信、持节 |
| 许亚非[7] | 仁爱、正义、明礼、明智、诚信、廉耻、勤俭、中和 |
| 黄朴民、白效咏、白杨[8] | 刚毅中正、忠孝节烈、敦仁慕义、明礼诚信、谦俭进取、谨恕能容、智勇廉耻、进德修业 |
| 杨启亮[9] | 重德精神和入世忘我精神、自德精神和自我磨炼精神、群德精神与自然陶冶精神 |

---

[1] 陈来：《古代思想文化的世界：春秋时代的宗教、伦理与社会》，生活·读书·新知三联书店2017年版，第366页。

[2] 张岱年：《试论新时代的道德规范建设》，《道德与文明》1992年第3期。

[3] 王永智：《中国传统道德价值的根本观念》，《道德与文明》2015年第3期。

[4] 杨启亮：《中国传统道德精神与21世纪的学校德育》，《教育研究》1999年第12期。

[5] 陈桂蓉：《中国传统道德概论》，社会科学文献出版社2014年版，第13页。

[6] 瞿振元、夏伟东：《中国传统道德讲义》，中国人民大学出版社1997年版，第69页。

[7] 许亚非：《中国传统道德规范及其现代价值研究》，四川大学出版社2002年版，序。

[8] 黄朴民等：《中国传统道德文化历代文选》，中国人民大学出版社2012年版，第24页。

[9] 杨启亮：《中国传统道德精神与21世纪的学校德育》，《教育研究》1999年第12期。

续表

| 张锡勤[①] | 尚公、重礼、贵和 |
|---|---|
| 江畅[②] | 基本德目：刚毅、节制、自珍、勤劳、节俭、诚实、正直、善良、谦虚、互利、忠诚、关怀、守信、负责、环保、节能、贵生、爱物、守规、虔敬<br>派生德目：自尊、乐观、好学、自助、宽厚、感恩、敬业、务实、慷慨、进取、创新、合作、公正、利废、整洁、简朴、文雅、安稳。<br>关键德目：明智、审慎 |

综上，从狭义的思想层面梳理了优秀传统文化的内容（表1-2），又进一步集中在道德范畴梳理了优秀传统文化中的道德内容（表1-3），本书将两者结合，提炼出优秀传统文化道德形象的内容。再结合优秀传统文化道德形象的维度，可得出优秀传统文化道德形象的操作性定义。优秀传统文化道德形象即"优秀传统文化中的道德形象"。由上可知，"道德形象"指个人、企业、国家等道德主体通过自身一系列比较稳定的道德表现，给人们在知觉上造成的一种具体道德形态和道德面貌。但是对于传统文化而言，道德形象并非通过"道德表现"塑造，传统文化只能通过推崇道德精神、推崇道德修养塑造道德形象。因此，本书认为，优秀传统文化道德形象指，优秀传统文化通过自身秉持的一系列主流道德思想，从而给人在知觉上造成的一种具体的道德印象。例如：中国传统文化中含有大量克己、内求、奉公的德目，给人以"内倾性"印象，而西方文化中含有大量进取、创新、开拓的德目，给人以"外倾性"印象。优秀传统文化的道德形象分为个人层面道德形象、社会层面道德形象和国家层面道德形象。对各个层面道德条目的具体分析，可呈现该层面的道德形象。个人层面道德包括持节、节制、勤劳、知耻、谦虚、自尊自信、自立自强、明智、敬业、进取、勇毅；社会层面

---

① 张锡勤：《尚公·重礼·贵和：中国传统伦理道德的基本精神》，《道德与文明》1998年第4期。

② 江畅：《论德性的项目及其类型》，《哲学研究》2011年第5期。

道德包括宽恕、礼让、孝慈、诚信、感恩、仁爱、友善（关涉他人的德性）、守规、责任、正义（关涉群体的德性）、环保、爱物、厚生、遵道（关涉环境的德性）；国家层面道德包括爱国、公忠、奉献、和睦、团结、抗争、民本、和平（见表2-1）。

## 第四节　教科书与价值传承

### 一　价值传承

"传承"指更替继承，在本书中"传承"绝不是一味复刻，而是立足现实对过去的选择与改造。"价值传承"指后者根据自身信奉的标准，在继承前者秉持的价值时，有意识地实现选择与改造。中小学教科书的价值传承是教科书根据自身标准，通过内容选择与内容呈现实现对前人价值的选择与改造。

### 二　教科书与价值传承

优秀传统文化道德形象是静态的、已生成的，但教科书对其的刻画却是动态的、发展的。由于传统文化产生于小农自然经济、封建宗法社会和专制王权基础之上，不可避免地具有封建社会的特定思想内涵和时代烙印。[①] 它既包括与现代社会需求相背离的内容，又蕴含与现代社会需求相契合的内容。即使那些在现代看来仍然具有极高价值的成分也需要在现代化语境中重新进行诠释与挖掘，才能在新的时代焕发新的生机。因此，中小学教科书对优秀传统文化道德形象的价值传承包含三个方面：第一，对于那些具有普适性价值的传统文化道德思想，教科书对之进行传承延续；第二，对于那些具有时代局限性的传统文化道德思想，教科书对之进行适应性调整；

---

① 贾松青：《国学现代化与当代中国文化建设》，《社会科学研究》2006年第6期。

第三，对于那些在传统文化中被忽视、又具有现实意义的道德思想，教科书对之进行补充超越。这三个层面可归纳为教科书对传统文化道德形象的延续、新释与超越。综上，教科书对优秀传统文化道德形象的价值传承指教科书通过内容选择和内容呈现刻画优秀传统文化道德形象，从中体现对其价值的延续、新释与超越。

# 第 二 章

# 优秀传统文化的道德形象概貌

优秀传统文化中的道德思想博大精深，本章试图从其结构、维度、内容、特点等方面共同勾画出优秀传统文化道德形象，以为后续研究提供分析框架和与现代社会道德思想的对比参照。其中，结构与维度分析勾画出表层的道德形象，而内容与特点的分析使道德形象更加有血有肉、具体生动。

## 第一节 优秀传统文化的道德形象结构

在已有的关于传统文化道德形象的结构研究中，任剑涛提出了儒家伦理的"双旋结构"：以"仁"为核心整顿人心秩序的个体心性儒学的道德理想主义指向，以"礼"为核心整顿社会秩序的社会政治儒学的伦理中心主义指向，二者以"内圣外王"为理论中轴，形成一个双旋结构。[1] 李承贵认为中国古代道德本体的结构具有二元性，一为外倾之源的"天"（天帝），二为内倾之源的"心"（良心）。这样的二元结构既建立起人们对道德的敬畏感，又树立起道德

---

[1] 任剑涛：《道德理想主义与伦理中心主义——儒家伦理及其现代处境》，东方出版社2004年版，第57页。

的主体意识，表现出人既有宗教寄托又有哲学求索的双重性格。[①] 诸多研究者的结论都肯定了中国优秀传统文化中的道德结构具有二元性，本研究意图借助中国传统哲学中的工夫与本体层次进一步提炼与归纳中国传统文化道德形象的结构。

中国伦理学或道德哲学的精神与本质扎根于中国的传统哲学，因此，剖析中国优秀传统文化的道德本质精神与内在结构需从中国传统哲学入手。哲学是对人的存在为对象的系统性反思以及对这种反思的再反思。在中国传统哲学中，以"成圣""成佛""成真"为终极追求的儒家、佛家、道家都诠释了同一个目标，即人如何在有限的生命中从现实有限的人向本真、完满的人转化。这种实现人本体性存在的过程及其采取的方法在中国传统文化的宋明理学中被概括为"工夫"，"工夫"指向的最终目标及其根本依据被概括为"本体"，即本真的、完满的人性。本体是工夫的逻辑前提、现实基础与终极目标，而工夫则是指向本体的运动和实现方法与过程，人格的完善与否取决于由工夫趋向本体过程中的自觉程度与实现程度。

在本体与根源内演绎中国优秀传统文化的道德结构则从根源本体、工夫、境界本体展开（见图2-1）。根源本体是伦理道德思想与理念的源头与根基，工夫是道德本体实现的过程与手段，境界本体是道德工夫最终指向的终极目标。

其中，根源本体向度的展开一分为二，一是外倾性本体——天或天道，二是内倾性本体——心或良心，分别构成工夫的内外根据；工夫向度的展开一分为二，一是个体的德性工夫——仁，二是社群的政教工夫——礼；境界本体的展开一分为二，一是个体的德性境界——内圣，二是社会的德性境界——外王。以心与天作为道德本体的内外之源，即树立人对道德的敬畏感，又建立起人对道德实现的主体能动意识。对这两者的偏倚形成了不同的道德伦理流派，重视内圣德性工夫的就会更注重心性的能动性和主体性，强调外王礼

---

① 李承贵、赖虹：《略论传统道德结构》，《上饶师专学报》2000年第1期。

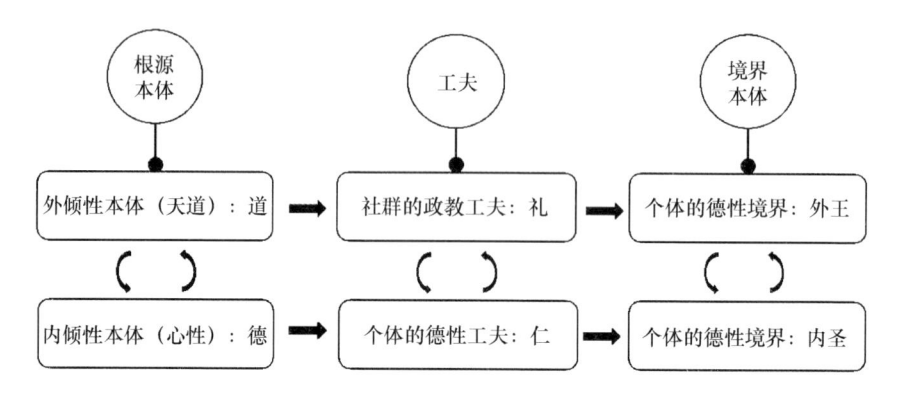

图 2-1 优秀传统文化道德形象的本体—工夫层次

教的就会更重视天道（天理）的权威性和必然性。① 例如，孟子偏重道德心理方面的论述，而荀子则侧重于社会制度与道德伦理关系之分析，孟子认为"仁义礼智根于心"，荀子认为"礼"是最高的道德准则，它不是人的内心固有的东西，而是在客观社会生活中形成与发展起来的；又例如，在先秦时期大体的儒家道德伦理流派分为道德心理学派和道德制度学派，在两汉儒学时期，董仲舒侧重于天道本体和社群政教工夫的建构。到宋明理学时期，朱熹的理学和陆王的心学尤为重视思考和体悟心性本体和个体德性工夫。

第一，根源本体层次，是对道德源头的抽象认识，包括天道和心性内外两个范畴。在中国传统文化中，"道"指人的一切行为应当遵循的基本的、最高的准则。② 无论是道家、儒家还是佛家，都把"道"视为最高的范畴。③ 而"道"则源于天，"天"被看作主宰自然界和人类社会的至高无上的人格神。《诗·大雅·大明》中说"天监在下，有部既集"，意指天既保佑人民又监督人民。《易·乾》

---

① 刘立夫、胡勇：《中国传统道德理念的内在结构》，《哲学研究》2010 年第 9 期。
② 王正平：《中国传统道德微探》，上海三联书店 2004 年版，第 18 页。
③ 胡勇、刘立夫：《从"本体—工夫"维度看中国传统道德理念的内在结构》，《道德与文明》2010 年第 1 期。

中的"天行健，君子以自强不息"指出只有遵照天道的规则，人才能在凡世间自强不息，生生不已。董仲舒在《春秋繁露·阴阳义》中提出："天亦有喜怒之气，哀乐之心，与人相副。"意指天是有感情、有思想、有道德的，人的思想感情和道德善恶、是非观念与行动伦理皆因天而生。"天者，万物之祖，万物非天不生"（《春秋繁露·顺命》），天道、天理成了万有的根源和原则，没有天亦无万物。"德"即"性""心"，指德性、品德，都根源于天道或天理。《尚书·蔡仲之命》中有"皇天无亲，惟德是辅"，意指天公正无私总是帮助品德高尚的人，天可以借用德来辅佐人事。如此，天道转化为神圣不可侵犯、必须遵从的条理秩序。正是由于对天的绝对至上性、必然性和神圣性的敬畏，才在内心形成绝对的法则，谓之德。因此，天道的"道"、心性的"德"构成中国优秀传统文化中道德的根源本体。

第二，工夫层次，是对道德实现的过程与方法的认识，包括社群的政教工夫——礼，个体的德性工夫——仁，这两个范畴又分别包括诸多具体德目。"礼"是古代群体生活和社会治理应当遵循的基本原则，是维持社会秩序和人际关系的基本规范。《荀子·修身》中提出："人无礼则不生，事无礼则不成，国无礼则不宁。"可见"礼"无论是对个人的修养、社会的运行还是国家的治理来说都是至关重要的。中国传统文化中，人事的"礼"以天道为基础，与天道相通，是天道秩序在现实世界中的反映与呈现，故《礼记·礼运》里有"夫礼，天之经也，地之义也，民之行也"。因而，"礼"作为社群的政教工夫与外倾性根源本体——天道相对应。"仁"的着眼点在于个人道德品质的提升与完善。《中庸》中记载孔子说："仁者，人也。"《孟子·尽心下》中也有"仁也者，人也"的说法，可见在中国的儒学中，"仁"是人之所以为人之根本。宋明时期，朱熹认为"仁"是封建道德规范的核心，统摄义、智、孝、悌、忠、恕、节等其他道德规范。他说"仁者，心之德"（《孟子·梁惠王上》），"盖仁是心中个生理，常行生生不息"（《北溪字义》卷上）。义指"仁"

是人心之根本德性，这种德性是"天理"，表现在一系列具体的道德规范之中。由此，"仁"在中国传统文化中是人道德践履的起点和归宿，是个人融贯宇宙万物、天下国家于自我的最高原则和理想境界。[1] "仁"作为个体的德性工夫与内倾性根源本体——心性相对应。

第三，境界本体层次，是对道德最高理想和最终追求的抽象认识，包括个体的德性境界——王和个体的德性境界——圣，即内圣外王。"内圣"对应"修身"的境界，即人格的完满与高尚，体现人的本真存在。"外王"对应"经世"的境界，即社会的和谐，及对建功立业理想的追求，体现个人的社会价值。中国传统文化中，"学而优则仕"中的"学优"是内圣，"仕"是外王；"穷则独善其身，达则兼济天下"中的"独善其身"是内圣，"兼济天下"是外王；在三纲中，明明德是内圣，即修养圣人内在的德性，亲民是外王，即将圣人之德推及于天下；"格物、致知、诚意、正心、齐家、治国、平天下"中的前四者是内圣，后三者是外王。内圣和外王是相互统一、双向互动的，内圣与外王并不能截然分开，内圣是前提与基础，外王是内圣的必然指向与最终延伸的结果。

## 第二节 优秀传统文化的道德形象维度

优秀传统文化道德形象维度划分的核心在于对工夫层次的道德进行维度划分。上文探讨了优秀传统文化道德形象的结构，其中第二层次——工夫层次包含一系列具体的德目。工夫层次中的具体德目划分完成后，由相应德目生成的集合自然构成该维度的道德形象。以下展现本研究进行维度划分的思维过程，先呈现道德维度划分的

---

[1] 郭鲁兵、杜振吉：《论"仁"在儒家伦理思想中的地位及其意义》，《山东社会科学》2007年第11期。

依据，再描述道德维度划分的结果。

## 一 优秀传统文化道德形象的维度划分依据

本书关于道德形象的维度划分依据有两点，一是道德关系的结构，二是社会主义核心价值观。

### （一）道德的关系结构

人心是中国优秀传统文化中道德思想逻辑结构顺序的起点和关键点，由内而外，从人心和善扩推到家庭和善、人际和顺、社会友善、世界和谐，从格物致知、正心诚意到修身齐家，再到治国平天下，达至天人和美的境界。德性作为人类行为与心理的规范与导向，体现于人的整个生活及与之相关的方方面面，最终落脚于服务人更好的生活，必定涉及人类生存的种种关系。① 这些关系涉及人与自身、人与社会、人与国家等各个方面。因此，诸多研究者从道德的关系结构入手对道德进行维度划分。例如：宋银桂认为道德主要是指用以调整人与人之间关系的原则和规范，然而除此之外还应该包括规范人与社会之间、人与自然界之间以及人的精神世界与物质世界之间的关系，因此就产生了与此相适应的社会伦理、自然伦理、宗教伦理。② 李承贵将德性分为生态德性智慧（处理人与自然关系的德性智慧）、制度德性智慧（规范人与社会关系、人与他人关系的德性智慧）、精神德性智慧（表征人生境界和品质的德性智慧）、滋养德性智慧（指自我修养德性智慧）和生存德性智慧（指调理生存状态，提升自我生存质量的德性智慧）。③ 江畅将德性分为有利于自我生存发展的德性，有利于人际关系和谐的德性，有利于群体利益增进的德性，有利于环境舒美友好的德性。这四种基本类型也可以

---

① Christine Swanton, *Virtue Ethics：A Pluralistic View*, New York：Oxford University Press, 2003, p. 69.
② 宋银桂：《中国传统文化中的道德理性分析》，《求索》2006年第10期。
③ 李承贵：《德性源流：中国传统道德转型研究》，江西教育出版社2004年版，第326页。

分别简称为利己的德性、利他的德性、利群的德性和利境的德性。①张立文认为中华民族伦理精神和行为规范价值合理性宗旨，是止于和合、和谐。和合、和谐是伦理精神的价值核心。由此核心而展开伦理范畴的逻辑次序，按照和合学的"三观"法，伦理范畴是遵循人心—家庭—人际—社会—世界—自然的顺序逻辑系统。具体分为人心伦理范畴、家庭伦理范畴、人际伦理范畴、社会伦理范畴、世界伦理范畴、自然伦理范畴。② 上述研究成果为本研究依据道德的关系结构进行道德维度划分提供了参考意见和理论基础。

(二) 社会主义核心价值观

1. 社会主义核心价值观与传统文化内存天然联结

社会主义核心价值观与中国优秀传统文化有着天然的联结关系，社会主义核心价值观是对中国优秀传统文化精髓的继承、转化与超越。因此，优秀传统文化道德精神的维度可依照社会主义核心价值观的结构进行划分。

第一，社会主义核心价值观是对中国优秀传统文化精髓的继承。中国优秀传统文化是几千年来中华民族在生存与发展中对生活与实践经验的总结与提炼，是中华民族精神的历史积淀与民族智慧的伟大结晶，是扎根于中华大地、从过去到未来奔腾不息的民族血脉，更是民族发展与祖国繁荣所必需的精神标识与内在基因。社会主义核心价值观是在传承和弘扬中华优秀传统文化的基础上，结合时代需求与社会历史发展要求，总结提炼出来的价值理念，集中反映了中华民族的传统历史、国家形态和时代精神。③ 社会主义核心价值观与中国传统文化同根共生、血脉相连。习近平总书记在中共中央政治局第十三次集体学习时强调："要认真汲取中华优秀传统文化的思

---

① 江畅:《论德性的项目及其类型》,《哲学研究》2011 年第 5 期。
② 张立文:《中华伦理范畴丛书》,中国社会科学出版社 2006 年版,第 16 页。
③ 刘芳:《中华优秀传统文化：社会主义核心价值观的精神滋养》,《思想理论教育》2015 年第 1 期。

想精华和道德精髓……深入挖掘和阐发中华优秀传统文化讲仁爱、重民本、守诚信、崇正义、尚和合、求大同的时代价值，使中华优秀传统文化成为涵养社会主义核心价值观的重要源泉。"[1] 社会主义核心价值观将涉及国家、社会、公民的价值要求融为一体，其精神实质在于指明建设什么样的国家、建设什么样的社会、培育什么样的公民。社会主义核心价值观涉及的这三个问题的内容在中国优秀传统文化中都能找到相互契合与贯通的精神源流。在国家层面，中国优秀传统文化中始终强调的"民贵君轻"的民本思想，"使民富足""民以殷盛"的主张，"民惟邦本，本固邦宁"的治国理念，"国以富强""天人合一"的思想都与社会主义核心价值观中的"富强""民主""文明""和谐"有着不可分割的源流关系。在社会层面，"民之自由，天之所畀也""天下大同""不患寡，而患不均""刑过不避大臣，赏善不遗匹夫""以道为常，以法为本"等思想都是"自由""平等""公正""法治"理念的提炼与深化。在个人层面，"苟利国家生死以，岂因祸福避趋之"的奉献精神、"人生自古谁无死，留取丹心照汗青"的使命胸襟、"人无信不立，业无信不兴"的诚信之道、"老吾老以及人之老，幼吾幼以及人之幼"的友爱精神与"爱国""敬业""诚信""友善"紧密相连。

第二，社会主义核心价值观是对中华优秀传统文化的创造性转化。对中华优秀传统文化的创造性转化，就是结合时代特点与要求，对至今仍有借鉴意义的传统文化的内容与形式加以改造，赋予其新的时代内涵和现代表达形式，激活其生命力。[2] 中国优秀传统文化中的思想精华和道德精髓，历经千百年的洗涤与沉淀，其内在价值有其自身的连续性、稳定性和永不褪色的时代价值。然而，中国传统

---

[1] 习近平：《在中共中央政治局第十三次集体学习时强调把培育和弘扬社会主义核心价值观作为凝魂聚气强基固本的基础工程》，《人民日报》2014年2月26日第1版。

[2] 王泽应：《论承继中华优秀传统文化与践行社会主义核心价值观》，《伦理学研究》2015年第1期。

文化建立在小农自然经济、封建宗法社会和专制王权基础上，因而它具有封建社会的特定思想内涵和时代烙印。其蕴含的思想观念在当时的历史条件下对社会发展起到了一定的积极作用，却在一定程度上与当代语境产生背离。甚至那些在现代看来仍然具有极高价值的成分也需要在现代化语境中进行诠释与挖掘，才能更好地传承与创新，才能在新的时代焕发新的生机，发挥积极的作用。中国优秀传统文化中蕴含兼有时代性和普适性双重属性的价值理念，剔除其中不合时宜的具体历史内涵，作为观念样式，它们却具有超越时空的价值。例如，"仁、义、礼、智、信、忠、孝、宽、勇、和"，封建社会出于"治人"目的提出的约束机制有强烈的"宗法人伦"背景，它的实质是把人与人之间的关系确立为统治服从的君臣关系，并且使这种关系借助于宗族的血亲、世系、长幼等关系来形成和巩固。若不对其进行创造性转化，容易强化其中的等级观念，但若将其放入现代性场域，从人与人的道德情感层面传承，则对当下社会和谐有深层次意义。由此可见，社会主义核心价值观在将中国优秀传统文化作为其"立足点""固有的根本""重要源泉"的同时，还在继承的基础上对其进行创造性转化，是优秀传统文化中的精神内涵在当代语境中的一次与时俱进的深化与发展。

第三，社会主义核心价值观是对中国优秀传统文化的创造性超越。对中国优秀传统文化予以创造性超越，就是按照当今时代的新进步新发展，对中国优秀传统文化的内涵加以补充、拓展、完善，增强其影响力和感召力。[1] 中华优秀传统文化的创造性超越体现着向历史扎根、向现实逼近、向世界开放、向未来探求的价值特质，是中华优秀传统文化的当代复兴和未来再造的有机统一。[2] 社会主义核心价值观不是对中国优秀传统文化的单一继承和现代复归，而是立

---

[1] 王泽应：《论承继中华优秀传统文化与践行社会主义核心价值观》，《伦理学研究》2015年第1期。

[2] 王泽应：《核心价值与民族魂魄——从中国传统价值观到中国特色社会主义核心价值观》，《湖南师范大学社会科学学报》2015年第6期。

足中国特色社会主义建设的伟大目标和中华民族伟大复兴的实践需要，借力时代之手，对中国优秀传统文化的创造性超越。通过新的挖掘、综合与创造，推进中国优秀传统文化的当代发展，建构具有本土性、时代性、超越性的中华优秀传统文化的升级版和精华版，是当代社会主义核心价值观培育必须践行也正在践行的探索之路。对中国优秀传统文化的创造性超越包含着各种文化的冲突与碰撞、交流与比较、整合与创造，是中华民族根据自身特殊的"民"情，博采众长，化外为内、化古为今，铸造民族文化的过程。在革故鼎新的发展中，结合所处具体时空架构中的特殊形态与特殊规律，在挖掘和转化传统文化精髓的同时，不断创造性地开拓其潜在精神价值，既维系社会主义核心价值观历史的深度与现实的广度，又促进其未来的高度，既保证文化的一本性和绵延性，又促进其创新性和发展性，使得中国特色社会主义核心价值观在保持中国元素和价值基质的基础上不断延续光大、与时俱进、开拓创新。

由于中国优秀传统文化与社会主义核心价值观之间天然的紧密联系，本研究可根据社会主义核心价值观提出的个人、社会与国家三个层面进行道德维度划分，同时这种划分方式也符合道德的关系结构。

## 二 优秀传统文化道德形象的维度描述

由上所述，我们可根据社会主义核心价值观与道德的关系结构将道德划分为个人层面道德、社会层面道德、国家层面道德。由于优秀传统文化道德形象的维度划分的核心在于对工夫层次的道德进行维度划分，工夫层次中的具体德目划分完成后，由相应德目生成的集合自然构成该维度的道德形象。因此，传统文化中的道德形象分为个人层面道德形象、社会层面道德形象、国家层面道德形象。

### （一）个人层面道德形象

"个人层面道德"即"关涉自我的德性"，从德性与德性拥有者本身的利害关系着眼，指有益于德性拥有者更好的生存与发展的德性。从层次上看，个人的生活呈复杂立体的结构，包括生存和发展与享用三个维度，因此个人层面道德又可以分为生存性道德和发展性道德、享用性道德。第一，生存性道德指适应社会生活，保障人基本生存的德性，例如明辨是非、正义善良、勤劳俭朴、自制忍让、勤奋刻苦等。第二，发展性道德指超越现实生存社会，使得社会保持永久的"生命力"，实现自我发展的德性，是表征人生境界和品质的德性智慧，例如独立自主、追求理想、创新精神等。第三，享用性道德是能使道德主体内心感到充盈与慰藉、幸福与满足的道德原则，这强调道德对道德主体的本体价值。其包括两个方面，第一方面是乐观、开朗、热爱生活等能让个体获得享用体验的德性，第二方面在于，但凡道德主体由心而生、主动实践的德性，可以引发自我满足与内心安宁的幸福感的德性，都可以认为它对道德主体而言具有享用性价值。个人层面道德的集合构成个人层面道德形象。

（二）社会层面道德

"社会层面道德"即"关涉他人的德性"，从德性与德性拥有者所在社会的利害关系着眼，指有益于与德性拥有者发生交集的个人、群体、自然利益的德性。"社会层面道德"就是关于如何对待世界、如何与人交往的规则，是一种社会情怀，分为"关涉他人的德性""关涉群体的德性"和"关涉环境的德性"。（1）"关涉他人的德性"从德性与其他个体的利害关系着眼，指既益于与德性拥有者相关的个人，又益于德性拥有者自身建立和谐人际关系的德性。例如：宽恕、礼让、仁爱、孝慈、谦敬、诚信、感恩。（2）"关涉群体的德性"从德性与德性拥有者所在的群体的利害关系着眼，指有益于群体正常运行的德性，例如：守规、公正、平等。（3）"关涉环境的德性"从德性与德性拥有者的生活环境的利害关系着眼，指有益于环境舒美、生态健康的德性。例如：环保、爱物、厚生、质朴。社会层面道德的集合构成社会层面道德形象。

（三）国家层面道德

"国家层面道德"即"关涉国家的德性"，从德性与德性拥有者所在的国家的利害关系着眼，指有益于国家团结稳定、繁荣发展的德性。它处理个体与共同体之间的关系,"国家层面道德"是一个国家最根本的价值需要,被西方国家称为立国价值(regime value)。例如:公忠、奉献、敬业、和睦、进取。国家层面道德的集合构成国家层面道德形象。

需要说明的是,虽然本书依据社会主义核心价值观提出的个人、社会与国家三个维度划分,但是社会主义核心价值观将个人、社会与国家分别作为道德的主体,最终形成个人的价值观、社会的价值观和国家的价值观三个类型,而本书将个体、社会与国家视为道德的三类利益相关群体,而始终将个人视为道德的主体,划分为个体要实现的个人层面道德、社会层面道德和国家层面道德。因此在具体维度上,部分德目所属维度与核心价值观不一致。

综上,通过对优秀传统文化道德形象的结构与维度分析,可得出优秀传统文化道德形象的概貌,如图2-2所示。

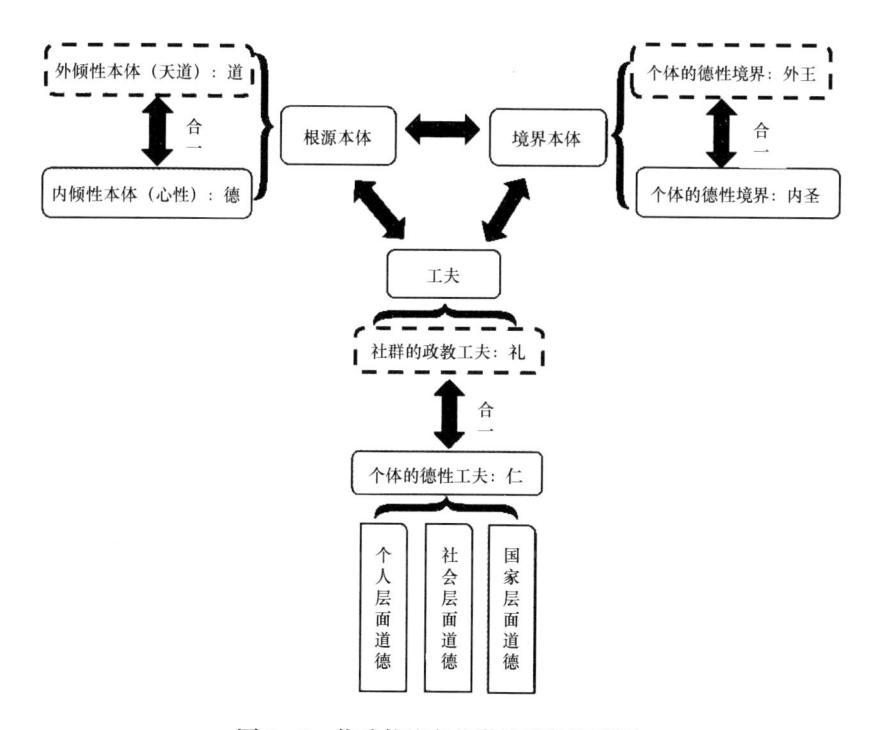

**图 2-2 优秀传统文化道德形象概貌图**

## 第三节　优秀传统文化的道德形象内容

由上所述,优秀传统文化的道德形象被分为个人层面道德形象、社会层面道德形象、国家层面道德形象。其中包含的德目内容也分为个人、社会、国家三个层面,结合本研究第一章概念界定中对优秀传统道德精神的梳理(见表1-1和表1-3),建构优秀传统文化道德形象内容表(见表2-1,此表也是导论中的内容分析类目表,且第三章的内容分析也基于此)。接下来对优秀传统文化的道德形象内容进行逐条具体阐释。

表2-1　　　　　　优秀传统文化的道德形象内容表

| 个人层面道德 | 社会层面道德 ||| 国家层面道德 ||
|---|---|---|---|---|---|
| | 关涉他人的德性 | 关涉群体的德性 | 关涉环境的德性 | | |
| 持节 | 自尊自信 | 宽恕 | 守规 | 环保 | 爱国 | 团结 |
| 节制 | 自立自强 | 礼让 | 责任 | 爱物 | 公忠 | 抗争 |
| 勤劳 | 明智 | 孝慈 | 正义 | 厚生 | 奉献 | 民本 |
| 知耻 | 敬业 | 诚信 | | 遵道 | 和睦 | 和平 |
| 谦虚 | 进取 | 感恩 | | | | |
| | 勇毅 | 仁爱 | | | | |
| | | 友善 | | | | |

### 一　优秀传统文化的个人层面道德内容

优秀传统文化的个人层面道德既有向内的主体自律精神,又有向外的主体自为精神。在约束克制为底色的传统文化中,对内求的自律精神的重视高于外拓的自为精神。

(一)一种主体自律精神

节制、知耻、谦虚等主体自律精神是传统文化中约束个体言行举止以维持基本社会秩序的基本道德原则。

节制。知足有度、行为有度、自主自制、勤俭立德、取用有节等精神都属于节制。中国传统的节制观念以生命节奏为依托,以有张有弛的天道为终极根据。[1] 自中国古代起就讲究随顺四时之令而作、而息,人类顺应自然之道(天)调整自我生命的节奏与节拍。因而《淮南鸿烈》有"时则训"[2]之说,意指以"时"为"则"(法则),违时则天杀之。人自身固有的生命节奏与天地节律相一致,日有日的节律,大自然春生夏长、秋收冬藏,人也一样,"以一日分为四时,朝则为春,日中为夏,日入为秋,夜半为冬"(《黄帝内经·灵枢·顺气一日分为四时》),年有年的节奏,"五藏应四时、各有收受"(《黄帝内经·素问·金匮真言论》)。依照自然的节律展开,也就是按照人的本性展开,节制的实质是张弛之道,既蕴含对生命的规范与持守,也蕴含对生命的释放,以及依据流动的节奏不断地转换。"节制"从词源上来说是制度规范的意思,即有节有制、有礼有法。在中国传统文化中,尤其是儒家程朱理学的工夫论语境中,"节制"则更多地被视为"限止""限制",在现代文化中,收放有度、进退有时,适当克制自我的欲望作为一种正面价值得到弘扬。

知耻。明辨是非、耻为大节、慎言检行、不义则辱、君子有耻、知耻改过、虚心改过等精神都属于知耻。在中国优秀传统文化中,作为德目的"知耻"指具有羞耻心、知耻心,朱熹对此有明确解释,"耻便是羞恶之心"(《朱子语类·卷十三》)。知耻是建立在善恶观、是非观、荣辱观基础之上,从而生发的一种自发求荣免辱之心,这是个体出于对自尊的珍惜和维护而产生的情感意识。知耻作为道德意识层面的一个情感维度,被赋予本体论意义,是人之为人的内在

---

[1] 贡华南:《节制的根源——中国传统哲学的视角》,《社会科学》2010年第8期。

[2] 刘文典:《淮南鸿烈集解》,中华书局1997年版,第159页。

价值依托，例如，孟子认为是否具有"羞恶之心"是人与禽兽区分的标志，即"无羞恶之心，非人也"①，在他看来，耻感是人的四端之一，具有与生俱来的内在规定性，"耻之于人大矣"，因此，"人不可以无耻"（《孟子·尽心上》）。陆九渊更是将知耻视作人的本质，提出"夫人之患莫大乎无耻，人而无耻，果何以为人哉？"② 进一步阐述了知耻这一德性的存在论价值。诸多学者都将知耻视为增进道德的前提，正是因为有对美善、上进的向慕和对丑恶、堕落的鄙恶才会产生向善除恶、积极向上、求荣免辱的内在驱动力。

谦虚。谦是不因自我的功、德、才、能、位而自满、自夸、自傲，不自以为是，虚心向他人学习的品德。③ 谦虚建立在对自我的正确认识、合理评估，对他人的尊重与认可之上，是基于善无止境、功无止境的认知而秉持的正确处世态度。在中国传统文化中，"谦"大约最早出现于《周易》的谦卦之中，其中将世间人事与天地万物的自然界现象相对比，阐释了人须戒满戒盈的道理。天有日中则反，月满则亏，地有高耸者终将倾陷，因而"人道恶盈而好谦"，总之，无论是自然界还是人类社会，满盈则亏是不变的规律，戒满戒盈是持续发展的必然之道。谦虚的主要内容包含三点，其一，"稽于众，舍己从人"（《尚书·大禹谟》），即虚心向学，不耻下问，积极采纳他人意见。其二，"不言其所长"④，即不夸耀自己的长处，如同天地"有大美而不言"（《庄子·知北游》）。其三，清醒地认识到人各有其长，正确地认识与评估他人的智慧才干。拓宽自我的眼界，承认天外有天、人外有人，克服盲目性，日益谦虚。

勤劳。勤指对自身所从事的一切事业竭心尽力、孜孜不倦的态度与行为，正如曾国藩所说，"勤，不必有过人之精神，竭吾力而已矣"（《曾文正公全集·杂著》）。勤与劳相连，勤的基本要求是事事

---

① 金良年：《孟子译注》，上海古籍出版社2004年版，第48页。
② 陆九渊：《陆九渊集》，钟哲点校，中华书局1980年版，第376页。
③ 张锡勤：《中国传统道德举要》，黑龙江大学出版社2009年版，第212页。
④ 王达：《笔畴》（二卷），荣寿堂明万历间（1573—1620）撰刻本。

耐得劳苦，即"吃苦耐劳"，因此中国历来将勤劳并称。勤劳的价值与意义对自古以来的农业大国来说不言而喻，从"习劳苦为办事之本"（《曾文正公全集·家书》）中可见一斑。勤又表现为一种奋发向上的精神，孔子在《论语·述而》中自称"发愤忘食"，就是指勤勉奋发之精神。而勤劳又与有恒、惜阴诸德相联系，勤劳之人自然会为了达成目标珍惜光阴、付出持之以恒的努力。

持节。修己慎独、立操以仁、守志持身、穷达持节、成仁取义等精神都属于持节。持节是为了坚持、维护内心道义而抗拒所有外在威胁诱惑，不惜牺牲一切的高尚美德，是发自内心对人格尊严与人生价值的自觉维护。在中国传统文化中，将气节视为天地之间的"浩然正气"，其重于泰山，只有具有崇高气节者才可被称为真正的"大丈夫"。《左传》将"立节"一项与立德、立功、立言并称，作为"四不朽"，体现了古人对持节的高度重视。先哲认为，无论外界环境如何转变，人们立身处世时时事事坚守道义之心、志不可变。面对功名利禄、荣华富贵的引诱，秉持"轩冕在前，非义弗乘"（《说苑·立节》）之志；面对艰难困苦的阻挠，不放弃"患难不能迁其心"（《柳河东集·国子司业阳城遗爱碣》）的坚守；面对生死攸关的暴力威胁，毫不动摇"宁为玉碎，不为瓦全"（《北齐书·元景安传》）的坚定信念。中国古代重气节的传统培育了大批为了捍卫正义、敢于同恶势力作斗争的仁人志士，他们的浩然正气在历史的长河中熠熠生辉。然而也出现一些只为君主，乃至昏君一人一姓尽忠守节的愚忠之人，谭嗣同将这种不顾大义的愚忠、愚节批判为助纣为虐之行为。因而，持节需"辨义"，辨明所坚持的是否正确，是否真正符合道义。

敬业。"敬"是古之圣贤提倡的做人做事的方法，所谓"敬"就是畏惧、努力、认真、严肃、审慎、积极等态度。[①] 即"惟精惟一"（《尚书·大禹谟》），用心一也，专于一境。不偏、不散、独不

---

[①] 徐复观：《中国人性论史》，华东师范大学出版社2005年版，第134页。

变也，道之用也。故君子执一而不失，人能一则心正，其气专精也。"敬者，德之聚也。能敬必有德。""敬"是人类美好道德情操的体现。人贵取一也，就是要做到执中精一、平和专精，此自然界不二法则。① 敬业是对自我的道德要求在社会层面的彰显，所谓"敬业者，专心致志，以事其业""敬业乐群""忠于职守"，是一种"鞠躬尽瘁死而后已""发愤忘食、乐以忘忧，不知老之将至"的工作状态。敬业的对象"业"，原本指学业，但也可扩充至事业理解，对执业者而言，"合抱之木，生于毫末；九层之台，起于累土；千里之行，始于足下"（《老子·第六十四章》）。敬业要求对自身所从事的事物做到外貌的"庄敬"、举止的"恭敬"、内心的"居敬"，这无一不体现出道德的自我约束机制。

明智。智在知道、利人利国、自知知人、智必审慎、见微达变、勤思知过、量力而行都属于明智。智的本意是指聪明、智慧、知识，在中国儒家文化中，赋予"智"以道德意义，将智视为"三达德""四德""五常"之一。作为道德规范的明智，其含义既与其本意聪明智慧相关，又不尽相同。孙中山曾在《在桂林对滇赣粤军的演说》中提出"军人之智，在乎别是非，明利害，识时势，知彼己"，较为全面地解释了明智的含义。具体而言，明智有三层含义，第一，明是非、别善恶。这是明智最基本的内容与要求。孔子有"知（智）者不惑"（《论语·子罕》）之说，孟子曾提出"是非之心，智也"（《孟子·告子上》），之后荀子进一步解释到，"是是、非非谓之知，非是、是非谓之愚"（《荀子·修身》），意指明辨是非就是明智的表现，而黑白颠倒则是愚蠢。古人认为，明是非之德一旦形成，就能不迷、不惑、不蔽，作出正确的道德判断与道德行为。第二，识利害，通变化。除了对是非、善恶的明辨之外，明智还要求对事物变化发展有正确认识。孔子在《论语·里仁》中有"知者利仁"的说

---

① 邓斌：《中华优秀传统文化与社会主义核心价值观建设》，博士学位论文，东北师范大学，2016年，第56页。

法，意指智者因为预期到仁德将会带来长远的利益而去行仁，这里暗含了智者对未来事物利害关系的预估。西汉董仲舒将明智概括为"见祸福远，其知利害蚤（早），物动而知其化，事兴而知其归（归向、结局），见始而知其终"（《春秋繁露·必仁且知》），强调了智者的远见卓识，并告诫人们做事见微知著、深谋远虑的重要性。第三，善于知人、自知。古有"知人者智，自知者明"（《老子·第三十三章》），"所谓知者，知人也"（《淮南子·泰族训》），明智既要清醒、客观的认识和估价自我，又要善于认识、鉴别并理解他人。

（二）一种主体自为意志

为了责任或志向努力向上、奋发图强的拼搏精神是中华民族战胜劫难、绵延千载、生生不息的精神动力。

勇毅。机智勇敢、行义循礼、无畏敢为、勇不妄为等精神都属于勇毅。勇毅意指无畏无惧，要求面对艰难险阻、进犯胁迫展现出不怯懦退缩、不气馁逃避的精神，这是人类在完善自我、改造自然与社会过程中所不可或缺的道德意志品质。不惧是勇敢最基本的要求，所谓"勇者不惧"（《论语·子罕》）。但除了不惧之外，勇还有一个更为重要的精神内核，那便是符合于道义。勇敢需以道义作为正确的方向，因而，古人论勇始终与善恶观、荣辱观、羞耻观紧密相连，以道义（或礼、理）为驱动与指导，例如：《论语·为政》中有"见义不为，无勇也"，《吕氏春秋·当务》中有"所贵勇者，为其行义也"。总之，中国优秀传统文化中倡导的勇敢，以德义之勇为真勇，着重勉励人们勇于行义，勇于为善。

自尊自信。自尊是人对自我价值的确认，是对人格与尊严的自我坚守。在中国传统文化中，自尊的论述首先强调人在天地万物中的至高地位，即"类"的尊严感与优越感。先秦时期《老子》中有"道大，天大，地大，人亦大。域中有四大，而人居其一焉"之说。之后"人为万物之灵"（《皇极经世·观物外篇》）的思想成为自尊意识树立的理论基础，由人类的尊严引出个体的尊严。中国古人非常重视人格尊严，有"廉者不受嗟来之食"的著名典故。自信是指对自我有清晰明确的认识与估量,不妄自菲薄,相信能通过自己努力实现既定的奋斗目标。中国古代的先贤认为,只要付出努力,一定能由愚而明、由不肖而贤、由弱而强,完善自身。尤其在道德修养上有强烈的自信,"人皆可以为尧舜"(《孟子·告天下》)的论述可谓是传统文化中自信思想的理论基石,不断激励人们自我完善与超越。

自立自强。自立自强是指不假外力,通过自身的不懈努力,完善、充实、提高自身的品德与精神。自立自强的精神在于勉励人们在寻求自我完善的过程中更多地依靠自我,而非依赖外力。孔子说"譬如为山,未成一篑,止,吾止也;譬如平地,虽复一篑,进,吾往也"(《论语·子罕》),意在指明人生历程中,或进或退都取决于己,"君子求诸己,小人求诸人"(《论语·卫灵公》),把自立自强视为区分是否为君子的界标,认为作为君子,应不怨天尤人,而应反求诸己,在这一论述中包含着对自觉自主、自立自强意识的体认。自立自强的精神不仅灌溉了中华五千年悠悠文明,而且在今天仍然不断激励着中华儿女向着更加光辉的未来迈进。

积极进取。乐观向上、奋发向上、刚健进取、自强不息、坚韧豁达、坚持不懈等精神都属于积极进取。除了自立自强之外,人还要不断积极进取、奋发努力,追求更高更好的境界。积极进取还包含着坚毅、奋发、自胜、有恒等人格品质。先哲们认为人之间的差异由自身或进或止的个人选择而区分高下,[1] 所谓"君子与小人之所以相县者,在此耳"(《荀子·天论》)。不断地积极进取可以打破狭隘的眼界限制,持续自我提升与超越,一旦半途停止,就会不进则退,故孔子主张积极进取,"与其进也,不与其退也"(《论语·述而》),只有锲而不舍、真积力久,才能取得长足发展。《易传·乾卦》中有"天行健,君子以自强不息",用简短凝练的语言诠释

---

[1] 王国良:《儒家君子人格的内涵及其现代价值》,《武汉科技大学学报》(社会科学版) 2015 年第 2 期。

出君子如天道运行一样，依靠自己不断发奋有为、强劲不息的崭新品格，也唯有通过积极进取的途径，才能达成志意修、德行厚、知虑明、功业美的光辉境界。"积极进取"经过世代先哲的身体力行、弘扬光大，已然成为代代推崇的民族精神之精髓。

**二 优秀传统文化的社会层面道德内容**

中国优秀传统文化的社会层面道德精神包括善以安人的人性哲学、礼以节事的交往法则、仁以处世的立身之道、天下己任的责任意识和"天人和谐"的生存法则。

（一）善以安人的人性哲学

善以安人的人性哲学不仅是历史时态的东西，又是共时态的存在，是在当代社会仍然具有宝贵价值的古今通理。

宽恕。"宽"有宽宏、宽容、忠厚、大度，待人不苛不薄诸义。自古以来，"宽"都被视为"君子之德"，且被孔子视为"恭、宽、信、敏、惠"仁之表现之一。"恕"的基本精神是替别人着想，其基本方法是换位思考、将心比心，由己之心去理解、推知他人之心，所谓"以己量人谓之恕"（《新书·道术》），强调对他人的理解、体谅与同情，包含了宽恕、宽容、宽宏等义。董仲舒有"圣人之德，莫美于恕"（《春秋繁露·俞序》）。曾国藩有"善莫大于恕"（《曾文正公全集·杂著·忮求诗》）。可见古人重恕道，认为恕为仁之方，恕是实践、推行仁的方法与途径，恕是仁的具体化。正如孔子认为，仁虽是至高精神境界，但其下手处乃是不伤害他人的恕道，循此即可达到仁。[1] 具体而言，宽厚一目的要求有五，其一，对人不苛求；其二，对他人的批评出于爱心，态度诚恳、方法恰当，不损伤他人的自尊心；其三，对于人际关系中的恩怨，应念人之恩，忘人之仇；其四，待人处事应忍让；其五，不贬低、打击别人，抬高自己。宽容这一包含理解、体贴、善待他人精神在内的为人处世之态度，对

---

[1] 张锡勤：《中国传统道德举要》，黑龙江教育出版社1996年版，第157页。

当下社会协调人际关系，建立和谐有序的社会环境仍然具有重要意义。

诚信。诚是真实不欺的品德，所谓"诚者，真实无妄之谓"（《四书章句集注·中庸章句》）。一方面要求心口如一，表里如一，言行如一。另一方面要求不欺瞒他人，不说谎话、假话，不说大话、空话，时时事事秉持务实精神。正如王守仁的"此心真切"（《王阳明全集·传习录》），吕坤的"实言、实行、实心"（《呻吟语·应务》），都是对诚简洁精当的概括。中国古代思想家认为诚是天之道，孟子有"诚者，天之道也；思诚者，人之道也"（《孟子·离娄上》），意指大自然无偏无欺，可靠可信，一年四季寒来暑往、日往月来始终按照自然规律运行，故而能成就万物。人若想成就学业、事业或德业，就应当效法天道的真实可信。"君子诚之为贵"（《礼记·中庸》），"思诚者，人之道也"（《孟子·离娄上》），诚被古人视为做人之根本，是真善美的高度统一。信是诚实不欺、遵守诺言的品德。孔子将信列为文、行、忠、信四教之一，孟子将其视为五伦当中朋友一伦必须遵守的道德法则，可见其重要性。所谓"失信不立"（《左传·襄公二十二年》），"信则人任焉"（《论语·阳货》），只有守信才能获得他人的信任，才能与他人建立正常交往关系，是立身做人、立足社会的根本。倘若为人处世缺乏诚信，当下的社会秩序则难以维持，只有人皆守信，才能消除怀疑、隔阂，建立相互信赖的和谐人际关系。

感恩。感恩是指将他人的恩德、支援与帮助铭记在心，并作积极的回应、报答，做到人待我如何，我也待人如何，即知恩图报、有恩必报。所谓"投我以桃，报之以李"，"无德不报"（《诗经·大雅·抑》），"滴水之恩，涌泉相报"等说法均是此意，尤其是自己身处险境困顿之中，受到他人给予的帮助、恩德，必当终生不忘。中国传统文化中重感恩、重知报，许多道德法则都与感恩相联系，孝是为报父母养育之恩，忠是为了报答君王的赐予功名利禄之恩，尊师是为了报答老师教化、栽培、提携之恩。

友善。友善是对他人怀有"善意"并施行"善举"的统一，守望相助、真诚待人、尊重他人、宽容以待、关爱理解、欣赏他人都是其主要内容。中国优秀传统文化历来强调"上善若水""与人为善""仁者爱人"，友善之德在中国传统文明进程中有着不可或缺的基础性影响。要明善理，"善相劝，德皆建，过不规，道两亏"（《弟子规》），劝导每个人明白行善的道理，善人即是善己。要做善人，"上善若水。水善利万物而不争，处众人之所恶，故几于道"（《道德经》），此处的"道"就是友善之道，意指谦恭、不争、利他的道德品质。老子进而指出做善人要"居善地，心善渊，与善仁，言善信，政善治，事善能，动善时"，言行举止，心中怀有善意，从而缓和社会矛盾，促进社会和谐。"友善"是现代社会维护健康社会秩序的伦理基础和维系社会成员之间和谐关系的道德纽带。

（二）礼以节事的交往法则

礼以节事的交往法则不仅存在于传统伦理思想之中，而且作为历史的积淀又存在于中华民族的群体意识之中。

礼让。"礼"就是"表示尊重的态度或言语、动作"[①]，"让"是古人互谦时的礼仪动作，实质上指在礼仪规范和思想观念两方面做到"卑己尊人""先人后己""厚人薄己"。所谓"先人后己之谓让"（《字汇》），"厚人自薄谓之让"（《贾子·道术》）。人们通过外在的礼节仪式、行为规范，和内在的道德修养和价值取向来表现"让"的精神内涵。至于"礼"与"让"的关系，朱熹认为"让者，礼之实也"（《四书章句集注》），将"让"视为礼的精神实质。《论语正义》中有"礼者，让之文"，认为"让"是礼的标志与表现形式。虽各家之言有所出入，但毋庸置疑，"让"与"礼"联系紧密，常被连用，礼让一词有自谦而尊人之意，为人处世谦虚谨慎，切忌盲目自大，谦虚论己，崇敬对人，在外在言行上知礼知节，内在认知上秉持谦逊之心。礼让是中华民族的传统美德，历来是中国人人

---

[①] 许嘉勘：《现代汉语模范字典》，中国社会科学出版社2000年版，第77页。

际交往中的潜在准则，对当下建设平等与和谐的社会有重要的现实意义。

守规。规矩指社会规范及相应的仪式节文，在中国传统文化中，规矩遍及社会生活的方方面面。规矩的作用影响无所不在，无论是国家还是个人，一切举措、一切活动无不受规矩的约束。"衣服有制，宫室有度，人徒有数，丧祭械用，皆有等宜。"（《荀子·王制》）不同等级之间衣服的颜色质地、花纹装饰，住房的梁栋房阶、绘饰设计，婚丧嫁娶的礼品、祭品规格都有严格的等级标准。总之，每个社会成员的衣食住行、交际往来，都有一套符合自身等级身份的规矩礼仪，一旦逾越均要受到法律制裁。可见，中国古代的规矩的宗旨主要在于维护等级制度，其实质与原则是"分""别""序"，即辨别、规定上下、贵贱、长幼、贫富的等级区分，使等级关系有序化。正如"上下有义，贵贱有分，长幼有等，贫富有度，凡此八者，礼之经也"（《管子·五辅》），使得社会中，君臣上下、富贵贫贱、长幼尊卑有严格的区分，便是规矩的效用所在。在现代社会，对守规之德的推崇剥去其等级烙印，回归对规则、礼仪维持人际和谐与社会秩序价值的本真追求。

（三）仁以处世的立身之道

仁以处世的立身之道是符合社会共同体赖以生存与发展的具有普遍意义的道德准则。

孝慈。"孝慈"即长辈关心爱护晚辈的慈道，晚辈尊敬爱戴长辈的孝道。孝慈之德是中国传统家庭生活中的核心伦理规范，千百年来对调节长幼之间的利益关系产生了极大影响。"孝"乃"善事父母"（《说文解字》），是晚辈对长辈的基本伦理诉求，自古孝道受到社会伦理的推崇和国家制度的提倡，成为传统家庭伦理的核心理念。"孝"的含义大致有三层，第一，生养死葬。所谓"生，事之以礼；死，葬之以礼，祭之以礼，可谓孝矣"（《孟子·滕文公上》）。孝是当父母活着的时候事之以礼，当父母辞世的时候葬之以礼。第二，敬重父母。"今之孝者，是谓能养。至于犬马，皆能有养。不敬，何以别乎？"（《论语·为政》）即仅仅赡养父母与养犬马无异，更重要的是还要敬重父母，才能称为孝。第三，遵循父母意愿。所谓"三年无改于父之道，可谓孝矣"（《论语·学而》），"无改"的意思是不违背，即顺从，因此常有"孝"与"顺"相连之说。"慈"是父母对子女关怀与亲爱的道德规范，所谓"亲爱利子谓之慈"（《新书·道术》）。在等级制度严明的封建社会，子被视为父的附属物，因此"孝慈"则逐渐成为子单方面的道德义务，对"孝"的重视远超"慈"，有"父虽不慈，子不可以不孝"[1] 之说。在当今社会，传统孝慈精神经过创造性转化成为建设家庭伦理的重要资源。

仁爱。爱民抚众、兴利除害、成人以仁、仁爱共济、立己达人、扶危济困都属于仁爱。"仁爱"的本质在于爱人，是古代世俗社会共同遵守的人伦秩序。"仁"是人的复写体，所谓"仁之意，人之也"，仁的本义在于以人的方式对待人。"仁爱"观为孔子首倡，所谓"不能爱人，不能有其身""不能成其身"，[2] 阐述了"爱人之仁"是人的核心价值。孟子的"仁者爱人，有礼者敬人。爱人者人恒爱之，敬人者人恒敬之"将仁爱思想提升为躬身践行的行为模式，使"仁者爱人"的理念由经典文献的思想精髓变为世俗社会中为追求社会和谐、人际和谐而需人人遵守的伦理秩序与价值准则。中华民族延绵千年"仁爱"思想体系反映了人民对现实生活的要求和对未来的美好憧憬。它被中国人代代传承与信守，成为当今社会社会主义核心价值观体系建构的思想资源，是推进社会和谐与发展的精神力量。

（四）天下己任的责任意识

胸怀天下、敢于担当一直都是中国传统文化中一颗闪耀的明珠，更是中华民族的民族精神、民族品质与民族气节的集中体现。

---

[1] 王新龙：《中华家训四》，中国戏剧出版社2009年版，第46页。
[2] 郑玄注，孔颖达疏：《礼记正义》，载阮元《十三经注疏》，中华书局1980年版，第1642页。

责任。中国传统文化注重责任意识，儒家提倡的入世精神是责任意识形成的厚土。对个人而言，"天行健，君子以自强不息"要求个人刚毅坚卓、发愤图强，确立崇高的人生目标，并为之不懈奋斗。对亲人朋友而言，个人对父母长辈有孝之责任，对家庭配偶有节之责任，对朋友伙伴有义之责任。对国家民族而言，"君子忧道不忧贫"（《论语·卫灵公》）体现出以天下为己任，对社会、国家与民族的忧患意识。"天将降大任于斯人也，必先空乏其身，劳其筋骨，饿其体肤……"（《孟子·告子下》）更彰显出勇于承担责任的志向。历史上无数仁人志士投入变革、抨击时政，表现出"舍我其谁"的担当与气概。这些无一不表明中国优秀传统文化中根植着对国际与民族的强烈责任意识。这种责任意识在现代社会仍然是个人谋求进步、社会与国家发展壮大的精神宝藏。但是，中国古代以血缘关系为纽带的宗法社会使责任意识有所偏倚，"孝亲"观念使得人们更为注重家庭或家族伦理中的责任。因此，如何在新时期对中国传统文化中的责任意识去粗取精，使之适应时代发展是继承与发展这一思想精髓的关键所在。

正义。在中国传统文化中，正即是直，指符合人情、礼俗和法度规则，所谓"方直不曲谓之正，反正为邪"（《新书·道术》）。"义"指合宜的道德、行为或者道理，如"行而宜之谓义"（《原道》）；"义"还有公正不偏私之义，如"无偏无颇，遵王之义"（《尚书·洪范》）。"正""义"相连指公正的、正当的道理，正确的行为或本来的意义。例如：《史记·游侠列传》中的"今游侠，其行虽不轨於正义，然其言必信，其行必果"；《抑讦重赏疏》中的"屏群小之曲说，述五经之正义"。传统文化中的正义观通常被打上等级烙印，"义"的含义中包括对等级的区分，对等级权益的自觉维护和尊重。如：孟子说的"敬长，义也"（《孟子·尽心上》），"贵贵、尊尊，义之大者也"（《礼记·丧服四则》），所表达的正是这一层含义。因此，"正义"还有遇事按照等级制的精神原则，作出正确决断，采取适宜、恰当的行为的内涵。

### (五)"天人和谐"的生存法则

关于天人关系的和谐,"天人合一"是中国古代先哲提出的最为重要的命题。认为人类自身只是自然的一个组成部分,同自然界中其他的物质一样,都是大自然中的一种生命形式。因此,讲究"天人相类""民胞物与""万物一体",寻求人与自然的和谐相处。但是在中国传统文化中,"天"的神秘性使人对其带有敬畏之心,例如有"先天而天弗违,后天而奉天时"的顺天意识;"人法地,地法天,天法道,道法自然"的法天意识;"以通神明之德,以类万物之情"的同天意识。[①] 以及孔子的君子畏天命、墨子的天志明鬼、汉代董仲舒的天是人之主宰等思想,以及国家、家庭凡遇重大事件、个人生死婚嫁等重大转折也必祭拜天地的做法,都表现出对"天"的畏惧与膜拜。因此,"天人合一思想以敬天、顺天为前提,在人与自然的关系上过分强调人类适应自然的一面,主要表现为环保、爱物、厚生、遵道,与此同时也遏制了人类改造、利用自然的主动性、积极性,天人和谐是建立在传统社会低水平的物质文明基础上的"[②]。

## 三 优秀传统文化的国家层面道德内容

国家层面道德包括家国一体的使命担当、和谐统一的政治立场、贵刚重阳的民族性格、民以为天的民本思想。

### (一) 家国一体的使命担当

家国一体的使命担当源于传统文化中的整体意识,将个人放置于群体关系之中观照,强化其对国家与集体的职责。

爱国。心系祖国、民族自信、民族自豪、民族自尊都属于爱国。

---

[①] 刘立夫:《"天人合一"不能归约为"人与自然和谐相处"》,《哲学研究》2007年第2期。

[②] 贾松青:《国学现代化与当代中国文化建设》,《社会科学研究》2006年第6期。

中华民族自古以来就表现出对世代赖以生存的家园的强烈热爱和对延绵千年的优秀文化的无限自豪，这种对自己祖国深厚的依恋之情就是"爱国"。爱国主义作为中华民族最崇高的价值追求，引导中华儿女舍身求法、拼搏奉献、为国捐躯，在漫长的历史进程中撑起中华民族的脊梁。不管是大禹治水"八年于外，三过其门而不入"的以国事为家事的责任担当，还是"岂曰无衣，与子同袍"同仇敌忾、抗击外敌的卫国之志都表现出强烈的爱国情怀。中国传统文化强调个人利益与社会、民族及国家利益的一致性，并以此为切入点激发个体的爱国之情。儒家思想中倡导"以天下为一家，以中国为一人"的思想认识，正是这种利益一致性的观点生发出"爱国也如家"（《抱朴子·外篇·广譬》）的境界，从而激励个体"与国同忧""与国同存"（《范文正公文集·与省主叶内翰书二》），"以国事为己事"（《爱国论》），把利国利民视为自己的责任与使命。爱国主义是中国优秀传统文化的精神核心，也是现代社会中华民族伟大复兴的精神支柱与强大精神动力。

公忠。精忠报国、竭诚尽忠、祛邪胜私、循法而行、忧国忧民、天下己任、以身许国都属于公忠。公忠之德的盛衰兴废与天下兴亡、社稷安危息息相关，因此公忠不仅是个人"修身之要"，而且是"天下之纪纲"，是封建社会的最高道德准则。忠的根本要义是全心全意、尽心竭力地积极为人、为事，所谓"心止于一中者谓之忠，持二中者谓之患"（《春秋繁露·天道无二》），"忠也者，一其心之谓也"（《忠经·天地神明章》）。公忠指忠出于公而非出于私，忠于国家与集体而非自己，所谓"忠者，中也，至公无私"（《忠经·天地神明章》）。在中国传统文化的道德形象中，各家各派对公忠思想价值的认同趋于一致，《左传》中有"公家之利，知无不为，忠也""临患不忘国，忠也"，《忠经·报国章》中有"不思报国，岂忠也哉？"以及荀子的"致忠而公""以公义胜私欲"，道家的"圣人无心，以百姓心为心"，墨家的"举公义，辟私怨"，法家的"公正为民",都倡导为民、为国、为天下的公忠精神,[①] 并在历史上起到积极作用。然而,由于封建社会国为君有、民为君有的历史局限,公忠思想难免与忠君思想有千丝万缕的联系,在对之继承过程中应恢复其本义并赋予新义,将忠的对象集中于国家、民族、人民和事业。

奉献。服务集体、扶危济困、见义勇为、克己奉公、尽己为人、公而忘私、舍生取义、尽职尽责、精益求精都属于奉献。以群体利益为导向的中国传统文化倡导个体为国家、社会、集体、事业、公益尽心尽力、努力贡献的奉献精神。古代中国始终将个人价值的实现与增进德性、建功立业联系起来,认为只有依托对国家、社会、事业的贡献才能实现人生的最高价值,所谓"大(太)上有立德,其次有立功,其次有立言,此之谓不朽"(《左传》),意指个体只有在道德、功业、言论等方面对社会有所贡献,才能体现其生命的永恒的价值。由此从个人价值实现的角度宣扬奉献精神,激励无数仁人志士为国家、民族与社会的利益鞠躬尽瘁、死而后已。中国传统文化中奉献精神的核心在于自觉将国家民族的利益置于个人私利之上,所谓"国耳忘家,公耳忘私"(《汉书·贾谊传》),要求个体树立社会责任感与使命感,必要之时愿意为维护国家、民族与人民的利益牺牲一切。虽然由于中国传统文化中个人权利与义务脱节,因此奉献精神有轻忽个人价值的倾向,但在群己公私关系、权利义务关系得到重新解读的现代社会,奉献精神的"利群"倾向是值得珍视的思想精华。正是世代中国人奉行的奉献精神,使得中华民族得以生存与发展,屹立于世界民族之林。

(二)和谐统一的政治立场

"和合"作为中华文化思想之源,融通于社会生活的方方面面。"和"乃和善、和好、和谐之意,"合"指相合、融合。将"和合"思想贯穿于政治层面,则表现为国家内部的"和",即和睦,国家与

---

[①] 罗国杰:《中国传统道德》(规范卷),中国人民大学出版社1995年版,第16页。

国家的"和",即和平,各国、各民族的"合",即团结。

和睦。维护统一、和睦相处、携手共进、协和万邦都属于和睦精神。中国文化从群体价值目标出发,必然把协调人际关系放在首位。贵和是中国传统文化中道德精神的要义,"和也者,天下之达道也"(《中庸》)认为"和"是天下通行的大道理,只有万物恪守自己的位置,才能得以生长发育。"德莫大于和"(《春秋繁露·循天之道》)将"和"上升为中国道德哲学的最高理念。"礼之用,和为贵"(《论语·学而》)指出"和"是礼之实际运用中最重要的法则。由此可见,中国古人对"和"之高度重视。在以儒家思想为主流的中国传统文化中,和谐论的重点是人际关系的和谐,即"和睦",其目标在于因人与人关系的和谐而达成社会秩序的稳定与安宁,只有国家内部人与人之间维持和睦协调、民族与民族等社会群体和谐统一,才能紧密团结形成强大的力量以对抗外来侵略。因此,和睦对人民生活的安定、国家的统一稳定都至关重要。求和睦的关键在于要求个体的言行符合道德准则,在封建社会的大背景下,和睦实则难以摆脱等级制的不平等,相当于在不和中求和,这种和睦始终以礼为基础和准则,要求人人安于己位,尽己之责,所谓"君君臣臣,父父子子,兄兄弟弟,夫夫妇妇,万物各得其理然后和"(《通书·礼乐》),等级制度的本质决定了这种安分与尽责侧重下层民众作牺牲。

团结。"合"指不同元素、事物聚集在一起,后引申为不同事物与元素结合、联合,有团结之意。例如:"畜之以道,养之以德。畜之以道,则民和;养之以德,则民合。和合故能习,习故能偕,偕习以悉,莫之能伤也。"(《管子集校·幼官》)此处的"合"作团结之意讲,人民团结和谐,外敌便不能伤害。墨子将"合"视为处理人际关系与社会关系的核心准则,"昔越王勾践,好士之勇,教训其臣,和合之"(《墨子閒诂·卷四》),让臣子团结一心是国家强大的手段。团结合作思想作为源远流长的中国传统文化精髓,其蕴含的哲学思维方式和价值理念为整合多元差异、实现人际和合提供了重要的法则。民族团结是国家统一安定、社会发展进步的前提,全人类的团结是共担风险危机、共享和谐发展的保障。当今社会,"团结"有助于缓和现代社会各种复杂因素导致的人与人、群体与群体之间的紧张对峙、矛盾冲突关系,将共同发展作为一致奋斗的目标,共同应对发展路上的风险与危机,建立团结合作、共生共荣的现代新型关系。

和平。中华民族自古以来就是倡中庸、抑极端、求统一、倡和平的民族,中国人的血液中流淌着和平文弱的文化性格,历来不尚征战、爱好和平、不喜穷兵黩武。在中国传统文化中也有大量倡导和平的思想论述,《礼记·中庸》中有"万物并育而不相害,道并行而不相悖",道出"和谐"的本质在于和而不同、尊重包容。《国语·郑语》中有"和实生物,同则不继"更是肯定了差异的价值,认为正是因为不同要素之间差异的存在才是万物产生与发展的动力与法则,纯粹统一的东西简单叠加则得不到发展与变化,只能是单一的,例如,土与金、木、水、火杂方成百物,五味相调方能适口,六音相合方成音乐。可见,万物之成皆有赖于和。管仲指出:"夫国之存也,邻国有焉;国之亡也,邻国有焉。邻国有事,邻国得焉;邻国有事,邻国亡焉。"(《管子·霸言》)深刻地解读了邻国之间唇齿相依、荣辱与共的紧密关系。"交邻国之道"(《孟子·梁惠王下》),"亲仁善邻,国之宝也"(《左传·隐公六年》)都反映了中国人民对和睦邻国关系的珍视。"虎兕出于柙,龟玉毁于椟中"(《论语·季氏》)通过对战争破坏力的描绘警示世人,战争是诉诸暴力解决对抗的流血性政治,这种残忍的手段势必给人民与国家带来无尽的痛苦与灾难。在实践中,中华民族更是以尊重人的生命、维护人民基本利益、促进和平与发展为前提,[①] 主张"以和为贵""协和万邦"。处理邻里关系时,通常优先考虑"修文德以来之"的怀柔政策,如"和亲""顺俗施化"等避免流血牺牲的和平方式。

---

① 杨发喜:《试论传统文化对中国和平发展道路的影响》,《科学社会主义》2015年第1期。

解决邻里冲突时，多采用防御为主的绥靖政策，先礼后兵、攻心为上，① 希望"不战而胜，不攻而得，甲兵不劳而天下服"（《荀子·王制》）。这都表现出以包容心态，化解或缓和各种矛盾冲突的尚和心态。

（三）贵刚重阳的民族性格

革命精神、反抗暴虐、抗暴御侮、励精图治、变法革新、革旧图强都属于不屈不挠的抗争精神。在中国传统哲学中有阳尊阴卑的观念，其中包含对男子阳刚之气的赞颂与推崇，由此演化为宁死不屈的大丈夫气概。因此，虽然中华民族历来崇尚和平，倡导以求同存异、协调均衡的心态解决争端与冲突。但是在遭遇外来侵略的情况下，中华民族仍然有奋起反抗、不屈不挠的精神气节。霍去病"匈奴不灭，无以家为"的英雄气概；张骞"持汉节不失"和苏武"杖汉节牧羊"的顽强精神；宗泽"得捐躯报国恩，足矣"和邓世昌"吾辈以军卫国，早置生命于度外"的报国之心，无不反映出无数仁人志士以天下兴亡为己任，"依仁蹈义，舍命不渝"的气节与精神。《周易大传》中认为"天地革而四时成"（《易经·象传》），意指万物流变皆因变革、革新而成，人与时偕行，必须学会"通变"与"革命"。倡导当事物发展到不能发展的地步，通过革命寻求与开拓新局面。这种积极求变、自强不息的民族自尊心和不畏强暴、宁死不事夷狄的革命精神在现代社会仍值得我们大力效仿与推崇。

（四）民以为天的民本思想

中国优秀传统文化中的民本思想源远流长，历代以来无论是开明君主和还是思想家，无不把民本视为治国之道。孔子提醒统治者"修己以安百姓"（《论语·宪问》），树立"博施于民而能济众"（《论语·雍也》）的道德追求。孟子讲"民为贵，社稷次之，君为轻"（《孟子·尽心下》），"得其民斯得天下"，肯定了民的地位。荀子以舟水之喻诠释君民关系，将君者比作舟，百姓比作水，警诫君

---

① 徐行言：《中西文化比较》，北京大学出版社2004年版，第92页。

王"水则载舟,水则覆舟"(《荀子·王制》),提出"天之生民,非为君也;天之立君,以为民也"(《荀子·大略》),强调君对民的职责所在。"有社稷者而不能爱民,不能利民,而求民之亲爱己,不可得也。民不亲不爱,而求其为己用,为己死,不可得也。民不为己用,不为己死,而求兵之劲,城之固不得也。"(《荀子·君道》)阐明君王爱民、利民以求得民心才是维护政权稳定、国家安宁的正道,反之不得民心者,虽有强兵猛将,仍然"城固不得"。甚至在这些民本思想中,还明确反对纯粹要求臣对君主单方面履行道德义务和绝对服从,[①] 例如:孔子提出"君事臣以礼,臣事君以忠"(《论语·八佾》),要求"以道事君,不可则止"(《论语·先进》),倘若君主违背"道"而行事,臣则可以离君而去。董仲舒在荀子"天立王,以为民"的思想基础上进一步阐述"故其德足以安乐民者,天予之;其恶足以贼害民者,天夺之"(《春秋繁露·尧舜不擅移汤武不专杀》)。表明了他赞同君王有令百姓安乐的义务,且以天之权威儆戒人君,节制君权。包纳"民众是国家政权之基础"观点的民本思想为中国现代民主政治的发展提供了"本土"思想资源。然而由于天神的权威逐渐衰落且虚无缥缈,对于怎样切实节制君主权力是缺少设计的。虽然谏议制度和经筵制度在一定程度上限制了皇帝的为所欲为,但是限制有用与否还多取决于君王自身的秉性。因此,传统文化中的民本思想在一定程度上承认了人民利益的主体价值,但仍然没有摆脱封建制度烙印,实现人民当家作主。

## 第四节 优秀传统文化的道德形象特点

本节将在掌握中国传统文化道德形象的精神实质的基础上分析其特点,以探寻其中暗含的价值取向,为后续研究奠基。

---

① 李存山:《中国的民本与民主》,《孔子研究》1997 年第 4 期。

## 一 伦理本位色彩浓郁

鲜明的伦理本位色彩是中国传统文化精神内核中的一个突出特点，即始终以社会伦理本位为对象进行思考。刘太恒指出中国优秀传统文化中的道德有突出主体地位的特征。[1] 罗国杰认为中国传统文化中的伦理思想重视精神境界，认为道德需要是人的一种最高需要。不同于西方认为人是有理性的，在中国古代思想家看来，人之所以能脱离动物界，就是因为人有道德。中国传统伦理思想家把德当作最高层次的需要，认为德性是人从事一切事业的最主要的精神动力。[2] 有研究者认为伦理本位表现为道德思想与政治、宗法、哲学等思想的融合。例如，陈谷嘉认为中国传统文化中的道德思想有以下特点：伦理与宗法关系相结合，表现为以"忠"与"孝"为核心的宗法体系；伦理与政治相融合，形成伦理政治化和政治伦理化倾向；伦理学和哲学紧密联系，形成伦理哲学化和哲学伦理化趋势。[3] 李中华指出，以礼乐教化为中心形成的道德理性不仅代替了宗教的地位，而且衍射至文化的方方面面，使得中国文化表现出泛道德性特征。最突出的表现就是以"德治"代替"政治"，即政治道德化倾向；以"人治"代替"法治"，即泛道德主义对专制主义的影响；以"礼治"代替"刑法"，即法律道德化三个方面。[4] 陈瑛、温克勤认为在中国传统道德观中，伦理思想和哲学与政治紧密融合，成为奴隶社会与封建社会阶段意识形态的中心，对当时社会的方方面面产生了强烈的影响。[5] 樊浩认为伦理与政治二位一体、贯通为一是中国

---

[1] 刘太恒：《论中国传统道德的当代价值》，《道德与文明》2000 年第 1 期。
[2] 罗国杰：《中国伦理思想史》，中国人民大学出版社 2008 年版，第 15 页。
[3] 陈谷嘉：《论中国古代伦理思想的三大特征》，《求索》1969 年第 5 期。
[4] 李中华：《中国文化概论》，华文出版社 1994 年版，第 169—178、365—366 页。
[5] 陈瑛、文克勤：《中国伦理思想史》，贵州人民出版社 1985 年版，第 10—16 页。

传统伦理精神的突出特点之一。① 王正平也指出中国优秀传统文化中的伦理思想在道德价值的应用上，强调道德思想与政治思想的融合。② 朱贻庭等人进一步指出了道德与政治紧密联系的原因，由于宗法等级制度是古代社会人际关系的元结构，维护了宗法等级制度就意味着稳固了统治秩序，因而道德原则和行为规范作为协调这种宗法等级关系的手段，必然与治国安邦产生直接的联系，被赋予"纲纪天下"的政治功能，从而形成了道德与政治的一体化特点。③ 李春秋、毛蔚兰认为，作为哲学研究的核心问题，中国传统文化中的道德伦理问题是社会意识形态的中心，对当时社会的政治、法律制度造成强烈的影响，从而形成哲学、伦理、政治、法律一体化的特点。④ 有学者从古代各个学派的伦理思想入手，梳理了各家"伦理本位"倾向。例如，冯天瑜、李宗桂等人认为在"道德型"的中国文化中，大多数哲学与政治的观点、智慧的发展都起源于伦理思想，以之为核心向外作水波式的扩散。极为强调伦理道德并不只是某门某派的信念，而在于整个中国文化系统中很少有脱离伦理学说的智慧。儒家历来重视伦理，这一点众所周知；佛家虽然宣扬万法皆空，但仍劝善惩恶，倡导慈悲为本、普度众生，未跳出尘世间伦理的框架；道家希望通过"堕肢体、黜聪明""悬解"一切矛盾达成"不为境累，不为物役，绝圣弃智，洁身自好"的逍遥世界，这事实上是对自由人格的向往，彰显对个体价值的追求；就被人称为"非道德主义"的法家来说，"醇儒"董仲舒宣扬的"三纲"源于法家韩

---

① 樊浩：《中国伦理精神的历史建构》，江苏人民出版社1992年版，第32—40页；刘太恒：《论中国传统道德的当代价值》，《道德与文明》2000年第1期。
② 王正平：《中国传统道德论探微》，上海三联书店2004年版，第25页。
③ 朱贻庭：《中国传统伦理思想史》，华东师范大学出版社2009年版，第11页；田亮等：《中国传统伦理概论》，西北工业大学出版社2012年版，第8页。
④ 李春秋、毛蔚兰：《传统伦理的价值审视》，北京师范大学出版社2003年版，第32页。

非，由此可见法家也颇具伦理色彩。① 还有学者认为，伦理本位还表现为伦理思想渗透到意识形态的各个分支中，例如，由于对人性论的德性主义和道德政治功能的强调，使得中国传统文化中的道德修养论和道德教育论特别发达。中国古代的教育以德教为主，目的在于启发人的"良心"与"良知"。② 李宗桂认为伦理思想的渗透还涉及文学、教育、史学、哲学等领域，以至于文学高度重视"教化"功能；智育沦为德育的附庸，德育占压倒性优势；史学以"寓褒贬，别善恶"为旨趣；哲学则与伦理学相混合，孔孟的哲学更成为一种"伦理哲学"。③ 汪石满认为伦理道德的地位在中国传统文化中十分特殊，它与哲学、政治相融合，成为社会意识形态的中心。因而，教育、文化、艺术、音乐都披上道德的外衣，以之作为评价、衡量的首选尺度，并被当作培养良好道德情操的工具。④ 总而言之，传统文化中将道德完善视为人发展的终极目标和最高价值，不仅人是道德的存在，宇宙万物都被赋予道德的意蕴，道德成为中国传统文化的核心和灵魂。

## 二 整体主义价值倾向

整体主义指坚持以群体为中心，作为独立个体的人的自由、人格、尊严和利益被忽视，个人被视为整体的一部分而依附着整体存在，无条件地服从于整体。在中国优秀传统文化中的道德价值取向上尤其强调个体服从整体⑤、群体为本⑥。"满足整体利益"是中国传统文化和民族心理的最高价值，所有价值目标都以是否能与之相

---

① 冯天瑜：《宗法社会与伦理型文化》，《湖北大学学报》（哲学社会科学版）1987年第2期。

② 朱贻庭：《中国传统伦理思想史》，华东师范大学出版社2009年版，第11页。

③ 李宗桂：《中国文化概论》，中山大学出版社1988年版，第265—266页。

④ 汪石满：《中国伦理道德》，安徽教育出版社2003年版，第2页。

⑤ 徐柏才：《历史的视角：中国传统道德思想的再认识》，《中央民族大学学报》（哲学社会科学版）2006年第3期。

⑥ 刘太恒：《论中国传统道德的当代价值》，《道德与文明》2000年第1期。

一致为标准。① 重群体源于中国传统伦理思想中的家族与社会本位倾向，具体表现为强调忠君孝亲，重视整体和服从，具有浓厚的血缘关系和宗法制度色彩。② 整体主义一方面表现为个人价值湮灭于集体价值。例如：罗国杰认为中国传统道德中的一切传统美德都是以整体主义为核心展开，始终强调个体为整个社会、民族和国家的服从、奉献与牺牲。③ 李新涛、唐慧荣认为我们倾向于把个人主体价值纳入主体所在的社会关系中考虑，以社会价值为基点判断个人价值，并非从个人价值出发达成社会价值，个体价值被湮没于集体价值之中。④ 樊浩指出中国传统文化中要求个体的道德修养做到克己自省，其根本目的就是要改变自己，从而适应和维持社会秩序。⑤ 张岱年认为与西方强调个人本位，重视自由与权利不同，中国文化以家族为本位，注意个人的职责与义务。⑥ 李春秋、毛蔚兰认为由于中国传统道德强调整体和等级服从，因而由"忠""孝"等伦理观念发展出以"三纲五常"为核心的一套严密的个人道德规范体系。⑦

另一方面整体主义表现为等差伦理。朱贻庭认为由于中国传统文化中"人道"精神屈从于宗法等级关系，从而形成了"亲亲有术，尊贤有等"的爱有等差思想，这也是以家族本位、等级秩序为特点的整体意识的体现。⑧ 徐行言认为等差伦理是传统伦理思想倡导的道德要求的基本特点。由于个体被固定在宗法关系交织的关系网

---

① 罗国杰：《中国伦理思想史》，中国人民大学出版社 2008 年版，第 18 页。
② 汪石满：《中国伦理道德》，安徽教育出版社 2003 年版，第 3 页。
③ 罗国杰：《中国传统道德·规范卷》，中国人民大学出版社 1995 年版，第 24 页。
④ 李新涛、唐慧荣：《传统文化中的道德素质教育》，《教育理论与实践》2001 年第 5 期。
⑤ 樊浩：《中国伦理精神的历史建构》，江苏人民出版社 1992 年版，第 32—40 页。
⑥ 张岱年：《中国文化精神》，北京大学出版社 2015 年版，第 51 页。
⑦ 李春秋、毛蔚兰：《传统伦理的价值审视》，北京师范大学出版社 2003 年版，第 32 页。
⑧ 朱贻庭：《中国传统伦理思想史》，华东师范大学出版社 2009 年版，第 11 页。

上，对宗族、乡党有强烈的依赖心理，这种紧密的关系网既能满足个体的一些社会性需要，也要求个体履行必需的义务，且以内外有别、亲疏有异的态度对待与处理集团之内与外的事物，形成情境中心的处世态度。① 罗国杰认为人伦关系或人伦价值是中国传统文化中伦理思想的起点，但除了朋友之外的君臣、父子、夫妇、长幼之间的关系都是不平等的。② 有学者认为"等差伦理"也表现为以家庭为本位的伦理思想，即所有社会的伦理道德都以家庭为原点展开。例如，冯友兰认为在中国传统文化的道德中所有一切人与人的关系，都套在家庭关系中。③ 曾黎认为中国伦理思想不同于西方重自我价值实现的开放型特征，而具有重人伦、亲情和家庭的内向型特征。④ 樊浩先生认为家族本位是中国传统文化中伦理精神的特点之一，家族不仅是人伦的原则与出发点，又是人伦的归宿；不仅是人格的生长点，又是人格的最高理想。⑤ 还有学者认为"等差伦理"还表现为"重人情主义"。例如，樊浩认为在中国伦理精神中，通过人情法则建立起人与人之间的伦理政治关系，从而人情成为宗法社会的深层的人际结构原理与社会结构原理。⑥ 总而言之，中华伦理文化之滥觞是以宏观思维作整体性观照，不独重自身，这与西方伦理传统迥异。⑦ 中国传统文化中的早期伦理观念强调人的社会性与族群性，将个人放置于与他人、与社会、与国家的关系中考量，规定其应遵循

---

① 徐行言：《中西文化比较》，北京大学出版社2004年版，第81页。
② 罗国杰：《中国伦理思想史》，中国人民大学出版社2008年版，第13页。
③ 冯友兰：《贞元六书》，华东师范大学出版社1996年版，第258页。
④ 曾黎：《中西伦理思想之异同与全球伦理的建构》，《河南大学学报》（社会科学版）2007年第7期。
⑤ 樊浩：《中国伦理精神的历史建构》，江苏人民出版社1992年版，第32—40页。
⑥ 樊浩：《中国伦理精神的历史建构》，江苏人民出版社1992年版，第32—40页。
⑦ 周全：《传统伦理思想之现代价值及其教育路径》，《黑龙江高教研究》2016年第3期。

的秩序与规范。

### 三 天人合德的思想观念

在中国传统文化中,一方面肯定人在自然天地中所独有的重要地位。例如:儒家的"三才"包括"天""地""人",道家的"四大"包括"道""天""地""人",都将人视为与天地万物共生共荣的重要实体。另一方面,肯定人与自然之间无法割裂的统一关系,在道德思想的最终目标上,追求"天人合一""天人合德"的和谐境界。[①] 例如:张岱年认为传统伦理思想既肯定人在天地之中的重要地位,又承认人与自然的统一关系,人与天地在相互区别的同时又不可分割。[②] 这种"天人合一"的思想在中国古代源远流长,在这一思想的熏染下,我国伦理思想表现出"天人合德"的观念认识。葛晨虹认为"以天道合于人道为我国伦理思想的基本取向,实际上就是把人的道德原则提高为自然界的最高原则"[③]。有研究者论述了"天人合德"伦理思想带来的道德认识、德性修养方式、道德境界等方面的影响。例如:朱贻庭等人认为在中国优秀传统文化中,由"天道"直接引出"人道",因而"人道"既是人们行为的"当然之则",更是不可违抗的"天命"或"天理"之必然,从而陷入道德的宿命论,决定了在道德选择上重自觉轻自愿,重必然而漠视意志自由的特点。"人道"来自"天道"还体现为"天命之谓性""性即理",因而,在道德修养中突出主体内心的理性自觉,通过"内自省""内自讼""尽心,知性,知天""居敬穷理",实现主体的道德

---

① 徐柏才:《历史的视角:中国传统道德思想的再认识》,《中央民族大学学报》(哲学社会科学版) 2006 年第 3 期;王正平:《中国传统道德论探微》,上海三联书店 2004 年版,第 26 页。

② 张岱年:《中国伦理思想研究》,江苏教育出版社 2005 年版,第 5—7 页。

③ 葛晨虹:《中国特色的伦理文化》,河南人民出版社 2003 年版,第 45 页。

修养，在内心达到"天人合一"就可"止于至善"。① 王正平认为与西方强调战胜与驾驭自然不同，我们的传统文化强调人与自然环境的亲密友善，爱人的同时也要爱物，中国传统道德始终将这种超然豁达、无限宽广的道德境界视为至上的价值目标，这不仅有利于塑造许多中国传统的仁爱忠恕美德，而且有利于构造中国人明白、达观的人生观念。②

## 四 重视道德的实践功夫

上述"天人合德"的伦理思想表现出中国传统文化中道德的先验性，然而中国传统伦理中道德的实践性特征同样影响深远。韦政通认为："发现道德的先验法则，和重视道德的实践功夫是中国道德思想的两大特色，尤其是后者，代表中国道德学说的最大特色。"③ 陈瑛认为中国道德思想重视人伦日用和实际生活，④ 这突出表现在德性实现的方法上重了悟不重论证，在内容上重道德修养和道德教育。⑤ 其中，对于在实践方法上重了悟这一点，张岱年先生有很好的诠释，他提出中国的哲学家认为经验上的贯通与实践上的契合是最好的证明途径，只要能解释生活经验，并能用于生活实践即可，而不必作文字上细微的推敲。因而，中国哲学既不注重形式上的细密论证，也没有形式上的条理系统。⑥ 对于内容上重道德修养和道德教育这一点，汪石满认为历史上很多伦理学家都非常重视"自省"的意义，强调个人的道德修养，提出内容丰富、颇具特色的道德修养

---

① 朱贻庭：《中国传统伦理思想史》，华东师范大学出版社 2009 年版，第 11 页；田亮等：《中国传统伦理概论》，西北工业大学出版社 2012 年版，第 7 页。
② 王正平：《中国传统道德论探微》，上海三联书店 2004 年版，第 26 页。
③ 韦政通：《中国哲学辞典大全》，世界图书出版公司 1989 年版，第 54—55 页。
④ 陈瑛：《关于中国伦理思想史的几个问题》，《哲学研究》1983 年第 10 期。
⑤ 陈瑛、文克勤：《中国伦理思想史》，贵州人民出版社 1985 年版，第 10—16 页。
⑥ 张岱年：《中国哲学大纲》，商务印书馆 2015 年版，第 8 页。

理论和方法。① 李春秋、毛蔚兰认为中国伦理思想非常重视通过道德教育和道德修养陶冶人的性情、改变人的气质。② 罗国杰认为，我国的思想家们通过长期实践认识到只有当外在的、客观的道德标准，通过道德主体的良知，经过其在实践中的认识、体验、内化，从而融合进人的思想之中，才能内化为品质。因此，中国传统文化强调修身，其中的道德修养路向是内向型的。③

## 五　道德价值的中庸分寸把握

《中庸》认为："不偏之谓中，不倚之谓庸。中者天下之正道，庸者天下之定理。"中国优秀传统文化对道德价值的分寸把握上，具有中庸居间的性质，④ 具体表现在道德规范和道德品质中，皋陶提出的"宽而栗、柔而立、愿而恭、乱而敬、扰而毅、直而温、简而廉、刚而塞、强而义"（《尚书·皋陶谟》）的九德就体现了中庸的色彩。王正平认为中国优秀传统文化中的道德思想在道德价值的分寸把握上，非常重视道德品质、道德规范与道德行为上的"中庸""居间"特质，认为道德的善就是在两种互相对立的行动或品质之间保持"中庸""不偏不倚"。⑤ 这种中庸特性，其主要特点在于讲究平和与稳定，不走极端，例如，樊浩认为中国传统文化中道德提倡的中庸和谐，就是在道德行为上求和执中，无过无不及，依礼而行，以达成个人伦理、家族伦理、国家伦理与宇宙伦理的贯通和谐，达到人

---

① 汪石满：《中国伦理道德》，安徽教育出版社2003年版，第5页。
② 李春秋、毛蔚兰：《传统伦理的价值审视》，北京师范大学出版社2003年版，第32页。
③ 罗国杰：《中国伦理思想史》，中国人民大学出版社2008年版，第20页。
④ 陈瑛、文克勤：《中国伦理思想史》，贵州人民出版社1985年版，第10—16页；徐柏才：《历史的视角：中国传统道德思想的再认识》，《中央民族大学学报》（哲学社会科学版）2006年第3期。
⑤ 王正平：《中国传统道德论探微》，上海三联书店2004年版，第32页。

伦建构与人性提升的和谐。① 有研究者从个人的德性要求和处世态度上诠释"中庸"之性。例如：李春秋、毛蔚兰认为中庸表现在个人生活态度上就是"知足常乐"，待人处事秉持"宽、柔、恭、敬、温、谦"的态度，表现在社会道德要求上就是调和、折中。② 汪石满认为中庸气息反映到人的处世态度上，表现为进退有度，不偏不倚。要求个人以德律己，在言论上和行为上以基本道德规范为准绳。另外，中庸还体现为在与人相处时的宽容、厚道等美德。中国传统伦理中贵和尚中思想在调节人际关系上的运用使得人与人之间洋溢着浓厚的人情味，始终追求和睦、和平与和谐的共处局面。③

### 六 重义轻利的"利己心"规避取向

中国优秀传统文化中的道德思想在"义利之辨"即道义与功利的关系问题上，具有"重义轻利""贵义贱利"的价值取向。④ 尽管不同时期不同学派的义利观有所变化，但是强调"义"的原则一直占主流地位，认为在个人利益与整体利益产生矛盾时，应当"杀身成仁""舍生取义"。⑤ 孔子提出"君子喻于义，小人喻于利"（《论语·里仁》），把义与利对立起来，认为君子以"不义而富且贵"为不耻，倡导"见利思义""义然后取"。董仲舒更是提出"正其义不谋其利，明其道不计其功"的道义论，成为中国优秀传统文化中道德价值观的主要倾向。对于利义关系的本质，宋志明认为"义"指符合道德秩序的合理行为与具有指导意义的道德准则，利不仅指个人的私利，也指国家与民族的公共利益，公利等同于公义。因此，

---

① 樊浩：《中国伦理精神的历史建构》，江苏人民出版社1992年版，第32—40页。
② 李春秋、毛蔚兰：《传统伦理的价值审视》，北京师范大学出版社2003年版，第32页。
③ 汪石满：《中国伦理道德》，安徽教育出版社2003年版，第8页。
④ 徐柏才：《历史的视角：中国传统道德思想的再认识》，《中央民族大学学报》（哲学社会科学版）2006年第3期。
⑤ 罗国杰：《中国伦理思想史》，中国人民大学出版社2008年版，第19页。

利义关系不仅是道德规范与利益追求之间的关系,也是公与私的关系。① 王正平认为"义"不单指"道义",还指宗教、国家、民族的整体利益。因而,利义关系的问题既包含着道德与利益的关系,也包含着个人利益与国家、民族整体利益之间的关系。② 对于利义关系产生的根源,朱贻庭认为这种传统道义至上的价值观源于个人利益对整体利益的依附,两者之间的对立造成个人利益必须绝对服从与从属于集体、国家整体利益。从而在道德价值观上,始终以实现国家与集体利益的"义"至上,忽视个人利益的实现。③ 田亮、陈从兰认为,这种思想是中国古代高度集中的君主专制和宗法制度的产物。由于在这种制度下,个人无法获得独立自主的经济权利,且更不准许个人利益逾越家族、集体和国家的利益,这种利益关系反映在价值观上则表现为道义至上。④ 总之,中国优秀传统文化中的道德修养作用力向内指向内在世界而非外界的求利,以实现精神世界的向善、完善、至善,以成德、成性为终极意蕴和价值旨归。

### 七 "性善"的人性论主流

虽然中国传统伦理思想中不同时期的不同思想家关于人性是善是恶的论述各异,但是总体而言以"人之初,性本善"的德性人性论为主流,这也是我国传统人性论的主要特点。朱贻庭认为"由于我国古代人与人之间由以血缘为纽带的宗法制度联结在一起,天然的血亲之爱推衍出仁、义、礼、智等以孝、悌为本始的天赋德性,而自然情欲则被视作恶的根源"⑤,正是因为宗法制度的存在,则使性善论的人性论成为中国传统文化中对人性见解的主流观点。而这一观点也成为"人皆可为尧舜"的心理依据,田亮、陈从兰认为

---

① 宋志明:《中国传统哲学通论》,中国人民大学出版社2004年版,第159页。
② 王正平:《中国传统道德论探微》,上海三联书店2004年版,第33页。
③ 朱贻庭:《中国传统伦理思想史》,华东师范大学出版社2009年版,第13页。
④ 田亮等:《中国传统伦理概论》,西北工业大学出版社2012年版,第7页。
⑤ 朱贻庭:《中国传统伦理思想史》,华东师范大学出版社2009年版,第12页。

"这决定了我国古代道德修养理论的发达,也为德治主义治国实践和道德决定论的历史观提供了人性论的依据。另外,由于人们认为将根植于人心的善性'充之''扩之',则可以使人向善、靠善,无须外力强制约束,这导致了自古轻视法的作用与意义"[1]。罗国杰认为,中国传统文化和民族心理尤其重视个体的德性修养,以个人的善良本性为起始点,强调人的"初心本心"和"良知良能"在德性养成中的关键作用。在个人和整体的道德关系上,突出个体本身为善的主动性,强调通过个体道德主动性的发扬达成人格完善,达成至人、圣人、真人、完人的目标。[2]

## 八 "保守内求"的自我苛律

与西方道德主动、竞争、外向的开放与发展取向大相径庭,中国优秀传统文化呈现保守内省趋势,具有道德人格的内倾性结构,表现出克己、内求等基本特征。一方面,中国优秀传统文化道德的克己特征表现为尤其强调个人品质的修养。所谓"德"就是指个人的操守与品行,从忠、恕、孝、悌、慈、廉、耻、节等基本层次的处事规范,到仁、义、礼、智、信等高层次的道德原则,都是针对个人品质而言。罗国杰从中国传统文化中归纳了十八条关键德目,即"公忠、仁爱、中和、正义、孝慈、谦敬、诚信、宽恕、礼让、持节、明智、自强、知耻、勇毅、廉洁、勤俭、节制、爱物"[3]。其中除去正义、公忠等少数德目是对人面对公共事物时所需的道德准则之外,其他绝大多数都是个人自身道德修养的准则。除此之外,还表现为对人对事上讲究不争。中国传统文化道德倡导在利益面前谦抑不争。在与人有所分歧、产生争执的情况下,即使对方有所冒犯,也应当自我克制、不与计较。正如《论语》中所说的"君子矜

---

[1] 田亮等:《中国传统伦理概论》,西北工业大学出版社2012年版,第7页。
[2] 罗国杰:《中国伦理思想史》,中国人民大学出版社2008年版,第20页。
[3] 罗国杰:《中国传统道德:规范卷》,中国人民大学出版社1995年版,第14页。

而不争"(《卫灵公》),讲君子自爱自尊、善于忍耐而不与人争斗,以及"君子无所争"(《论语·八佾》),"犯而不校"(《论语·泰伯》)都是对不争这一品质的推崇。这些自律的道德都对自身有约束和引导作用,其目的就在于抑制自身利益、维护他人利益。另一方面,中国优秀传统文化道德的内求特征表现为强调"自省""自讼",将自省与自讼视为良好的思维和心理习惯,例如孔子所说的"躬自厚而薄责于人"(《卫灵公》),"内自讼"(《论语·公冶长》)。而且,也将内心修养视为达成圣人之境的主要途径,强调道德的自我完善与个体自觉性,讲究一种内在的超越。无论是孟子的"反身""行有不得者,皆反求诸己"(《孟子·离娄上》),或是曾子的"吾日三省吾身"(《学而》),都表现出道德的内求性特征,将道德局囿于个人的内心世界,以主动的尽心、养性和寡欲等"身心收敛"之策完成内心修养以达到行动上对封建统治的绝对服从。儒家的尽孝尽忠与移孝尽忠,实质上是通过孝心使个体服从家庭,通过忠心使小家庭服从大家庭(国家),[①]《中庸》中的"修齐治平"也是遵循这一逻辑的。这种伦理以整体价值对个体价值的消融为特征,其目的就是维护固有的社会制度,养成个体对整体秩序无条件服从的自觉性。

---

① 丁成际:《中国传统伦理的基本矛盾及其现代转化》,《前言》2006年第10期。

# 第 三 章

# 教科书中优秀传统文化道德形象的价值传承内容

本章在概观性把握优秀传统文化道德形象的基础上，运用内容分析法梳理教科书中蕴含的道德教育内容，针对教科书中涉及的个人、社会、国家三层面的每条德目进行逐一分析，探究教科书在传承过程中究竟做了怎样的内容选择，实现了怎样的继承与超越。

## 第一节 教科书中道德形象的内容概况

本书以中国优秀传统文化中三个层面的基本德目为分析框架（见表2-1），教科书中涉及的传统文化中没有的德目则另行添加。经过对人民教育出版社和教育部统编版的中小学全套语文、品德、历史教科书分析统计，得出教科书中包含的道德精神（见表3-1）。从个人、社会、国家三个层面分析教科书中的德目占比，人教版三科教科书中个人层面道德占比33.60%，社会层面道德占比29.87%，国家层面道德占比36.54%，统编版三科教科书中人层面道德占比35.54%，社会层面道德占比32.46%，国家层面道德占比31.92%。其中各科由于性质的不同，各层面占比不同。在人教版历史教科书中，个人层面道德占比20.11%、社会层面道德占比12.70%、国家层面道德占比67.20%。在统编版历史教科书中，个人层面道德占比21.95%、社会层面道德占比21.14%、国家层面道德占比56.91%。两套历史教科书均表现出明确的国家取向，个体道德层面也都强调与国家兴衰繁盛紧密相关的个体积极进取、创造精神、探索精神等德目。这与历史教科书站在民族、国家乃至世界历史变更重大转折点的宏达视角叙事特点有关，呈现的多为群体的或英雄人物身上的、影响历史发展的德性精神；在人教版语文教科书中，个人层面道德占比43.15%、社会层面道德占比29.07%，国家层面道德占比27.78%。在统编版语文教科书中，个人层面道德占比46.34%、社会层面道德占比22.15%，国家层面道德占比31.50%。两套语文教科书都较为明显地强调个人层面的道德精神，这与语文教科书中多通过故事传递价值、通过人物刻画展现精神的教科书性质有关；在人教版品德教科书中，个人层面道德占比24.66%，社会层面道德占比42.47%，国家层面道德占比32.88%。在统编版品德教科书中，个人层面道德占比23.21%，社会层面道德占比54.61%，国家层面道德占比22.18%。两套品德教科书都表现为社会层面道德较为突出，这与品德类教科书是"以儿童社会生活为基础，促进学生良好品德形成和社会性发展"的教科书性质相关，教科书以儿童的社会生活为主线，将个体置于家庭、学校、社区等与之紧密相连的社会关系中发展其道德品质。

表3-1　　　　　　　　教科书中涉及的德目统计表

| 个人层面道德 || 社会层面道德 ||| 国家层面道德 ||
|---|---|---|---|---|---|---|
| | | 关涉他人的德性 | 关涉群体的德性 | 关涉环境的德性 | | |
| 持节 | 敬业 | 宽恕 | 守规 | 环保 | 爱国 | 抗争 |
| 节制 | 进取 | 礼让 | 责任 | 爱物 | 公忠 | 民主 |
| 勤劳 | 勇毅 | 孝慈 | 正义 | 厚生 | 奉献 | 国际意识 |

续表

| 个人层面道德 |  | 社会层面道德 |  |  | 国家层面道德 |  |
|---|---|---|---|---|---|---|
|  |  | 关涉他人的德性 | 关涉群体的德性 | 关涉环境的德性 |  |  |
| 知耻 | 探索 | 诚信 | 公平 | 遵道 | 和睦 | 和平 |
| 谦虚 | 求实 | 感恩 | 自由 | 探索自然 | 富强 |  |
| 自尊自信 | 创新 | 仁爱 | 平等 |  | 团结 |  |
| 明智 | 乐观 | 友善 | 法治 |  |  |  |
| 自立自强 | 热爱生活 |  |  |  |  |  |

就单项德目而言，爱国、积极进取、关爱自然、奉献、责任、公忠是占比最高的德目，在人教版三科教科书中分别占比9.79%、8.13%、5.88%、4.80%、4.31%、4.31%，在统编版三科教科书中分别占比6.72%、7.27%、7.26%、4.74%、4.30%、3.3%，这大致勾画出我国家国一体的责任意识。

个人层面道德（见图3-1）最突出的是积极进取，在人教版三科教科书中占比8.13%，在统编版三科教科书中占比7.27%，同属于科学精神的探索精神、求是精神和创新精神在人教版三科教科书中占比分别为3.23%、1.67%、1.86%，共计6.76%，在统编版三科教科书中占比分别为2.97%、1.10%、2.97%，共计7.04%。以及包括乐观精神（人教版占比2.74%，统编版占比2.64%）、自尊自信（人教版占比1.86%，统编版占比0.77%）、自立自强（人教版占比1.17%，统编版占比2.09%）、热爱生活（人教版占比0.59%，统编版占比1.21%）在内的诸多德目都带有外拓、积极的德性特征，在人教版三科教科书中共占比21.25%，在统编版三科教科书中共占比21.02%。勇毅、持节、敬业、明智、谦虚、节制、勤劳、知耻都属于有明显的自律趋势的德目，在人教版三科教科书中分别占比2.45%、1.86%、1.67%、1.57%、1.37%、1.37%、1.18%、0.88%，共计12.35%，在统编版三科教科书中分别占比3.19%、2.09%、2.31%、1.98%、1.76%、1.32%、1.32%、

第三章 教科书中优秀传统文化道德形象的价值传承内容 113

图 3-1 个人层面德目统计柱状图

0.55%，共计14.52%。具有外拓、积极倾向的自为精神的占比远大于内向、内求的自律精神，反映出积极进取的道德人格。

社会层面道德（见图3-2）占比最大的是关爱自然（人教版占比5.88%，统编版占比7.26%），重视人与自然良好关系的营造。其次是责任意识（人教版占比4.31%，统编版占比4.30%），强调个体履行自身社会角色赋予的责任与担当。接下来的友善、孝慈、仁爱、守规、诚信、感恩、宽恕、礼让在人教版三科教科书中分别占比3.62%、2.84%、2.64%、2.06%、1.08%、0.78%、0.59%、0.49%，在统编版三科教科书中分别占比2.53%、2.75%、1.87%、3.08%、0.88%、1.32%、0.88%、0.22%，突出引导个体善待他人、遵守公序良俗，维护良好人际关系、建立和谐社会。正义、平等、法治、自由、公平在人教版三科教科书中分别占比1.86%、1.76%、0.98%、0.59%、0.39%，在统编版三科教科书中分别占比1.65%、2.09%、2.20%、0.77%、0.66%，体现现代文明社会特有的价值观取向对个体道德的映射。

国家层面（见图3-3）以爱国、奉献、公忠、抗争与革新精神为核心德目，在人教版三科教科书中分别占比9.79%、4.80%、4.31%、3.92%，在统编版三科教科书中分别占比6.72%、4.74%、3.30%、4.07%，表现出集体主义倾向，强调培养个体的民族自尊心和民族自信心，强调为保卫祖国和建设祖国而勇于献身的信念与忠诚。团结、和睦、和平在人教版三科教科书中分别占比3.53%、2.94%、1.96%，在统编版三科教科书中分别占比3.19%、1.87%、1.54%，既表现出中国优秀传统文化中以和为贵的道德实践原则，也反映当下崇尚和平的时代主旋律。国际视野在人教版三科教科书中占比2.74%，在统编版三科教科书中占比2.31%，是身处全球化发展中的中国社会对人才需求的反映。民主与富强在人教版三科教科书中分别占比1.47%、1.08%，在统编版三科教科书中分别占比2.09%、2.09%，体现社会主义核心价值观对学生道德发展要求的期望。

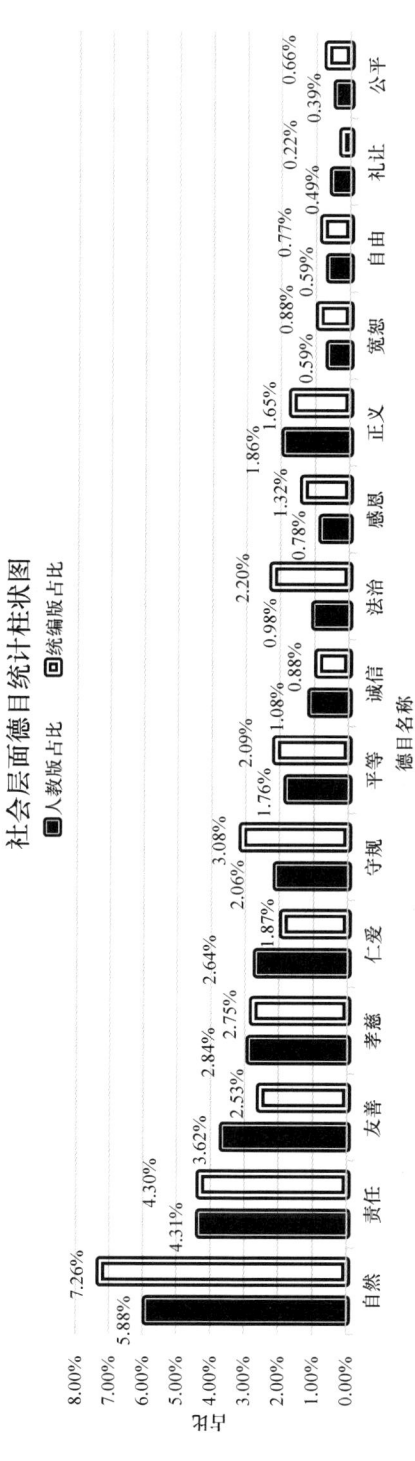

第三章　教科书中优秀传统文化道德形象的价值传承内容　115

图3-2　社会层面德目统计柱状图

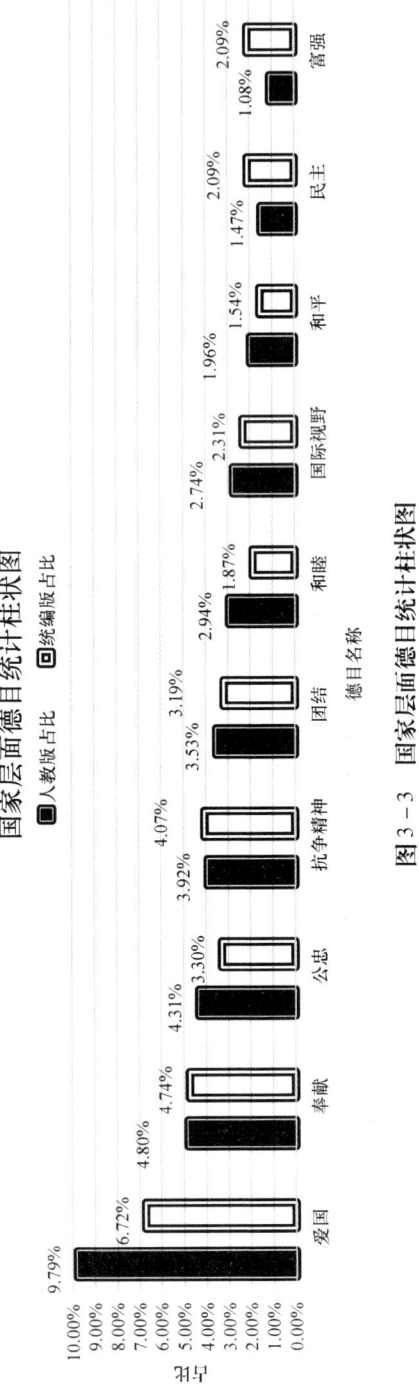

116　教科书中优秀传统文化道德形象的价值传承研究

国家层面德目统计柱状图

■人教版占比　▢统编版占比

| 德目 | 人教版占比 | 统编版占比 |
|---|---|---|
| 爱国 | 9.79% | 6.72% |
| 奉献 | 4.80% | 4.74% |
| 公忠 | 4.31% | 3.30% |
| 抗争精神 | 3.92% | 4.07% |
| 团结 | 3.53% | 3.19% |
| 和睦 | 2.94% | 1.87% |
| 国际视野 | 2.74% | 2.31% |
| 和平 | 1.96% | 1.54% |
| 民主 | 1.47% | 2.09% |
| 富强 | 1.08% | 2.09% |

图 3-3　国家层面德目统计柱状图

## 第二节　教科书中个人层面道德形象的内容分析

教科书在刻画优秀传统文化道德形象的过程中，通过内容的选择实现了对传统文化道德形象的延续、新释和超越。"延续"是对中国优秀传统文化中具有普适性价值的道德思想的继承；"新释"是结合现代社会需求对传统文化中时代性与普适性交织的道德思想去芜存菁、理解与重塑，从而使之具有现代性，甚至后现代性价值，符合时代需求；"超越"是对传统文化中薄弱或缺失的思想进行强化与补充，是教科书在刻画道德形象过程中对传统的超越。既面向未来，广纳现代文明，又扎根过去，从传统文化中挖掘与寻找资源，汲取传统文化的精髓，既有历史的渊源，又有时代的气息。以下分别从个人层面道德、社会层面道德、国家层面道德分析教科书基于优秀传统文化道德形象刻画的课程内容选择。

### 一　教科书中个人层面道德形象的延续

中国优秀传统文化中有许多具有普适性价值的道德思想，历经岁月的洗礼依然在新的历史时期和社会条件下熠熠生辉，"延续"是教科书对传统文化道德精髓的发扬光大。教科书延续了中国优秀传统文化中节制、知耻、谦虚、持节的主体自律精神，进一步发扬了勤劳勇毅、自尊自信、自强进取的主体自为意志。从占比上看，自为精神的比例远高于自律精神，个人层面道德表现出外拓特征，具体分析如下。

（一）教科书强调节制、知耻、谦虚、持节、明智、敬业的主体自律精神

在中国优秀传统文化中，关于如何建构理想人格的问题分为德性主义和自然主义两种基本主张，但以"性善论"为主体的德性主

义占有主导地位,① 德善人性论奠定了我国古代"克己自省"的道德修养路线。孔子有"我欲仁,斯仁矣"(《论语·述而》)的论述,提出人修己求仁时应发挥个体主动性。孟子在此基础上进一步提出仁义礼智并非外加于心,而是内心固有的,即"君子所性,仁义礼智根于心"(《孟子·尽心上》),认为成就理想人格必须发挥个体存心养性的修身功夫。中国优秀传统文化中一贯主张的克己自省道德形象,其根本旨趣是改变个人以适应和维持社会秩序。② 虽然现代社会兼顾道德的社会价值与个体价值,与古代社会偏重道德的社会价值不同,但是仍然认识到注重个体修养对自我人格塑造与社会发展的积极作用,积极传承与恪守着优秀传统文化中的主体自律精神。反映于当下基础教育教科书中,个人层面道德克己自省的主体自律精神包括节制、知耻、持节、谦虚等德目。

例如教科书中的"节制"一目主要包括对吃穿用度的勤俭节约、对资源开采的节制和对欲望的节制等方面。除了通过语文教科书中YW6x13《一夜的工作》、TYW8s11《与朱元思书》、YW8x22《五柳先生传》等故事刻画出具有节制美德的榜样人物,从正面引导学生控制内心欲望、自觉抵制不良诱惑,做到心中有"节制"。还通过品德类教科书中的实践活动,引导学生体认辛勤劳动的不易,从中懂得节约。例如:PD4x2-1《吃穿用哪里来》一课组织学生到田间地头体验农产品的生产过程,使之体会农民劳动的辛劳,从而懂得珍惜农民的劳动成果,吃穿用度不浪费、有节制。通过PD4s3-2《钱该怎样花》、TPD4x5《合理消费》等课文引导学生有计划、有理性、有节制地消费。

"知耻"一目集中在语文教科书中体现,多以传统经典为载体,与其在传统文化中释义保持一致。例如TYW7x16《爱莲说》中以莲

---

① 詹建志:《论中国传统道德主义及其现代意义》,《九江师专学报》(哲学社会科学版)2003年第2期。
② 樊浩:《中国伦理精神的历史建构》,江苏人民出版社1992年版,第32—40页。

"出淤泥而不染""亭亭净植"的洁净、单纯、雅致暗喻君子不同流合污、不随俗浮沉的品质，表明了作者要在这污浊的世间坚持真我，保持清白操守和正直品德的知耻之心。YW4x29《扁鹊与蔡桓公》通过蔡桓公不愿接受名医扁鹊治病的建议，最后病入膏肓、无药可救的故事，警示学生要防微杜渐，善于听取别人正确意见的知耻之心。另外，PD9-8《投身于精神文明建设》、TPD5s3《主动拒绝烟酒与毒品》针对当下充满诱惑的社会环境，引导学生在具有选择性、多变性和差异性的社会文化中强化知耻观，坚守积极进步的主流思想。

教科书从三个方面对"持节"一目进行诠释。第一，不慕名利。例如，YW8x22《五柳先生传》用"好读书、不求甚解""环堵萧然"寥寥数笔勾勒出一位身处贫穷却安贫乐道、悠闲自适的隐士形象。"不戚戚于贫贱，不汲汲于富贵"，面对世间追名逐利的喧嚣断然言"不"，突出其高洁志趣和人格坚守。第二，不惧强权。例如YW5x11《晏子使楚》讲述齐国大夫晏子出使楚国，面对楚王的侮辱，巧妙回击以维护自己和国家尊严的故事，赞扬了晏子面对强权毫不畏惧的勇气和其身上的凛然正气和爱国情怀。第三，品性正直。例如：PD6s1-4《学会拒绝》帮助学生认清不良诱惑，鼓起坚持自我、敢于战胜不良诱惑的勇气。

教科书中呈现的"谦虚"之德，主要表现为要求学生虚心向学，这一切入口体现了"贴近学生实际生活情境"的课程内容选择原则。例如YW3s17《孔子拜师》讲述孔子在自己治学已经"远近闻名"之时，还"风餐露宿""日夜兼程"，去"相距上千里"的地方找老子拜师求学的故事，体现了孔子谦虚好学、孜孜以求的治学精神。PD2s9《你棒我也棒》和TPD3x2《不一样的你我他》引导学生秉承谦虚之心，正视自己的短处，承认并欣赏他人的优点与贡献，相互尊重、相互学习。这些选文都表现了"知之为知之，不知为不知，是知也"的谦虚向学精神，教导学生言行谨慎，不夸大自己的知识和本领，秉持谦虚的学习态度。

明智是一种理性德性，引导学生在诸多可能的行为中作出正确的判断、思考与选择。教科书中明智这一德目涉及三个层面。第一，明是非、别善恶。例如：PD7x1《珍惜无价的自尊》引导学生明辨是非，为维护自我尊严抵制不良诱惑，培养诚实、勇敢、无私、正直等美好品德。第二，识利害，通变化。秉持长远目光洞察事物本质，对事物变化发展有正确认识。例如 YW7s8《白兔和月亮》通过讲述白兔得到月亮前后，"心旷神怡"与"紧张不安心痛如割"的情绪对比，表明拥有不配拥有的东西，会变成物的奴隶，生出无穷的得失之患，赞扬了小白兔不为眼前利益所蒙蔽，能看清事物本质的智慧。第三，善于知人、自知。例如：PD3x2-1《不一样的你我他》引导学生在了解自己特点的同时，懂得观察他人身上的闪光点，意识到每个人各有不同。

对于"敬业"精神，教科书中主要集中展现学生对学习的专心致志、心无旁骛，表现出同学生实际生活紧密相连的特点。历史教科书中 TLS9x7《近代科学与文化》、LS9s14《"蒸汽时代"的到来》通过引导学生了解先贤的思想著作和伟大的发明创造，从中学习他们刻苦钻研、勤奋向学的敬业精神。思想品德三年级上册第二单元《我在学习中长大》用一个单元引导学生树立积极好学的心态，传递出中国优秀传统文化中"专心致志以事其业也"的敬业精神，引导学生由好学到乐学，凡做一件事，便忠于一件事，将全副精力集中到这件事上，做到心无旁骛，全身心投入并从中发现乐趣。

（二）教科书发扬勤劳勇毅、自尊自信、自立自强的主体自为意志

在中国历经沧桑的历史长河中，无论是安邦定国、抵御外敌，还是变法革新、谋求发展，自立自强、锐意进取的主体自为精神贯彻始终。在当下的社会大变革中，不满足于现状，不断改革进取以顺应时代变化，以开创之势发展自我、建设社会的意志与精神，具有巨大的积极意义。就个人层面道德而言，主体自为意志由低到高的层次分为勤劳勇毅、自尊自信、自立自强、积极进取等德目。

教科书强调现代社会对"勤劳"美德的尊重与赞美。"勤劳"

是中华民族为世界公认的传统美德，教科书表现了当代社会中人们对勤劳美德的高度赞扬与对劳动人民的尊重。例如 TYW2s2-4《田家四季歌》、TYW8s17《中国石拱桥》、PD2s6《秋天的收获》通过引导学生体会劳动人民用勤劳的双手为社会发展和我们的美好生活所作的贡献，激发其对劳动人民的尊重与热爱，对勤劳品质的歌颂与向往。

教科书中对勇毅一目的诠释分为三个层面，第一，不惧危险的勇毅精神。例如 YW5x12《半截蜡烛》通过伯诺德一家凭借智慧和勇敢与敌人展开惊心动魄的斗争的故事，表现他们遇到危险沉着、机智、勇敢的可贵精神。第二，正视自身错误的勇敢精神。例如 TYW5s6《将相和》引导学生体认廉颇勇于认错、知错就改、负荆请罪的精神。第三，遇到挫折迎难而上的勇气。例如：PD7x6《为坚强喝彩》一课从"寻找坚强的意志品质的作用"活动开始，引导学生认识坚强的意志对坚持正确的人生方向、走出失败的阴影、形成良好的学习习惯、成就一番事业所起的积极作用，鼓励学生树立磨炼意志的信念。

"自尊"一目在教科书中的表述体现在三个层面，第一，自尊以自爱为前提。例如 TPD7s9《珍视生命》、PD4s1-3《呵护我们的身体》等课文引导学生对自我身体健康的关注与珍视，是自尊自爱的表现。第二，自尊的相互性。例如 TPD6x1《学会尊重》让学生认识到自尊带来的快乐，引导他们在尊重他人的过程中体验被尊重。第三，自尊是人格的自我坚守。例如，YW4x7《尊严》讲的是石油大王哈默年轻时，坚持不接受施舍，用自己的劳动换取食物的故事。赞扬了哈默身处困境，仍然坚持维护个人尊严的精神。中国自古讲究谦虚，因此在自尊自信的德目中反复强调警惕自满，所谓"自视太无用，则必受无用之累。自视太有用，又必受有用之累"（《修慝余编》）。教科书中对"自信"的刻画也体现了这一点，一方面鼓励学生树立自信。例如：PD7x2《扬起自信的风帆》通过罗丹塑像的故事和"我能行"的填写活动，帮助学生养成悦纳自我、积极向上、自信的愉快心态。另一方面告诫学生自信以自知自谦为前提。例如：PD7s4《欢快的青春节拍》警惕学生正视自身缺点，避免盲目自信。

教科书中"自立自强"一目深刻诠释了传统文化中"不怨天尤人，反求诸己"的自强品质。教科书通过暗喻托物言志，例如YW2x3《笋芽儿》中的笋芽凭借自己奋发向上的精神钻出地面，勇敢地"脱下一件件衣服，长成了一株健壮的竹子"，表现对笋芽儿自立自强精神的赞颂。教科书通过人物榜样突出自强精神的可贵，例如：PD7x4《人生当自强》通过小涛身患疾病、独立自强的案例说明自强会带给人希望与进取的动力，再通过了解詹天佑、林则徐、戚继光、郑和等历史上自立自强的典范经历，说明自强品质对于成功的重要意义，引导学生明白苟安者弱、拼搏者强、自强者昌、自弃者亡的道理，战胜自我的弱点、树立自强自立的精神。

上述"德目"在教科书中的传承最大限度地遵循其在传统文化中的本意，这些道德精神蕴含着普适性价值，无论是在传统社会还是在现代社会，对个人的生存与发展，对社会的进步与繁荣都具有积极意义。在教科书中通过故事、活动、阅读材料、历史事件正面渗透，借由这种直接而鲜明的呈现方式延续传统。但在传统文化的个体道德方面，更加重视主体自律精神的恪守。虽然经典著述中蕴含许多主体自为精神的思想，但由于中国古代保守内向的民族气质，整体上压抑了中国人竞争外拓、求变求新的意识。但在教科书中，关于主体自为精神的篇目远远多于关于主体自律精神的篇目，这是由现代社会需求决定的。然而，这并非现代社会对主体自律精神的忽视，而是在竞争、变革日益激烈的时代，个体在坚守自律道德底线的同时，寻求更高层面的发展型道德是实现个人价值、推进国家进步的必然选择，关于这一点将在下文中着重论述。

## 二 教科书中个人层面道德形象的新释

如前文所述，大多数优秀传统文化精神中普适性价值与时代性价值交织，因此在传承中需结合时代背景对之进行改造。"新释"指在时代精神关照下对传统观念和思想再度理解与表达，进而完成旧观念的"时代性生成"，主要包括传统观念在现代语境下"度"的把控、传统观念在现代语境下"义"的新释。

(一) 传统观念在现代语境下"度"的把控

教科书在传承传统思想中的观念时注重"度"的把控，以更适宜于现代社会与中小学生的阶段性特征。

"谦虚"而不自贬，谦让而不丧失竞争意识。在传统文化的道德体系中，充满克己自省、保守内求精神的渗透，这些精神在当下物质、经济社会中，对个体远离诱惑、修身养性有可贵价值，但如不注重尺度的把控，容易滑向极端，抑制符合现代社会需求的积极人格的生成。中国传统文化中的自谦之德要求个体的自我减损，做到有功能忘，有劳不伐，在意志上克制欲望与冲动，具有明显的自抑性，在人际交往中自觉隐藏和回避自身优势或成功的态度与行为。[1]在当下的价值观中，自谦作为一种美德仍然受到提倡与颂扬，但讲究秉持自我节制的心态，注意分寸、求取恰如其分的自谦状态，自谦主要在于防止拥有众物后的骄傲自满倾向，而不是过多地隐藏自我，并不反对反而提倡积极地展现自我，更提倡充分认识与评价自我。因此教科书对"谦虚"一目的诠释一方面肯定"谦虚"的价值，例如TPD3x2《不一样的你我他》引导学生秉承谦虚之心，正视自己的短处，承认并欣赏他人的优点与贡献。另一方面，对"谦虚"之德的传承还注重对"谦"的度的把握，传统文化中"不敢为天下先"的过度谦虚阻碍进取精神的发扬，教科书中传承的谦虚则要求明确谦虚的界限。例如TPD3x2《不一样的你我他》要求学生在看到自己短处的同时，更要认识到自己的长处，并积极正面肯定与展示自己，鼓励开展正当竞争，避免过度自谦成为自贬；PD2s9《我棒你

---

[1] 胡金生、黄希庭：《自谦：中国人一种重要的行事风格初探》，《心理学报》2009年第9期。

也棒》引导学生发现自己的优点，并"把发现的优点记录下来，读给你身边的人听"。引导学生对自己作出客观认识，从而使得学生在正确认识自我的前提下树立积极向上、自信的生活态度，以良好的心态悦纳自我、发展自我，建立正确的人生观和价值观。

"勇毅"是抗争挫折时的勇敢无畏，而面对危险时，"勇毅"需与"量力"同行。教科书对"勇毅"的诠释限定在"面对挫折"的情境下，例如YW6x4《顶碗少年》描写了一场扣人心弦的杂技表演，少年顶碗失败之后，"不失风度微笑"，"镇静下来"，表现少年面对失败的镇定与勇敢，少年最后终于稳住了碗，全场报以热烈的掌声。选文宣扬少年不畏挫折、不怕艰难、勇担压力、敢于拼搏的勇毅精神。中国传统文化中的"勇毅"与"道义"相连，推崇舍己为人的奉献精神，将自我价值的实现与他人、社会与国家的利益结合起来，鼓励勇于行义、见义勇为。这在当下社会仍是一种崇高的道德追求，但考虑到中小学生能力的局限性，教科书并未正面提倡学生"面对危险"时的见义勇为行为，而倾向引导学生在保障自身安全的同时，选择安全有效的方式同不法行为作斗争或参与救人救灾等。PD8x3《生命健康权与我同在》有这样一个案例：当三个不习水性的同学遇到他人溺水，王明不顾个人安全跳入水中救人，却同溺水者一同在水中挣扎；徐文因为不会游泳，于是扬长而去；钟平、黄晓芳一边呼救，另一边找来三米木棍救人。教科书通过对这三种做法的展现，引导学生对见义勇为行为的尺度把握。TPD8s5《做守法的公民》明确指出："见义勇为是全社会褒扬和敬佩的高尚品质"，但由于未成年人身心尚未成熟，"要在保全自己的前提下，巧妙地借助他人与社会的力量，采取机智灵活的方式，同违法犯罪行为作斗争或保护国家、集体和他人的人身、财产安全"。

（二）传统观念在现代语境下"义"的新释

教科书将新的时代元素融入传统道德观念，使之更符合现代社会生活。传统"节制"观与环保意识相结合，强调对"物欲"的控制。立足现代物质经济社会的特征，针对现代人身上物欲膨胀、精神空虚的病症，通过描述现代人类面临的环境与生态危机，呈现不节制地开采自然资源引发的灾难，从反面告诫学生节制的重要性。例如 TYW6s18《只有一个地球》中阐明了人类"只有一个地球"，且自然资源有限的事实，呈现地球环境被随意毁坏、资源被不加节制开采的现状，呼吁人类有节制地利用资源，保护地球。将传统"知耻"意识融入社会主义荣辱观。例如：PD9-8《投身于精神文明建设》引导学生树立以"八荣八耻"为主要内容的社会主义荣辱观，对"知耻"一目作出现代性诠释，引导学生明确危害祖国、背离人民、愚昧无知、好逸恶劳、损人利己、见利忘义、违法乱纪、骄奢淫逸即为"耻"，以此为戒，有益于他们在纷繁复杂的文化中把握正确的航向。自尊非"类"的优越感，自信以自知自谦为前提。中国传统文化认为"自尊"源于人在天地万物中的至高地位，即"类"的尊严感与优越感。而教科书中诠释的自尊是对自我尊严的坚守与价值的认同，这种自信并不涉及人类比其他物种高级的认知，相反教科书中再三强调人与万物平等的观念。例如 TPD7s9《珍视生命》明确指出"植物、动物与人类一样都有生命，我们要关爱、善待植物和动物"。

  以上对传统观念在现代语境下"度"的把控、"义"的新释，并不是对传统文化权威性与合法性的冲击，而是在传统与现代之间架起一道桥梁，使传统文化在现代文化浸润下，保持延续过程中的不断纳新。与坚守传统文化的连续性逻辑不同，这是一种更为积极与批判性的传承方式，它不是对原义的简单复写与再现，而是通过主动界定与描述使之呈现出合乎时代需求的意义，这是人类对传统的创造性阐释过程，是人类精神的自我反思。

### 三　教科书中个人层面道德形象的超越

  所谓"超越"是教科书在现代社会需求的感召下，对传统道德形象的返本开新。突破传统文化的时代局限性，积极吸收纳入新思想的过程，对自我传统文化的再审视。一方面，借力时代之手，吸收外来文明与现代文明，从而补充传统文明的弱势。另一方面，在特定的历史背景下，一些如今看来具有一定价值的思想观点却不符合当时的社会性质，或被压制，或昙花一现泯于文化历史的长河中。教科书需对这些文化传承过程中断裂的思想精髓、被主流思想埋没的潜在价值和文化遗珠进行再发现与再开发。总体而言，这是教科书对传统文化中个人层面道德形象的超越性建构。

教科书对传统文化中个人层面道德形象的超越性建构主要表现在从传统的生存性道德到教科书中的发展性道德，从传统的约束性道德到教科书中的享用性道德两个方面。

（一）从传统的生存性道德到教科书中的发展性道德

人的生存性道德指保障个体生存以适应社会的德性，例如：持节、节制、廉洁、勤俭、知耻、勇毅、谦虚等美德。人的发展性道德指有益于个体自我实现与社会发展进步的德性，例如：刚健有为、探索精神、独立自主、追求真理的科学精神以及创新意识。优秀传统文化的道德形象体现了"生存性道德"的倾向，而当下教科书中对其的刻画更偏重呈现其"发展性道德"的一面。

1. 生存与发展出于道德对不同生命形式的追求

对不同生命形式的追求衍生出对不同层面道德目标的追求，"生存性"道德与"发展性"道德的区分则由此而来。

（1）生存性道德是对生命"向死性"的应答

生命是向死的，这意味着物质上肉体的腐蚀与消解和精神上自我意识与感觉知觉的消亡。在万物均以循环往复的方式运动的天地间，作为个体的人，却终其一生沿着无法回归、不能循环的生命轨迹直线展开运动，就是向死性的内涵所在。[①] 在中国传统文化思想中也有关于生命向死性的解说，《淮南子·精神训》中有"生，寄也；死，归也"之说，意指生似暂寓，死如归去，表现出对生将必死的

---

① 方蕾蕾：《道德教育的使命：对人之依附性生存的超越》，《中国教育学刊》2017年第7期。

泰然无畏；孔子在《礼记·祭义》中说"众生必死，死必归土"，承认死之必然，生死都是自然大道的运行，不由人的意志为转移。正因为人的生命是"向死的"，因此谋求生存是人类自诞生起就具备的天赋秉性。

总体而言，人类创造一切东西的伊始从主观上而言都是为了生存，包括道德。道德的产生源于人对生存的渴望，对道德的追求源于人对更好生存状态追求的渴望。在原始社会中，人类知识与技能尚且处于萌芽阶段，对自然的认知与改造能力薄弱，孱弱的人类必须"以群体的联合力量和集体行动来弥补个体自卫能力的不足"①，共同抵御自然界的威胁与猛兽的侵害。于是产生了原始社会初始关于采集和狩猎、分配食物、团结协作、公有平等的规范纪律与意识观念，用以约束共同体成员的言行，这些为了生存、生产而萌芽的共同意识保障集体的稳定性。我国封建社会的国家组织形式与社会结构都未跳出氏族社会中血缘亲情的圈囿，包括封建社会乃至以后的中国，上至国家统治、下至普通百姓的人际交往，都始终以血缘为纽带。这不仅体现在皇权的继承严格遵循父子相传，也体现为统治阶级乃至整个社会的权益分割都以家族为单位。由这种天然的血亲关系自然而然推演出"孝""悌"为本始的天赋秉性（仁、义、礼、智），血缘维系的人与人以及人与社会之间的关系，也必然依靠"温情脉脉"的伦理道德而非冷酷的法律来维系与协调。道德通过协调人与自然、人与社会、人与自我的三大关系，最终实现人的自然（肉体）生存、社会生存和精神生存。如果说在原始社会规则主要实现了人的自然生存，那么在后续的奴隶社会、封建社会中，由最初基本规则演变而来的道德准则则进一步影响着人的社会生存。在中国的封建社会中的道德呈现出"生存性道德"的倾向，就个体来说，克己自省以保证在封建统治下安稳度日，对人亲切和善以保证自身在宗族血缘系统中收获良好的人际关系。对国家而言，一心训诫人

---

① 《马克思恩格斯选集》第4卷，人民出版社2012年版，第29页。

们成为忠顺的国民，只为维持政权的稳定。

（2）发展性道德是对生命"超越性"的追求

然而，人类的生存与动物的"活着"不同，动物的生存只是简单且重复、本能且低级、缺乏"进取精神"的、"知足常乐"的生命活动。因而动物维持生存的需要是封闭的，人类则不同，人类的生存是分层次的。如上所述，人的生存分为自然生存、社会生存与精神生存。自然生存是生命的自发状态，是维持基本生理需求，确保肉体和生理机能在自然中的保存与繁衍的生存；精神生存是人在自我精神世界、意义世界与审美世界中的存在，是最高层次和最高境界的生命自由状态；社会生存是生命的自为状态，是较高层次的生存方式和状态，是人通过获得社会资源（物质资料、知识、地位、权利、人脉）和获得他人关照（事业、家庭、道义、情感），从而在生活（世俗）世界得以实现的生存，这种生存是人的肉体和精神在社会关系中的双重存在。自然生存是前提与基础，社会生存是丰富与提高，精神生存是升华与完善。

马斯洛需要层次理论充分解释和证明了人的存在，除了有基本的生理与安全需要之外，还有社会需要、尊重乃至自我实现等超越纯粹生存的需求。生存的需要对于动物而言是封闭的，但对于人而言，欲望、理想与追求则决定了人不仅有对生存的需求，还有对发展的需求，这种需求是开放的。某些特定历史时期的需要在实践过程中不断地实现，同时也催化出更高级别的需求。这种现实性和可能性之间不断循环往复地递进式转化，决定了人类的生存过程是一个不断的自我超越的过程，[1] 发展性道德即是对生命"超越性"的追求。发展性道德从三个方面作用于个体对生命的"超越性"追求。

第一，超越纯粹生存的优雅生存。人的生存不同于动物只求维继的一般意义上的生存，而是优雅的生存。优雅的生存意味着，除

---

[1] 韦汉军：《理性与生存超越》，《学术论坛》2002年第5期。

了满足基本动物性需求以维持低层次生存之外,还需在"活着"的前提下不断追寻更高层次的物质与精神需求。因而"要保证优雅地生存,需得人具备发展性"①。发展性道德意味着个体不满足于仅仅修炼那些廉洁、勤俭、知耻、谦虚等内敛的、使之成为"好人"的道德,而且还要在此基础上发扬那些外拓的、更为积极的,如乐观向上、刚健有为、自强自立、创造革新等使之成为"优秀的人"的道德。从而在不断追求身体素质、求生技能、性格心态的发展中,赋予有限的生命时长安定、富足、合宜的生活状态。

第二,自我价值的实现。发展性道德不仅仅具有维护社会与政权稳定的社会性价值,也兼具不断追求个体自我实现的个体性价值和在自我实现过程中推动社会进步的社会性价值。

第三,内心世界的充盈。发展性道德促使人跳出自我保存的自然属性,给生命存在的价值赋予更为崇高的意义。动物生存的全部意义与价值在于"活着",而人除了有保全自我生命的需求之外,其生命的价值还在于对他人、社会、国家的责任与义务。因而超越性道德甚至促使人选择牺牲自我、奉献社会以遵循自我的价值观、维护内心世界的秩序。

2. 教科书对传统文化中个人层面道德形象的发展性挖掘

中国典型的农业化社会世代相传、历久不变,这形成中国人顺乎自然、行呼自然的人生观,他们把自然界与人事界的种种安排都视为天经地义,很少想到改变。这属于闭固型的人格,与现代社会的"流动性人格"相反,它具有对新环境重新调整"自我"的能力。传统人格偏于重俗、被动缩闭,自知自足,倾向于孤立、默从与惰性,鲜有主动"参与行动"。② 教科书对传统文化中个人层面道德形象的发展性挖掘表现在德性目的、德性意志和德性内容三方面。

---

① 方蕾蕾:《道德教育的使命:对人之依附性生存的超越》,《中国教育学刊》2017年第7期。

② 金耀基:《从传统到现代》,中国人民大学出版社1999年版,第38页。

（1）教科书在德性目的上趋于个体意义的强化

中国传统文化中的道德精神在很大程度上表现出个体意义的消解，道德修养的目的与价值大多指向维护统治阶级的政权稳定与国家的安定团结。在传统道德的意义世界中，群体利益至上，个体生命的意义通过为群体的和谐绵延所作贡献的程度得以诠释，最终通过"名"作为个人的终极报偿，个体走向通过对群体贡献以求得"名"，再以"名"求不朽的个人意义世界。个体意义在群体意义的遮蔽下被弱化与消解，个体遵循道德的目的一方面源于不敢对"天意"的忤逆，人们将纲常礼教视为永恒不变的道德规范加以信奉，严苛的自我检讨和约束，养成顺从、牺牲、不求个人权利的圣人之德；另一方面，道德成为权力上层集团利用天的权威建立等级制度、维护统治的手段，人们只有无条件地遵从众多繁杂的纲常礼教才能保全生存的完整与顺遂。然而，人的向往和行动因为意义的存在而生动，建立个体意义是促使人类在有限的生命追寻无限的道德境界的关键。教科书将对德性的追求目的立足于追求自我实现的个体性价值之上，强化道德主体的内在动力。主要表现在以下三个方面。

第一，德性的实践与追求引发道德主体内心的安宁与满足。教科书强调道德的精神享受意义，突出当个体的外在行为符合内心的道德原则时，内心的宁静和快乐、充盈与慰藉，从心感受到的幸福与满足感。教科书以选文中涉及的主人翁为载体或通过引导学生亲身参与道德行为，体会在追寻道德境界的过程中获得人之本真的自我确证，探寻到自我的意义感与崇高感，强化这种在实践与追寻道德的过程中达成的人心与精神的满足、愉悦与幸福的正向情绪体验。例如 YW4s10《幸福是什么》一文讲述三个牧童开沟引水，砌井加盖，最后发现奉献他人就是幸福的真谛的故事，强调"有了泉水，树木茁壮成长，人畜可以随时饮用。他们为此感到快乐"，突出奉献他人带来的自我成就感，强调因自己的劳动给他人带来益处而获得的幸福感。YW4x5《中彩那天》中通过对不诚实时的"神情严肃""看不出中彩带给他的喜悦""闷闷不乐"，与诚实之后的"特别高兴"等情绪体验的描写，表明"一个人只要活得诚实，就等于有了一大笔财富"，诚信是一笔可贵的精神财富，它可以为人迎来人情和道义、真正的朋友和心灵的宁静和快乐，这是金钱所买不来的。

第二，德性的实践与追求为道德主体带来的外在认可与赞赏，个人社会关系的融洽与社会地位的提升。学校是中小学生人际交往的重要场所，学生的社会认同主要表现在人际交往上。换言之，教科书中故事、选文、案例刻画的具有良好道德品质的正面人物都展现出受人尊敬、信赖、认可的特质，以此暗示个体的良好品性可以为之在人际交往中树立良好的道德印象，赢得认可、喜爱与尊重，建构良好的人际交往关系。例如：PD7s1-1《珍惜新起点》的设计意图在于引导学生发挥德性的人际交往功能，迅速融入新机体，建立归属感。学生在进入初中之后，面临新的学校环境与班级环境，如何在新环境中克服陌生感，体验快乐的学习生活，很大程度上取决于与班级同学相处的友好与否。"彩虹的魅力在于它的七彩光彩，班级的魅力在于我们每个人的独特性。当每个人都把自己的智慧和热情贡献给集体的建设时，班集体就会成为一道亮丽的风景线，展现出彩虹般迷人的色彩。"本课引导学生积极发挥自信、奉献、包容、欣赏的道德品质，以赢得大家的喜爱，从而融入集体，为自己与他人营造良好的成长氛围。

第三，德性的实践与追求引领道德主体达成目标，实现自我价值。教科书强调道德实践的勇气和力量是道德主体终身受益的精神财富，使学生意识到道德发展与人格完善能引领个体开启人生的成功之旅，与事业的成功、自我价值的实现紧密相关。教科书只有以个人渴望人生幸福与自我实现的可持续发展需求为依托突出道德的个体价值，引导学生在充分尊重个体自我需要、自我发展的基础上提升德性，才能真正激发个体道德修养的自觉性与主动性。例如YW1x29《手捧空花盆的孩子》讲述一个孩子因为"诚实"这一可贵的品质，赢得了国王的青睐，成为他的继承人，表现出"诚实"

对自我实现的价值与意义。YW5s13《钓鱼的启示》记叙了由于离捕鱼开放的时间还差两个小时，爸爸让"我"把好不容易钓到的鱼放回湖里的故事，通过这个故事讲述一个道理："一个人要是从小受到严格的教育，就会获得道德实践的勇气和力量。"正是这样严格的道德教育，使得"我"获得终身受益的精神财富，"转眼间三十四年过去了，当年那个沮丧的孩子，已是一位著名的建筑设计师了"，作者从自身成长经历中深刻地体会到，正是由于这些可贵的精神财富，使"我"在面临道德抉择的时候有坚定的信念战胜自我，这也是"我"34年后能成为著名建筑设计师的重要原因。体现出道德发展与人格完善引领作者开启人生的成功之旅，取得事业的成就，实现自我价值。

（2）教科书在德性动机上弥补动力性匮乏弱势

在中国的传统文化中，人的恶都被归结为追求自我满足的私欲，因而个体安身立命的道德追求表现出抑制自我以显扬群体的特征，讲究克己自制，强调对规范、礼仪的恪守。这些道德条目多是有益于个体生存的言行规范与约束，是对人性与欲望的抑制而非张扬，多向内战战兢兢地反省和内敛，少鼓励向外进取与征服的积极因素。主张将个体价值的实现落实在维护群体生活的秩序之中，在德性动机上表现出动力性匮乏的特征。虽然传统文化中也有自强不息、刚健有为、弘毅等道德意志要求，但是仍然无法遮蔽其总体上对个人道德意志的抑制、消解与泯灭从而导致道德精神内在动力的匮乏。意志指人有意识地确定目标，并根据所确定的目标不断地调节与支配行动，并通过各种策略克服困难以达成目标的心理过程。[①] 意志是一种调节行为的精神指引和心理动因，作为个体精神的官能性，也就是在外界刺激下作出反应的主体动力源，非但不与德性相抵触和分离，反而是道德品质的动力核心和精神内核，是德性精神运动所

---

[①] 袁阳：《觉醒的迷失——中国传统理性精神的觉醒过度与中国文化的"主静"》，《社会科学研究》2004年第2期。

必不可少的品质。传统文化中的伦理道德要求个人无欲无求，全无内在欲求与生命冲动，全无追求自我幸福的愿望。由于意志与个体的内在欲求联系紧密，是欲望的精神表现，没有欲望意味着没有追逐与向往的目标，意志根本无从附着，表现出德性动机的动力性匮乏特征。

教科书对个体层面道德形象的刻画中，突出自立自强、积极进取、探索创新等向外开拓的意志品质，激发个体的德性动机。例如PD9-7《关注经济发展》围绕小严依靠知识、技术自主创业的案例使学生明确，当下社会高度尊崇人才及有益于国富民强的创造精神和创造性劳动，为创业成才提供了良好的社会环境。旨在培养学生开拓进取的精神，鼓励他们发挥自身才能，在良好社会氛围中大展拳脚，努力追求自身利益和个体价值的实现。教科书反复强调当下肯定与鼓励个体积极进取以追求个人利益的社会环境，超越了传统文化中只重内心品质、不重物质追求，将个体利益消解于群体利益的价值苛求。YW4x25《两个铁球同时着地》讲述了年轻的意大利科学家伽利略挑战权威、寻求真理的故事。伽利略对受人信奉的哲学家亚里士多德提出的理论产生了怀疑，并通过严密的推理和反复实验证实了自己的怀疑，他选择在世人的抨击下勇敢地走上比萨斜塔，用事实验证了真理。文章宣扬的不迷信权威的独立人格和执着追求真理的求实精神是我国内求、保守、求和的文弱民族性格中少有的，是当下教科书对传统文化道德形象德性动机匮乏弱势的弥补，是对传统的重构与超越。

（3）教科书在德性内容上由保守内省到向外开拓

在谈及传统文化道德形象的德性动机匮乏特征时，曾讨论过传统文化重保守轻开拓的特征。与西方道德主动、竞争、外向的开放与发展取向大相径庭，中国优秀传统文化中的个人层面道德在内容上呈现保守内省趋势，具有道德人格的内倾性结构，表现出克己、内求等基本特征。一方面，这种克己特征表现为尤其强调个人品质的修养。从忠、恕、孝、悌、慈、廉、耻、节等基本层次的处事规范，到仁、义、礼、智、信等高层次的道德原则，都是针对个人品质而言。另一方面，还表现为对人对事上讲究不争。中国传统文化道德倡导在利益面前谦抑不争。在与人有所分歧、产生争执的情况下，选择自我克制、不予计较。如"君子矜而不争"（《论语·卫灵公》）"君子无所争"（《论语·八佾》）"犯而不校"（《论语·泰伯》）都是对不争这一品质的推崇。

教科书对传统文化个人层面道德形象的发展性挖掘主要体现在德性内容的选择上，除了继承传统文化中持节、节制、勤劳等重视自我克制与要求的德性，加大积极进取、探索创新等外求型德目的比重，具体而言表现在对自我突破精神的重新刻勒，强调自立自强、积极进取的自为之德；不断寻求生命的外拓之路，突出探索、求实、创新的科学精神两个方面。

第一，自我突破精神的重新刻勒：自立自强、积极进取的自为之德。

在中国优秀传统文化中，不乏"天行健，君子以自强不息"的自立自强、积极进取精神。这是传统文化道德中少有的发展性道德之一，但是在中国封建社会专制的政治气场、保守中庸的文化氛围中，集体主义价值取向对个体价值的消解，使这种积极进取的有为精神被一定程度弱化，形成中国整体文化气质上的"主静"特征，正如李大钊所说："相较于西方文明的积极与突进，东方文明是消极与保守的。"① "真理必须一次次被重新刻勒，而且使之适应当下时代的需要，如果这种真理不总是不断地重新创造出来，他就会完全被我们遗忘掉。"② 作为文化传承的载体，教科书对中国文化历史中被弱化的自为之德的重新刻勒，是对其进一步的认识与发扬，和顺应时代的改造与提高。通过分析，教科书中自立自强、积极进取的

---

① 李大钊：《东西文明根本之异点》，《言治》1918年第7期。
② ［美］阿尔伯特·爱因斯坦：《爱因斯坦文集》第1卷，许良英、范岱年译，商务印书馆1978年版，第84页。

自为之德主要分为四个层面。

首先，发扬自立自强精神，包括 TPD2x13《我能行》、PD7x4《人生当自强》、YW6x3《桃花心木》等课文，或通过故事蕴理，或借物喻人，或通过文字引领向学生传递自立自强的精神。例如《桃花心木》中的种树人反复强调树木要想茁壮地成长，必须要让树"自己学会在土地里找水源"，只有这样"拼命扎根的树，长成百年的大树就不成问题了"，否则"根就会浮在地表上，无法渗入地下"，"幸存的树苗，也会一吹就倒"，这些话语通过一位种树人的种树方法折射出人生哲学，说明了在艰苦环境中经受生活考验、克服依赖性，树立自立自强的独立精神对人成长的重要意义。

其次，秉持迎难而上、遇事敢"争"的精神。这一层次涉及面对生活中的困难、面对民族压迫的困境和面对自然的挑战三个方面。"面对生活的困难"有 TYW4s17《爬天都峰》、YW5s14《通往广场的路不止一条》等文，引导学生明确永不放弃的顽强意志可以帮助人克服困难、冲破艰难险阻。"面对民族压迫的困境"有 YW7x8《艰难的国运与雄健的国民》、TLS8s17《中国工农红军长征》、TLS8s23《内战爆发》等文，表现出中华民族在反抗侵略战争中的骁勇善战，与传统文化中诠释的和平文弱、忍让求和的民族性格相出入，表明中华民族虽然不主动侵略，没有崇力好斗尚争的价值倾向，但倘若有外敌进犯，仍然不留余力、奋起反抗。这些篇目的选择勾勒出更加立体的民族性格，是对传统文化中个人层面道德形象的丰富。"面对自然的挑战"有 YW7x22《在沙漠中心》、YW7x23《登上地球之巅》、TYW8s22《愚公移山》等文。战胜自然的精神在我国传统文化中是匮乏的，中国传统文化在人与自然的关系上讲究和谐、天人合一。认为人是自然的一部分，是自然系统中的一部分，应当服从自然的普遍规律。在教科书中选取这些篇目意在说明，人一方面要遵循自然大道，另一方面也可以通过科学不断探索、发现与改造自然，使得自然成为"人的精神的无机界"和

"人的无机的身体"[①]，更好地与自然和谐共存，在更高阶段上形成人同自然界的统一，这种统一是"人同自然界完成了的本质的统一，是自然界的真正复活，是人的实现了的自然主义和自然的实现了的人道主义"[②]。

再次，持有追求梦想与目标的不懈精神。传统文化在人与社会的关系上主张群己和谐，却又强调群重于己，导致个性自由被压抑、个人权利被消解，从而窒息了社会发展的动力。[③] 个人价值在集体价值的压制下被遮蔽，个人价值的实现依附于他人、社会与国家利益的实现，个体为实现自我价值而不懈努力的精神很少在传统文化中得到强调和赞扬。教科书超越传统文化中只重内心品质、不重物质追求，将个体利益消解于群体利益的道德苛求，旗帜鲜明地彰显了个体为追逐梦想表现出的决心和毅力，表达了对个体价值与意义的肯定。例如PD9－10《选择希望人生》引导学生怀抱梦想，即使在艰难的现实条件下，也不放弃对美好理想的向往和追求，即使迷茫失落也不失坚定的希望。教科书还多次通过"攀登科学高峰"的切入点表现"不懈追求"的精神，这在传统文化中较为罕见，是传统精神与时代背景的融合。例如YW6x18《跨越百年的美丽》讲述了居里夫人追求梦想、为科学事业奉献一生的故事，赞扬了居里夫人为了梦想坚持不懈、无畏献身的精神。

最后，保持生命积极向上的态度。教科书结合现代社会充满压力与挑战的特点，帮助学生明确：无论是个体还是群体，人在成长过程中常常会坠入低谷，生活中的挫折不断考验人的韧性与耐力，锤炼人的意志与生命力，无论在何种境地下都应不忘保有昂扬向上的生命态度，积极奋进，拼搏向上。此层次描绘出的生命状态不再

---

[①] 《马克思恩格斯全集》第42卷，人民出版社1997年版，第95页。
[②] ［美］阿尔温·托夫勒：《第三次浪潮》，朱志焱、潘淇、张森译，生活·读书·新知三联书店1983年版，第383页。
[③] 贾松青：《国学现代化与当代中国文化建设》，《社会科学研究》2006年第6期。

是中国传统文化中保守的、主静的、内求的形象，而是张扬的、外拓的、蓬勃的姿态。教科书致力中和保守的、主静的、内求的传统形象标签，展现现代人积极奋进、拼搏向上的文化性格。由此使在特定时代背景中被遮蔽与弱化的自为精神重新得以彰显，这是时代需求在教科书中的映射。例如 YW9x11《地下森林断想》满怀激情地歌颂了地下森林顽强不屈的生命力。幽谷在千万年沉寂之后，暗暗生长出"一片蔚为壮观的森林"，表现在极端恶劣的环境下，地下森林凭借顽强的生命斗志，突破黑暗和冰冷的禁锢而发芽生长并蔚然成林。

综上，教科书从凭借自己的能力解决问题的自立自强、遇到困难永不言弃、追求梦想与目标的坚持不懈、保持生命积极向上的昂扬姿态四个方面诠释了传统文化中的自立自强、积极进取精神，使得在特定时代背景中被遮蔽与弱化的自为之德重新在教科书中得以彰显。就个人层面道德来说，主体自律精神相较于主体自为精神在传统文化中更受重视，但在教科书中，通过道德内容呈现的数量比重差异，体现出强调主体自为精神的价值倾向。这是时代需求在教科书中的映射，换言之，是教科书在时代精神的引领下，通过主动筛选与组织，实现的对传统文化价值观的适应性调整，是对传统文化与现代社会特征难契合之"节点"的疏通。

第二，不断寻求生命的外拓之路：探索、求实、创新的科学精神。

中华民族一直以来都与自然保持着亲和的关系，追求人与天地万物的和谐共生。不同于西方热衷于征服与驾驭自然，中国人主张尊重自然、顺应自然，因而主动探索自然、改变自然的科学精神自然弱化了，对科学技术的重视程度不高。当时大部分知识分子终其一生投入科举仕途和经学义理的研习之中，弃儒从技被视为不齿的旁门左道，导致科学技术在中国文化中无足轻重的地位。一方面，科学技术的欠发达导致科学精神失去生长的土壤，得不到发展。另一方面，国民科学精神的匮乏反过来进一步导致科技行业的落后与被忽视。两者互为因果，最终导致科学精神的低迷与科学技术的萧条。尤其是隶属于科学精神和科学思想范畴中的创新精神，在当时的思维方式与文化氛围中更是难以萌芽。以宗法为经的人伦道德观、"反求诸己"的人生态度等阻碍了个人创造性的发挥。[1] 中庸之道主张温良恭俭让，它的本质就是扼杀人们的创造精神。[2] 教科书中涉及的科学精神是对当代人才需求的响应，是对传统文化中不适应现代社会之处的必然补充与强化。教科书中的科学精神包括探索精神、求实精神和创新精神三部分。

首先，教科书强调渴望追问未知的探索精神。中国古代将主要精力用于对伦理及政治哲学等人文科学的建立与研究之中，不重视自然科学的研究。我国传统文化中将"智"视为人生智慧，所谓"是非之心，智也"（《孟子·告子上》），加之儒家思想的独尊将伦理及政治哲学提升到极高的地位，以探求自然规律、创造物质财富为宗旨的科学技术自然被抑制。教科书对自然探索精神的重视，是现代人才需要在教育中的映射，是对传统文化局限性的突破。例如 TLS9x5《第二次工业革命》强调科学技术对推动社会进步发挥的巨大作用，学生从中认识到科学技术是生产力，进而树立善于观察、善于思考、善于提问的探索精神，积极投身到科学研究中去。

其次，教科书强调勇于抛旧立新的创新精神。中国封闭性、单向性和趋同性为特征的传统思维方式有"反创造性"的特征。作为人类生存与发展的手段，"创造"在知识经济时代特征逐渐凸显的今天，已经成为民族进步的灵魂和国家兴旺发达的不竭动力。教科书致力于克服中国自古重阐释与继承，不求创发的崇古思想，突破这种单向、封闭与趋同思维方式的束缚，对创新精神发出了急切的呼喊。例如 YW2x14《邮票齿孔的故事》中，阿切尔受到在邮票的连

---

[1] 黄克剑：《传统文化封闭性及其时代特质》，《光明日报》1986年5月26日第4版。
[2] 魏承思：《中国传统的思维方式和文化观念》，《文汇报》1986年4月8日第2版。

接处刺孔以便整齐撕开邮票的举动启发，发明了带齿孔邮票。这表明了每一个生活小细节中都蕴含着发明创造的契机，只要用心观察、积极思考，每个人都有发明创造的机会。TLS7s20《魏晋南北朝的科技与文明》通过引导学生了解魏晋南北朝时期的重要科技成果，从优秀历史人物和文化成果中吸收精神营养，学习与发扬创新精神。

最后，教科书强调实践检验真理的批判精神和求实精神。教科书中传递的实证精神与中国儒家传统中认为"天下不变的真理源于圣人内心所悟"的观念大相径庭，"这种观点不适用于现在的世界""科学的发展告诉我们，新的知识只能通过实地实验而得到，不是由自我检讨或哲理的轻谈就可得到"。[①] 面对迅速变化的世界，不盲目守旧、不听信权威，而要秉持怀疑求真的态度，把实践当成寻求真理的唯一途径。例如LS9s10《资本主义时代的曙光》通过引导学生了解文艺复兴时期的科技成就都是经过不懈努力而取得的，鼓励学生树立敢于坚持真理，勇于探索求实的信念和意识。YW9s14《应有格物致知精神》论证了实证精神的价值与意义，抨击了我国儒家文化中"内求"的精神，认为"从探察物体而得到知识"只能让人"适应固定的社会制度"，而不能"寻求新知识"。随后从科学发展历史的角度，表明自我探讨不能获取新知，而新知只能通过实验得到。以此引导学生对格物和致知有新的认识和思考，养成实验的实证精神。

综上所述，虽然认识与改造自然的科学技术在我国古代志于正道的学者眼中，只不过是有碍人修养的末业小道、雕虫小技。然而在当下的教科书中却选取大量篇幅从探索精神、创新精神、求实精神三个层面诠释科学精神。这是对历史上我国科学技术发展长期处于弱势局面的反思，反映中华民族正视文化传统中的弱势，并以新的姿态实现民族复兴的策略改进。这也是传统文化不断吸收新的文

---

① 课程教材研究所：《语文》（九年级上册），人民教育出版社2003年版，第111页。

化成果，整合与发展文化实体、逐步扩充其功能的过程。

（二）从传统的约束性道德到教科书中的享用性道德

"约束"与"发展"是道德的两个发展层次，发展建立在约束之上，而约束以发展为最终追求方向。

1. 从约束到享用是德性价值的本真回归

道德通过风俗习惯、舆论导向和良心评判调节人的言行举止以规范社会秩序，在此层面实现德性的"约束性"价值。德性的"约束性"功能取决于其本质是形成社会共同意志和落实该意志的手段。其内容包括长期社会生活实践中重复并固定下来的社会秩序与行为规范，这些道德规范通过"应当"和"不许"等戒律形式，以及"愿意"和"希望"等愿景形式，既否定又引导地约束个体的随心所欲、任意妄为，使道德活动"摆脱单纯的偶然性和任意性"[1]，趋于稳定与连续，从而维持社会生活的秩序与节奏。

然而，道德除了保障个体、群体以及社会之间种种关系的协调发展的工具价值，还有对道德主体而言的本体价值。当个体的外在行为符合内心的道德原则时，内心就会感到充盈与慰藉，感受到区别于动物的、人类独有的幸福与满足感。在追寻道德境界的过程中获得人之本真的自我确证，探寻到自我的意义感与崇高感。这种在实践与追寻道德的过程中达成的人心与精神的满足、愉悦与幸福，就是道德的个体享用价值。

无论从人类群体的生存发展还是个体的成长成熟来说，德性的"约束性"价值都是最为基础的价值。对人类群体来说，在早期整体性存在的社会关系中，个体必须与他人、社会、群体保持和谐关系才能得以生存，道德的价值在于保障合理的人际关系、稳定和谐的社会状态，从而满足个人与群体发展之需要。对人类个体来说，个体发展的初始阶段，道德意识的形成源于对惩罚的规避和对奖励的趋附，将有关是非好坏的社会准则和道德要求视为权威无条件服从。

---

[1] 《马克思恩格斯全集》第25卷，人民出版社2012年版，第894页。

因而，无论是个体还是群体，在其生存与发展的历史进程中，德性的"约束性"价值都具有发展顺序上的前置性和角色作用上的基础性特征。

虽然，无论是人类个体还是群体，在其生长与发展之初，道德都以约束性价值为取向，但是必然以获得享用性价值为进一步达成道德自主与自由的方向。就个体来说，道德产生源于奖励或惩罚的功利性（物质性）价值，但随着个体的充分发展，逐渐萌生对道德的需要，并在道德发展、人格完善中建构自由、快乐、意义的概念，实现自我肯定与提升，此时道德的享用性价值才得以充分彰显。就群体来说，虽然道德的产生首先发轫于保全基本生存的"自然需要"，但道德的意义远非如此。随着人类智慧与技能的升级，物质资料的丰富，以及人类精神境界与需要的提升，道德开始以生存性价值、约束性价值为主升华为以享用性、精神性等内在、深层次的价值为主。对道德的追寻成为人肯定、完善与发展自我的必要且关键环节，道德不仅让人成为适应社会生存、维护社会秩序、促进社会发展的好公民，道德活动与道德追求还使人获得自我肯定与满足、精神充实与享受。因此，道德的享用性价值是道德价值升华的必然走向，正如鲁洁所说，"从当代社会发展的实践来看，如若道德单单以有限的物质功利价值为最高准则，就必然会导致精神上的失落，道德上的危机"，"道德的精神价值与自我享用价值，是历史发展的必然趋势"。[1]

2. 优秀传统文化中个人层面道德的成己成物价值诉求

在中国传统文化的文化脉络和思想体系中，"道"指人类社会运转方式、规则秩序的本体规定及道德实践的总体原则。"德"指人们基于天道、人道基础上的自然本性之德和个体心性之德。[2] 可见道德

---

[1] 鲁洁：《试论德育之个体享用性功能》，《教育研究》1994 年第 6 期。

[2] 杨伟涛：《"道德"溯源：形上本体与德性价值的统一》，《深圳大学学报》（人文社会科学版）2009 年第 6 期。

包含内外价值的二重性,就中国传统哲学,尤其是儒家思想来说,用"成己成物"表述道德的价值诉求最为适宜。按照儒家思想来说,"成己"指成就自己,成就人自身,其核心是指道德主体通过修身养性不断修成和完善内在的美德,最终实现个人的至善存在,成为拥有美德之人,成为脱离"兽性"的真己,实现人的"至善"存在。① 道德的"成己"价值体现为对自身道德意识的呼唤,是对自我价值的肯定与确认,对自我发展与自我完善的追求与向往。然而,道德并非个体孤立的活动,中国古代社会尤其重视道德价值"及于家国天下",这就是道德的"成物"价值。换言之,为维护和谐有序的社会秩序提供担保是道德必然的外在价值。

然而,在"集体价值"压制"个体价值"的传统社会中,德性的"成己"诉求往往以"成物"为目的。"集体主义"是中国封建社会的鲜明标签,在那样的社会环境中,德性的价值在于维护一种整体性,这种整体性建构于人与人的依存关系之上,以对个体独立性的消解为前提。德性的价值体现在对这种整体主义的社会制度、社会规范与行为准则的维护上,抑制一切反叛与破坏整体性的言行思想。当时的道德修养意在"培养人服从、驯服、恪守本分的整体主义人格,消解以自主、自尊、个性自由为特征的独立性人格"②。与其说个人习得某些道德规范的目的是寻求人格的提升,内心的满足,源自对德性生活的企求,还不如说是为了规避规范的限制与惩罚,以达至社会的稳定与团结。《大学》中有"古之欲明明德于天下者,先治其国;欲治其国者,先齐其家;欲齐其家者,先修其身;欲修其身者,先正其心"③,可谓修身正心以成己,其最终目的还是齐家、治国、平天下。可见,在当时的社会背景下,德性的个体价

---

① 曹孟勤:《在成就自己的美德中成就自然万物——中国传统儒家成己成物观对生态伦理研究的启示》,《自然辩证法研究》2009年第7期。

② 鲁洁:《关系中的人:当代道德教育的一种人学探寻》,《教育研究》2002年第1期。

③ 方向东:《大学中庸译评》,凤凰出版社2006年版,第2页。

值尤其是个体享用价值受到一定程度的遮蔽。

3. 教科书对传统文化中个人层面道德的享用性价值复归

由上述可知，在很长一段历史时期中，我国的道德教育都较为注重外在价值和生存性功能，忽略学生人格提升的内在价值和内在需求。[①] 道德教育绝不能仅仅看到道德对人的约束性的一面，让受教育者不同程度地感到恪守道德规范是外在的限制和被动的牺牲。更应该看到作为价值理性的道德的指引性与享用性的一面。通过分析，笔者发现当下教科书在进行道德价值渗透时充分体现了德性的享用性价值。在分析的过程中，我们很难区分哪些德目内容是享用性的、哪些是约束性的，事实上，除了乐观豁达、热爱生活等具有显著享用性特征的德目之外，每种德目都有其内在的享用性价值，在德目内容上无法依照其是否具有享用性作二元区分。挖掘德性的享用性价值关键在于德性渗透的过程中注重道德养成与发展带给人精神上的愉悦和对个体价值实现的助益，而不仅仅使人感到掌握与遵循某种道德规范是约束、限制、牺牲与奉献。因此，基础教育教科书中对道德的享用性价值刻画不仅仅反映于在德目内容上强调乐观豁达的积极人格，更反映于注重在德目精神渗透的过程中注重个人的正向情绪体验，具体可分为三个方面，分别是教科书强调道德的精神享受意义、教科书强调道德的情感体验意义、教科书强调德育要素审美化。

（1）教科书强调道德的精神享受意义

个体的精神享受需求有明显的层次性，"第一层次是精神满足的需求，主要指自尊、人际交往等基本精神满足的需求。第二层次是精神消费的需求，主要指自我价值的认同与实现的需求。第三层次是精神愉悦的需求，主要指对人生价值、完美人格的精神需求"[②]。

---

[①] 冯光：《试析高校德育之个体享用功能的实现条件》，《思想政治教育》2004年第3期。

[②] 冯光：《试析高校德育之个体享用功能的实现条件》，《思想政治教育》2004年第3期。

依据上述三个层次关照教科书发现，教科书强调道德的精神享受意义主要体现在以下三点：一是教科书暗含道德的尊严建构价值；二是教科书展现道德的社会认同价值；三是教科书强调道德的自我实现价值。

第一，教科书暗含道德的尊严建构价值。德性的尊严建构价值属于享用性价值，只有当生存需要被满足的时候，人才会进一步产生尊严的需要。当下教科书对道德享用性价值复归的表征之一便在于，强调道德主体践行道德品质可为其赢得他人尊重与自尊。例如YW4x7《尊严》一课讲述石油大王哈默年轻落难之时，拒绝不劳而获，执意用劳动换取食物，最终赢得他人尊重、改变自己命运的故事。故事的结局，哈默凭借不卑不亢、自立自强的美好品格获得了镇长杰克逊的青睐，收获了财富和爱情。虽然教科书并未直言践行道德情操与获得尊重的紧密关系，但"一无所有的难民凭借尊贵的人格获得他人尊重""一介布衣借助威武不屈的品格捍卫国家尊严，最终被作为道德典范永载史册，被世人尊重与歌颂"的故事都暗含了道德的尊严建构逻辑。除此之外，"自尊"一目本身就是享受型的精神体验，并非生存性道德。所谓"倘若一个人还在为生存奔波，自尊则不是最迫切的需要"[①]。因此，教科书选用PD7x1《珍惜无价的自尊》、YW6s8《中华少年》、YW5x11《晏子使楚》等大量篇幅展现自尊这一德目，本身就体现了德性的享用性一面。

第二，教科书展现道德的社会认同价值。学校是中小学生人际交往的重要场所，学生的社会认同主要表现在人际交往上。换而言之，教科书展现道德的社会认同价值即教科书重视道德的人际交往功能。教科书通过故事、选文、案例刻画的具有良好道德品质的正面人物都同时展现出受人尊敬、信赖、认可的一面。例如：PD3x2-2《换个角度想一想》引导学生发挥积极乐观的精神，以正向的态度看待人与事。教科书中给出不同主体对同一人或事截然相反的正负评

---

① 何包钢：《自尊道德和尊严政治》，《道德与文明》2014年第3期。

价，接着通过一个问题——"设想一下，哪个同学的朋友多，在集体生活中感到更快乐呢?"引导学生体会道德的社会认同价值，从自我感受的角度使学生意识到"积极乐观"的处事态度，不仅使自己愈加包容、懂得欣赏，还会为自己迎来他人的友善、形成良好的互动关系，让自己变成"快乐的儿童"。PD7s6《做情绪的主人》更是直接指出保持积极心态，学会选择恰当的方式表达情绪，有益于学生在日益扩大的交际圈中建立融洽的人际关系。

第三，教科书强调道德的自我实现价值。只有在充分尊重个体的自我需要、立足个体自我发展的基础上发展德性，才能真正激发个体的自觉性与主动性，从而使人在不断获得道德人格的完善中获得精神上的满足与幸福。当下的教科书顺应时代发展的需求，旨在将道德的个人价值与社会价值有机地统一起来。立足个体渴望人生幸福与自我实现的可持续发展需求，引导个体在追求社会价值的过程中达成自我价值的实现，将"自我需要"转化成"体现社会需要的个人需要"，从而将两者结合起来。上文中提到的TPD2x13《我能行》、PD7s5《自我新期待》、TPD7s3《发现自己》都体现了对德性的自我价值实现功能的关注。例如：《自我新期待》中，引导学生树立自知之明、通达事理的明智之德，积极奋进的刚健有为之精神，激励学生以发展的眼光看待自己，树立远大的人生理想，对自己的发展与未来充满信心，不断完善自己以实现自我价值。

在传统文化中，个体践行道德品质的过程就是以社会规范为导向的自我反省、自我批评、自我修养的过程，德性的个体享用价值被约束性价值遮蔽。教科书通过暗含道德的尊严建构价值、展现道德的社会认同价值、强调道德的自我实现价值三条渠道强调道德的精神享受意义，是教科书凸显德性享用性价值复归的第一步。

（2）教科书强调道德的情感体验意义

教科书强调道德的情感体验意义，意味着强调人在道德关系中的情绪感受。即引导学生在实践道德行为时，由衷地体会到快乐、满足、自豪等积极情绪体验，从而引发内心对某种价值的认同。当下教科书注重道德的情感体验，一方面在德目内容上强调与情感体验紧密相连的德目——乐观积极心态的养成，引导学生以向上的态度对待一切事物，保持正向的情感体验。例如 YW6x9《和田的维吾尔》一文赞扬了维吾尔人在恶劣的气候下保持豪气与乐观的精神，表现出这里的人们"纵使生活再苦，感觉也是甜"的豁达乐观精神。另外，还有 TPD2x2《学做快乐鸟》、PD5x1－1《生活中的快乐》、PD7s4《欢快的青春节拍》等课文意在培养学生积极乐观的心态，虽然"不能改变已经发生的事，但可以用幽默改变自己的心情"[①]，只要"我们用心地把握自己，学会调节自己的情绪，用积极、乐观的态度对待生活，就会发现生活中充满着阳光与欢乐"[②]，引导学生保持积极、乐观、向上的情绪状态，"充满青春的朝气与活力，对未来抱有美好的期待与向往"[③]。相较于传统文化中着重强调的孝悌忠信、礼义廉耻，当下教科书选取大量篇目强调学生养成乐观积极的健康心理品质，这本身就体现了道德的享用性价值。

另一方面，教科书强化学生在养成德性时获得的正向情绪体验。使学生从给他人带来福祉的道德行为中感到自我满足与幸福；使学生从付出与奉献等有利于集体的思想行为中体验荣誉、尊重与自我肯定；使学生从自身道德理想与信念的实现中，获得内心的崇高感与幸福感，这是一种至高的精神享受。例如 YW3s4《槐乡的孩子》中有这样的描写："勤劳的槐乡孩子是不向爸爸妈妈伸手要钱的，他们上学的钱是用槐米换来的"，"孩子们满载而归，田野里飘荡着他们快乐的歌声"。虽然采摘槐米是辛苦的，但孩子们从中体会到劳动的快乐，突出勤劳、吃苦耐劳等品质带给个人自我价值实现的自豪

---

① 课程教材研究所：《品德与社会》（五年级下册），人民教育出版社 2009 年版，第 2 页。

② 课程教材研究所：《思想品德》（七年级上册），人民教育出版社 2008 年版，第 60 页。

③ 课程教材研究所：《思想品德》（七年级上册），人民教育出版社 2008 年版，第 33 页。

与骄傲。PD2x9《红领巾胸前飘》、PD2x8《鲜艳的红领巾》一课中要求学生了解老少先队员"戴上红领巾的时候,是怎样的心情",与他们分享当少先队时的经历,"我当少先队员的时候,参加过很多有趣的少先队活动……"这一课并没有单纯强调少先队员的责任与担当,反而描述了许多成为少先队员的快乐体验,体会成为少先队员的光荣与骄傲,强化学生在这一先进集体中的归属感与安全感。这体现出当下的教科书重视道德的情感体验意义,不同于传统道德令人感到被管制、被束缚。从道德发生的意义上看,让学生在道德学习中获得积极的情绪体验,才谈得上道德学习和道德教育的实存性。

由此,教科书通过强调道德的情感体验意义,体现出德性的享用性价值。中国传统文化虽常常将"乐"之感受同道德联系在一起,却并未彰显道德的个体享用性价值。虽然传统文化中有诸如"人而不仁,如乐何?"(《论语·阳货》)一类将幸福与德性相联系的说法,但是彼时的幸福观并非个人主义文化中的幸福观。在当时,个人情感不是构成幸福感的核心因素,[①]"先天下之忧而忧,后天下之乐而乐"从社会责任的境界深层次地诠释了幸福;"孟子三乐"跳脱出个人情感,只强调个人之于家庭、社会的价值;儒家的"修齐治平"作为当时知识分子的终极幸福追求亦无个人情感。所以,即使将幸福感与道德相联,体现的也还是强调道德带来的集体主义幸福感,这种幸福感仍然与社会性的外在价值有千丝万缕的联系。在这样的社会背景中,道德更多地意味着牺牲与约束,而非达至精神上的澄澈与自由,寻求内心的充盈与幸福的享受性价值。

(3) 教科书强调德育要素审美化

道德的本质就是美,反过来说,美也包含着道德因素,美不是普通意义上单纯感官刺激的享乐,而是一种精神性的享乐,包含着

---

[①] 曾红、郭斯萍:《"乐"——中国人的主观幸福感与传统文化中的幸福观》,《心理学报》2012年第7期。

浓厚的伦理道德的因素。① 美感和道德感往往相互渗透，彼此交融。两者在一定条件下也能相互转化，美感能转化为道德感，道德感也能转化为美感。② 教科书强调德育要素审美化即是要将道德体验和审美体验相融合。通过展现道德美的本质，使道德主体在接受道德教育中萌生审美意象，从而激发道德认知的热情、增强道德信念，进一步在积极的情绪体验中建构道德人格。在潜移默化中将道德的践行过程渗透进美的感受，强化道德享用性价值，激励德性的养成。教科书中的选文常常将美的自然事物与高尚的道德品质相联系。例如 TYW7x17《紫藤萝瀑布》中，作者看到繁花盛开的藤萝浅紫色的光辉，悟到"花和人都会遇到各种各样的不幸，但是生命的长河是无止境的"，不能让昨天的不幸把人压垮，"要像紫藤萝的花朵一样在闪光的花的河流上航行"。文中将惹人喜爱的"泛着点点银光的淡紫色紫藤萝花"与"不惧困难、以饱满的生命力、昂扬的斗志投身到新生活中去"的精神状态相联系，体现了德性要素的审美化倾向。教科书还将审美情趣与道德品质相联系，例如：PD7s7《品味生活》一课阐明生活情趣还与高雅的情操、人生的理想紧密结合。教科书以一个发现美的探究活动引入，引导学生理解"树立乐观、幽默的生活态度"能使人更多地发现生活中的美和感受生活的情趣，阐明乐观积极的生活态度对于陶冶身心、培养高雅生活审美情趣的重要意义。从而引导学生自觉追求高雅情趣、陶冶高尚道德情操，让生命更有意义。由此，教科书追求道德要素的审美意蕴，将道德体验与审美体验紧密联系，使德性在对美的境界追求、品位享受中自然彰显与达成。

综上所述，在传统文化中，道德更像一张人为织就的规则之网，德性的成己价值诉求在成物价值诉求中达成。在传统文化个人层面

---

① 冯丰收：《论审美能力培养与高校德育内容的创新》，《安康学院学报》2010年第10期。

② 王苏君：《审美体验与道德体验》，《南通大学学报》（社会科学版）2005年第2期。

道德形象的刻画中，教科书期望通过关照道德主体的精神享受、情感享受和审美享受，使道德在学生眼中不再仅仅是确保外在和谐与平衡的束缚与限制，更是寻求内心舒然与充盈、安宁与平静的手段。从这个层面上看，教科书通过强调道德的精神享受意义、道德的情感体验意义和德育要素审美化三个层面，完成对传统文化个人层面道德享用性价值的复归，也是对道德本质的复归。

## 第三节　教科书中社会层面道德形象的内容分析

教科书中社会层面道德的课程内容选择也遵循延续、新释和超越三条逻辑理路，刻画优秀传统文化中的道德形象。

### 一　教科书中社会层面道德形象的延续

在社会道德层面，中国优秀传统文化中善以安人，宽恕、诚信、感恩的人性光辉；礼以节事，礼让、守规的人际交往法则；义以济世，天下己任的责任意识都得到坚守与传承。

（一）善以安人：教科书发扬宽恕、诚信、感恩的人性光辉

中国传统文化中的"宽容"一目包含理解、体贴、善待他人等为人处世的态度品质，对当下社会协调人际关系，建立和谐有序的社会环境具有重要意义。中国古代社会有森严的等级制度，事实上要真正在不同层级中实现将心比心的宽容之德并不现实。当下教科书中传递的"宽恕"以平等为基础，跳出阶级束缚，倡导在人与人之间达成真正的理解与同情，是将心比心、利人助人和谐社会的基石。教科书中的宽容精神体现了传统文化中宽容的本质，既要不斤斤计较、宽厚待人，又要避免是非不分、曲直不辨。一方面引导学生明确由于每个人的生活环境、思维方式、行为习惯与个性特点不

尽相同，人与人之间出现矛盾很正常，因此体谅和宽容是生活中矛盾的消解剂。例如：PD8s9《心有他人天地宽》展现宽容对自我心态、人际关系的良性促进作用。教科书通过公共汽车上的两组镜头，呈现宽容与否引发的不同结果，进而说明宽容利人利己，"不宽容的人陷入烦恼之中，心胸狭隘、处处设防"，宽容的人"心胸开阔、与人为善、受人尊敬"，"体验心灵的安宁和满足"。另一方面，强调宽容也要讲原则、讲是非，"当受到无意伤害时，不可冤冤相报、以牙还牙"，但绝不迁就"坏人"，姑息"恶人"，引导学生在不同情境中作出正确的价值选择。儒家思想中强调的成人之美，而不应成人之恶，便是此处所说的宽容所应遵循的原则。

"诚信"作为处理人际关系最基本的道德规范之一，对改善现实社会风气和社会伦理状况尤为重要。教科书将"诚信"一目纳入其中，从德性对道德主体本身的价值出发，说明"诚信"是个人得以立足社会、赢得尊重、事业得以成功的保证。例如 YW1x29《手捧空花盆的孩子》中，国王宣布谁培育出最美的花，谁就将成为王位继承人，事实上却用不能开花的熟种子考验孩子们诚信的品质，最后手捧空花盆的雄日赢得了国王的青睐。TPD4x2《说话要算话》中引用"人而无信，不知其可也"说明为人诚实守信，才能得到别人的信任。由此突出坚守诚信对道德主体的价值。教科书中还进一步深化了对诚信的诠释，PD8s10《诚信做人到永远》明确了诚信的三个要求："第一，诚信首先要求实事求是。第二，诚信守则意味拥护人民的利益，因己私利的虚假与欺骗是对诚信的背叛。第三，拥护长远利益，拒绝通过非诚信手段满足一时小利。"这使学生在实际生活中面对不同的情形时有明确的行动指南，知道该如何把持住心中的诚信原则，积极弘扬中华民族的诚信传统。

感恩作为当下道德生活的关键法则，对增进人际关系的和谐温馨具有重要意义，其在中小学教科书中也有所诠释。教科书中感恩的对象涉及革命先烈、父母、家人、师友、他人、社会，以学生生活为圆心逐渐向外拓展，使之感受社会他人对自己的爱和关怀。有课文引导学生树立对革命先烈的感恩之情，让未曾经历炮火硝烟，未曾体验贫穷落后的新时代儿童，了解和怀念为了人民解放、祖国强盛披肝沥胆、奋斗一生的革命先烈，引导学生饮水思源，心怀感恩，珍惜今天的幸福生活，例如TYW1x2-1《吃水不忘挖井人》。有课文呈现对父母家人的感恩，体会他们对我们无微不至的关心，感受父母长辈为自己健康成长付出的辛劳，例如PD3x1-1《家人的爱》、TPD4s4《少让父母为我担心》等篇目。有课文启示学生联想起老师、同学曾给予自己的帮助，引发对班级中老师、同学的友爱与帮助的感恩，例如TPD2s5《我们班里故事多》。有课文通过引导学生观察我们生活中各行各业的劳动者，感受劳动人民给我们的生活带来的方便，感受社会生活中相互依赖、相互服务的共生共存关系，例如TPD4x9《我们的生活离不开他们》。有课文让学生认识到学校各类工作人员、社会各界人士乃至国家对少年儿童的关爱，为助力自己成长付出的心血，体会并感恩来自社会的爱，例如PD3x1-3《来自社会的爱》。

（二）礼以节事：教科书坚守礼让、守规的人际交往法则

善行须从礼让始，中国人自古以文明礼让著称于世，礼让是一种胸襟、一种气度、一种境界。教科书中有对礼让之德的涉及，但是篇目较少，且大多呈现邻里家人之间的相互礼让。例如TYW5s5《搭石》描绘了乡亲们搭石过河相互礼让的情境。"如果有两个人面对面同时走到溪边，总会在第一块搭石前止步，招手示意，让对方先走。"而且"把这看成理所当然的事"。文中描绘的这幅画面散发出浓浓的暖意，表现了人们互谦互让、为人着想的美好心灵。TYW8s6《回忆我的母亲》、TYW7s6《散步》都表现了长辈对后辈的宠爱与谦让，突出一家人之间相互礼让、相互体贴、和气融融的氛围。传统文化中多强调晚辈对长辈的顺从与恭敬，以上文章中长辈对晚辈的谦让体现出当代社会长辈与晚辈之间相互理解与体谅的平等关系。然而，公共社会人与人之间的关系中更能体现"礼让"之德的可贵之处，教科书可适当将"礼让"的相关选文跳出血缘乡

缘，在更广阔的社会背景下展现这种高尚品德和人格修养。

"守规"是最基本的道德教养，因此当下教科书中对"守规"之德的教育多集中在小学低段，主要在品德类教科书中涉及。其内涵包括遵守规则和文明礼仪两个方面，涉及家庭、学校、社区、社会、网络空间等学生生活的各个领域。其目的在于引导学生意识到规则与礼仪是个人、集体、国家的精神文明的象征，从而力争做到言行举止符合规则礼仪要求，争做有礼貌的好公民。在家庭层面主要包括礼貌待人、文明进餐、按时作息、守时守约等家庭礼仪和生活习惯，例如 PD1s13《欢欢喜喜过春节》、PD1s7《和钟姐姐交朋友》。在学校层面，教科书引导学生懂得遵守学校生活的规则与纪律的重要性，启发学生以文明礼貌的方式与同学交往，例如 TPD1s6《校园里的号令》、TPD2s6《班级生活有规则》。在社会层面，教科书引导学生遵守公共场所的公共安全准则，维护良好的公共卫生环境，树立讲文明、守规则的自觉意识，例如 TPD1s4《上学路上》、PD6s1-2《社会文明大家谈》。在网络空间，教科书教育学生懂得并遵守通信的基本礼貌和有关法律法规，引导学生以道德自律的方式自觉维护网络文明与安全，例如 TPD4s8《网络新世界》、PD4x4-1《通信连万家》。

（三）义以济世：教科书凸显天下己任的责任意识

责任是对国家、民族的担当，而不仅是对家庭、宗族的责任。教科书中涉及的责任范畴包括自我、家庭、集体的责任，让学生意识到权利与义务同在。权利属于获得，义务属于付出，只有付出才能获得，因而必须履行应尽的义务。对自我而言，教科书中的"责任"之德呈现两方面含义，一是承担自身过错造成的不利后果或强制性义务，例如 YW2x22《我为你骄傲》中的"我"为砸破玻璃勇担责任。二是个体的社会角色赋予的责任义务，使学生理解人需要承担的责任随着扮演角色的增多而增多，责任来源于角色身上的承诺、任务、命令、法律与道德，我们要勇敢地承担自己应负的责任。例如 YW7x22《在沙漠中心》通过赞扬飞行员为飞行事业献身的精神,鼓励学生树立"生命不息,肩上的责任就一刻也不能卸下"的崇高意志。对于家庭而言,教科书引导学生明确作为家的一分子有关心爱护家庭成员、分担家庭事务的责任,例如 PD1x3《我为家人添欢乐》。对于集体而言,教科书引导学生体会个人与集体相互依存的关系,感悟"人心齐,泰山移"的道理,明白只要每个人都履行自己应尽的义务,集体就能发挥出更大的力量,例如 TPD2s7《我是班级值日生》、TPD7x8《美好集体有我在》等课。对社会而言,使学生懂得每个公民都有关心、参与社会公共事务的责任,例如 PD6x2-2《我们能为地球做什么》中涉及的环保问题、PD4x3-4《交通问题带来的思考》中涉及的交通问题,以及 PD9-6《参与政治生活》中涉及的积极履行公民参与政治生活的责任和义务。对国家而言,强调维护祖国主权和领土完整、保卫祖国和建设祖国以实现祖国伟大复兴的责任,例如 LS8x14《钢铁长城》、LS9x17《第三次科技革命囯》。

## 二 教科书中社会层面道德形象的新释

社会层面道德的以新释旧主要针对中国优秀传统文化中"礼让"的谦德同现代经济社会崇尚的竞争品质之间产生的矛盾,以及守规、责任、爱护自然等德目在新的社会背景下的新诠释等几个关键点展开。

### (一)"礼让"的限度划分

秉持礼让谦和的处事方式,但绝不意味着丧失竞争意识。中国人重节制、追求和谐与平稳的文化性格与西方崇尚竞争、追求功利的价值取向大相径庭。这一方面有益于协调人际关系,保持社会平稳和谐。另一方面却衍生出不思变、不求进取的文化氛围,"争着不足,让着有余",成为国人的主流价值观,老子甚至有"不敢为天下先"的不争思想,抑制了竞争意识的发展。而当下教科书中宣扬的谦和之德,只是引导学生在日常人际交往时,不当唯利是图、锱铢必较的俗人,争当谦恭有礼、以德服人的君子,将礼让视为处理人与人之间关系的行为准则。与此同时,教科书还注意协调"谦和"与"竞争"的关系,使学生明确为人谦和并不意味着不参与竞争,万物发展离不开优胜劣汰的竞争,在现代社会中,只有积极参与竞争才能立足社会,但在竞争中不忘讲合作、讲礼让,引领进退有度的文明竞争。例如:PD8s8《竞争合作求双赢》一课帮助学生理解竞争的积极意义与负面效应,引导学生形成良性竞争意识以及在竞争中合作的意识。教科书还涉及竞争中秉持礼让精神的内容,让学生明确见利益就上,见荣誉就抢并不是有竞争意识。在集体中面对荣誉和利益,一是要竞争,凭出色表现赢得胜利;二是要礼让,这是道德高尚的表现。意在培养学生的礼让品格,树立对竞争精神的正确认识,认识到竞争与礼让并不矛盾,而是对立统一的。

(二)"守规"的意义重构

守规在于维护和谐社会关系,而非宗法制度。"礼"是古代群体生活和社会治理应当遵循的基本原则,是维持社会秩序和人际关系的基本规范。中国传统文化中,人事的"礼"以天道为基础,与天道相通,是天道秩序在现实世界中的反映与呈现,这造成了"礼"的神圣不可违抗性。事实上,封建社会的"礼"是借助天的权威维护封建等级制度的手段。设立礼仪与规则的根本旨趣是"改变自己,以适应或维持社会秩序"①,内容中多禁止性规范和指导性礼仪,而少民主权利性制度。早期的教科书受到传统文化的影响,强调礼仪和规则的训诫,例如:1941 年的《小学训育标准》列举了关于早起、整理被服、穿衣、进膳、行座,甚至便溺在内的 18 项起居规则和关于敬礼、共食、进退、应对、吊唁、祭祀在内的 18 项社交礼仪。然而当下教科书强调的社会规则早已跳出阶级的限囿,而是为了维护良好社会秩序、创建和谐社会环境,对社会公民言行的统一要求。教科书强调学生对规则价值的认同,让学生理解每个人在遵守规则的同时,也享受规则带来的好处。例如 TPD8s3《社会生活离

---

① 徐行言:《中西文化比较》,北京大学出版社 2004 年版,第 81 页。

不开规则》、PD8x10《我们维护正义》中让学生意识到自觉遵守社会规则和程序，会使人与人之间的关系更和谐，社会健康、持续地发展，最终会造福每一个社会成员；教科书引导学生发自内心地自觉维护规则，提升自我控制、自我约束能力，从传统文化强调规则的"他律"到现代社会强调规则的"自律"，例如PD7x7《感受法律的尊严》要求学生建立尊重规则的信念，逐步形成自觉按照社会要求规范自己行为的能力；教科书揭示规则的平等性，消除传统文化中规则的阶级性，例如TPD8x8《维护公平正义》强调规则与制度是面向全体社会成员的，它要求每个人都必须遵守制度、规则与程序，没有人可以例外；教科书甚至鼓励学生参与规则制定，发扬学生的民主参与意识，从而真正引发维护规则的共鸣，例如TPD4s2《我们的班规我们定》鼓励学生结合自己的学习与生活参与制定规则，树立"规则是我们自己制定的，大家都要遵守"的规则意识，把自觉遵守规则内化为自身的需求。

（三）"责任意识"的升华

责任意识跳出对家庭与宗族的偏倚，更是对国家、民族、世界的担当。由于中国传统伦理建立在宗法血缘之上，因而往往按照先私后公的次序处理公私关系。《大学》倡导人们以修身齐家求诸于己的方式达至治国平天下的政治理想，然而两者之间的巨大鸿沟导致绝大多数人仅仅能实现齐家。[1]"求诸于己的理想实现方式让人只能在自我修身并达到圆满的过程中得到满足，而对家庭范围以外的事就可以两耳不闻，自求觉解了。"[2] 因此，血缘关系为纽带的宗法社会滋生了责任意识的偏倚。[3] 相比而言，传统文化中倡导的责任意识更重视"孝亲"的家庭义务，而个人需承担的社会责任则相对削弱

---

[1] 岳刚德：《中国学校德育课程近代化的三个特征》，《全球教育展望》2010年第11期。

[2] 李学明：《公德私德化：解决"公德"与"私德"问题的切入点》，《求实》2009年第8期。

[3] 彭媚娟：《论传统文化与大学生责任意识培养》，《理论月刊》2011年第2期。

了。教科书中传承的责任意识，不仅包括对亲友家庭的责任，更在于对国家、民族乃至世界的责任，是一种真正胸怀天下的济世精神。教科书中关于"责任"一目的内容不仅涉及自我、家庭、班级、学校范畴，还重点强化了社会责任与世界责任。例如 TPD4s12《低碳生活每一天》引导学生关心当下的环境污染问题，并从自身做起善待环境；PD5x3-2《我国的国宝》引导学生树立保护我国文物古迹的责任意识；PD5x4-2《我们的地球村》、TPD6x4《地球——我们的家园》阐明地球环境的破坏与我们每个人都有密切关系，要求学生树立环保意识和社会责任感，积极参与身边力所能及的环保活动；PD9-6《参与政治生活》通过高中生参加选举的事例，引出公民政治权利的概念，帮助学生意识到作为国家公民，有义务通过行使政治权利参与国家事务管理，树立关注社会、关心国家大事的意识和积极参与的态度；PD9-2《在承担责任中成长》使学生懂得关爱社会是每个公民应尽的责任，意识到我们的社会需要相互帮助与关爱，社会公益活动不仅能造福他人和社会，还能提升个人的自我价值，我们应当共同努力，营造"我为人人，人人为我"的社会氛围；PD6x3-3《我们手拉手》将责任感上升到世界层面，教科书以"瑞恩的井"为切入点使学生意识到地球上的每个公民都有责任关爱和帮助世界上有困难的人，关注与参与国际大事，引导学生形成对世界的责任感。教科书通过以上内容使学生意识到主动为国家分忧、勇担重任，与国家共渡难关是每个公民的职责，作为中小学生应主动肩负振兴中华、铸造民族辉煌的历史使命。

（四）"天人合一"——从传统的消极"合"到教科书中的积极"和"

"天人合一"是中国古代先哲提出的最为重要的命题，肯定"天"与人相统一的关系，认为人是自然界的一部分，人和自然界本质的生养、赞化、共运的关系是相通的。自然界有普遍规律，因此人类社会也应当顺应天道自然。由于中国古代偏重对人伦关系的思辨，较少注重对自然的探索。① 导致我国古代对自然的认识与把握都极其匮乏，自然始终带有令人敬畏的神秘性，正如有学者认为天人合一带有"媚神求福"的色彩。在中国传统文化中，"天"被视为具有最高权威的人格神，人之吉凶受其好恶左右，因而人对天不可逾越的权威和无与伦比的神性心怀畏惧与膜拜，② 孔子的君子畏天命、墨子的天志明鬼、汉代董仲舒的天是人之主宰，国家、家庭凡遇重大事件、个人生死婚嫁等重大转折也必祭拜天地都体现了这一点。因而，"天人合一"思想主要体现了古代社会由于生产力低下，小农经济对自然的依赖性，而强调人对自然的顺应与屈从，③ 这种"合"是一种消极的"合"。

近代以来，科学技术的日新月异彰显了人类的智慧和力量，主体意识的日渐强化使得人类开始否认或轻视人以外的任何存在物的价值，④ 引发人类的自我中心主义错觉，自然被视为满足人类生存需求与欲望的占有物，进而在寻求人类文明的发展道路上对自然界采取单向客体化的征服、掠夺姿态。造成经济发展以环境破坏为代价的局面，人与自然的关系被推向对立的两极。中国传统文化中的"天人合一"思想对于纠正当下只顾眼前利益的短视行为，在现代化建设中保持生态平衡、缓解环境危机、形成可持续发展之路有十分重要的意义。因而当下教科书在人与自然的关系上体现出"天人合一"的思想，强调了人对自然规律的顺从和对万物生灵的怜悯，但这并不是传统意义上消极的"合"，而是以科学技术为支撑、充分发挥人的主观能动性的积极的"和"。既非忽视人与自然的统一性，受

---

① 汪建华、彭平一：《中国传统爱国主义的"文化土壤"》，《南通师范学院学报》（哲学社会科学版）2003年第2期。

② 刘立夫：《"天人合一"不能归约为"人与自然和谐相处"》，《哲学研究》2007年第2期。

③ 蔡仲德：《也谈"天人合一"——与季羡林先生商榷》，《传统文化与现代化》1994年第5期。

④ 徐春：《儒家"天人合一"自然伦理的现代转化》，《中国人民大学学报》2014年第1期。

物的压迫，也非将天视为不可逾越的神力，受礼的压迫。而是打破人一味顺应自然的旧"天人合一"，在认识自然、改造自然、生产力高度发展的基础上建立人与自然的和谐统一。①

教科书中表达的人与自然"天人合一"的关系有三层意思。第一，热爱与保护大自然、遵循大自然的规律，保持对自然的敬畏。但是教科书中诠释的敬畏之心并非传统文化中的盲目恐惧、畏惧，而更有"爱护"之意。自然界的一切都是宇宙智慧的创造物，破坏大自然必然遭到无情的惩罚。人类应该调整自己与自然的关系，不应该与大自然对立，自然界不是人类征服的对象，而是与人类平等的。人类应该在谋求自己生存与发展的同时，时刻想到爱护自然，求得人与自然的和谐发展。在改造自然、利用自然的过程中，要使自然界更美好，从而使人类的生存更为美好。例如 YW8x11《敬畏自然》让学生意识到人类在大自然面前是渺小卑微的，自然界的奥秘是无穷无尽的，自然界中一切事物的生成，包括人类的生成，都是神奇而伟大的。"人们常常把人与自然对立起来，宣称要征服自然，殊不知在大自然面前，人类永远只是一个天真幼稚的孩子，只是大自然基体上普通的一部分"，人类宣称"征服自然"实在是自不量力的狂想。自然界有其自身的规律，如果违反自然规律办事，往往会产生适得其反的结果。

第二，对万物生灵的怜悯爱惜，珍惜资源、爱护动物。教科书诠释出人与自然的关系并非人对自然的绝对服从，也非单纯的主体对客体的利用和改造关系，而是生态系统中复杂的网络关系，人与自然界万物相互制约、相互回应。在这种关系中，自然界的万物为人类的生存与发展提供支持，而人类也向自然发出善待性回应，这是维持和发展人与自然和谐关系的基础。体悟自然的内在价值，秉承敬畏生命的基本理念，才能建立起更与时俱进、更富有前瞻性的

---

① 蔡仲德：《也谈"天人合一"——与季羡林先生商榷》，《传统文化与现代化》1994 年第 5 期。

"天人合一"理念以守护我们的生命栖息地。例如TYW6s18《只有一个地球》通过宇航员的感叹表达对地球无私养育人类、孕育万物的感恩，同时也表达出对伤痕累累的地球的疼惜，引起人类的警觉，突出保护地球的紧迫性。全文旨在阐明"只有一个地球"的事实，呼吁人类应该珍惜资源，呵护生态环境，保护我们赖以生存的地球。

第三，在敬畏自然、保护自然的基础上勇敢地探索自然。教科书剥除传统文化中对天权威性的畏惧，传递人不畏自然中的艰难险阻，既承认自然威力的强大，又坚信人力的无穷尽，勇于以己之力改变自然环境的毅力与决心。TYW7x21《伟大的悲剧》、YW7x24《真正的英雄》、TYW8s22《愚公移山》、YW7s19《月亮上的足迹》都表现了对自然奥秘的勇于探究，和改造自然的伟大气魄和坚强毅力。例如YW7x24《真正的英雄》是一篇纪念美国"挑战者"号航天飞机失事的悼词，哀悼罹难的航天勇士，颂扬人类探索自然的精神，引导学生意识到在人类探索自然奥秘的路途中，每艰难地向前迈进一小步，都可能以牺牲一部分优秀的人为代价，但是人类从未因此而停止探求自然奥秘的脚步，而是总结教训、积蓄力量、继续前进，引导学生树立不惧艰难险阻，踏着前辈开辟的道路，继续探索自然奥秘的信心与决心。

以上这些篇目传递出的人与自然的关系，既不是人对自然的消极顺从，也不是人对自然的征服与驾驭，而是一种积极的"和"之精神。以强大的科学技术为支撑，不断地探索自然的奥秘，从而更加充分地了解自然，既有益于在自然施以淫威之时更周全地维护人类的利益；又有益于避免人类中心主义对自然造成的伤害；更有益于在寻求人类生存与发展的同时，兼顾自然万物的生存与发展，走一条共生共荣的可持续性发展之路。

### 三 教科书中社会层面道德形象的超越

教科书中社会层面道德形象的超越性逻辑体现在从差序之爱到泛爱众生，从偏倚私德到兼重公德两个方面。

(一) 从传统的差序之爱到教科书中的泛爱众生

经济社会的持续发展，打破传统社会的亲缘、地缘结构，将对爱与关怀的道德要求置于更普遍的社会范畴内。

1. 差序之爱与泛爱众生

20世纪40年代，费孝通先生基于大量经验事实，在《乡土中国》中提炼出"差序格局"概念，来形容我国宏观的社会结构和微观人际关系的特征。在中国古代，这种差序格局尤为明显，整个社会是一个由血缘与地缘统筹划分的"熟人社会"，自然地理和血缘的边界将人的社会生活区隔成同心圆结构的差序格局，这种网络格局以自我为中心、以宗法群体为本位，人与人之间以亲属关系为主轴。[①] 就如同将石子扔进湖水里，波纹以石子为中心一圈圈四散开来，其中石子代表个人，同心圆结构的波纹远近则代表社会关系的亲疏。这种差序格局有三个特点，第一，以"己"为中心，这里的"己"由人伦关系紧紧地裹挟，是以血缘为纽带的家庭、族群等社会关系实体。其"缺乏独立自主人格，是人际关系网络中处于中心位置的社会关系纽结"[②]。第二，由"己"向外伸缩，形成人际关系网络（圈），圈以内都属于"圈内人"，反之则属于"圈外人"。第三，在宏观的传统社会结构和微观的人际关系网络中形成等差秩序。如同以自己为中心在水面上泛起的一圈圈涟漪，由离中心的距离远近决定亲疏，形成长幼有别、尊卑有序，贵贱、上下等级森严，亲疏、薄厚区分明确的等差之爱。而泛爱众生则是无差别地爱每一个人，也就是墨子提出的爱无等差的兼爱思想。墨子认为有亲必有疏，有近必有远，人与人之间的尊卑贵贱必然导致人与人之间的不平等，因而主张爱"不辟贫贱""不辟亲疏""不辟远近"（《墨子·尚

---

[①] 燕良轼等：《差序公正与差序关怀：论中国人道德取向中的集体偏见》，《心理科学》2013年第5期。

[②] 卞桂平：《儒家伦理中的公共精神困境与超越径路——以"差序格局"为视角的分析》，《江汉论坛》2012年第8期。

贤》），主张"使天下兼相爱，爱人若爱其身"（《墨子·大取》）。

2. 中国传统文化中社会层面道德形象的差序之爱

由于传统社会中公共生活的匮乏，个体主要生活在以血脉为纽带、以家庭为基础单元的社会结构中。连最具公共性的政治生活也并不以国家与人民的整体利益为导向，而是强调对君主的服从与忠诚，这些仅有的公共空间由于套用私人领域的人际规则而变为延伸意义上的私人领域。个体在这种私人性的社会结构中获得自身特定的身份与地位，同时也根据他人在自己特定人伦圈中的血缘、利益、情感位置划定相互之间的亲疏关系，形成差序性的关系网，以一种内外有别、亲疏有异的态度履行道德行为、给予尊重和关爱。这种"情境中心的处世态度"致使个人在践行道德规范时以自我为起点，向家人、熟人、家族衍生，形成"亲亲大也"（《中庸》）"亲亲而仁民"（《孟子·尽心上》）的等差伦理。这种爱的等次差别体现在两个层面：一者"爱有等差"以血亲之爱为基础，对父母兄弟之爱有异于对路人对旁人之爱，这是"爱有等差"具有积极意义的本然层面；二者，孔子将"爱有等差"解读为"君君、臣臣、父父、子子"等社会伦理道德层面之爱，用以维系社会伦理，这是"爱有等差"的应然层面。[1]"爱有等差"本身具有双重性，一方面，血亲之爱属于人之常情，是维系社会基本伦理道德的基石；另一方面，"爱有等差"又滋长极端个人主义、利己主义，亲疏远近、尊卑贵贱在人与人之间泾渭分明，公平正义必然被弱肉强食、损人利己的普遍心态和社会意识所取代。

为了巩固封建统治，维护社会秩序，儒家文化既承认和倡导"爱有等差"，又探索克服其负面影响的途径，提出"泛爱众""仁者，爱人""推己及人"的解决方案。[2] 这些思想表面上意指普遍的博爱众人，这里的"众"是相对于"亲"而言，指爱父兄以外的氏

---

[1] 邹兴明：《和谐社会：走出"爱有等差"之困境》，《学理论》2008年第2期。
[2] 邹兴明：《和谐社会：走出"爱有等差"之困境》，《学理论》2008年第2期。

族其他成员，体现了族类的整体意识，涉及个体与整个氏族集体的关系，以维系氏族内部团结与稳定为宗旨，虽然使得以"爱亲"为伊始的"仁"获得更高层次的道德规定，促使个体树立对氏族的道德义务与责任，但并未超出氏族宗法关系的范畴。可以说，儒家思想既主张"仁者，爱人"，将"推己及人"的"忠恕之道"作为实现"仁爱"精神的基本途径，体现人与人之间相爱互尊的人道精神，又主张"克己复礼为仁"，坚持"爱人"必须要以"君君、臣臣、父父、子子"的宗法等级关系——"礼"为度。① "仁爱"精神强调亲亲、尊尊，体现在君仁臣忠、父慈子孝、兄友弟恭、夫唱妇随等一系列宗法等级道德规范中，既含情脉脉，又等级森严。

墨子"厚不外己，爱无厚薄"（《墨子·大取》）的兼爱思想在以血缘为人际关系纽带，生产力落后，社会财富与资源贫乏的农耕社会显得过于理想化，自秦汉之后几成绝唱，大爱无疆的和谐社会理想也只能停留于纯粹的思想领域。唯有儒家的等差思想有益于维护由血缘、地缘关系结成的家族制度与社会秩序，因而符合当时的社会历史背景，在董仲舒"罢黜百家，独尊儒术"之后，儒家制定的一整套"人伦"道德规范被封建统治者奉为"正统"而大加倡导，成为中国封建社会的主流文化和主流思想。

3. 教科书对传统文化中社会层面道德的泛爱思想的挖掘

中国传统文化中的"仁爱"实际上是等差之爱，并非平等的爱。② 在长辈与后辈的关系上，宗法等级制度抹杀了人与人之间人格的相互独立与平等；在人与人的关系上，"泛爱众"思想中蕴含的对人的普遍尊重被血亲和权贵优先所抵消；在人与其他物类关系上，"爱有等差"将每个物类归置于尊卑等级序列中，作为尊者的附属物，卑者成为任人使唤与摆布的工具，对尊者的爱被视为理所应当

---

① 朱贻庭：《中国传统伦理思想史》，华东师范大学出版社2009年版，第11页。
② 周涛、强以华：《爱的道德之境》，《南昌大学学报》（人文社会科学版）2010年第1期。

的顺从，只有在卑者需要使唤时才能获得尊者施以的恩惠。因而，教科书中的仁爱思想是对中国传统文化中儒家"仁爱"思想的升华，是剥离了其等级性、层级性、狭隘性，回归到爱之无私本质的大爱思想，在长幼关系中形成关爱、理解、平等、协商的亲缘之爱；在人与人的关系中形成由己及人的同胞之爱；在人与物的关系中，形成民胞物与的物类之爱。

（1）爱的平等：长慈子孝的亲缘之爱（孝慈）

在中国传统文化中孝慈一目侧重于强调子辈对长辈的"孝"之道德要求，父母授予血肉之躯，不能损伤，为"孝"之基本，成家立业、扬名后世，为父母家族扬眉吐气，带来自豪荣光，为"孝"的最高境界。"孝"是包含敬爱、尊重、知思等情感在内的德性，具有维持家族稳定的积极意义。"慈"主要指父母对子女的"慈"，做父母的要"父义、母慈"[①] "为人父止于慈"（《四书章句集注》）"父慈而教，子孝而箴言"（《左传·昭公二十六年》）。然而，在中国传统文化中"孝慈"一目隐含着单向性转移的特征，即只要求子女或晚辈对父母或长辈的尊敬、爱护与绝对服从，这是不可抗拒的义务，却弱化父母长辈对后辈的关心、爱护、尊重的义务。长辈与晚辈之间的付出与获得、权利与义务极不平衡。例如"敬顺所安为孝"（《国语·晋语》）认为崇敬、顺从的本分就是"孝"，且将父亲比作"天"，"父者，子之天也"（《礼仪·丧服传》），突出父亲权威的不可侵犯性。传统差序的伦理模式强调人伦、伦常，各个层次中人的辈分及每个辈分各自的约束、责任与义务都限制明确。[②] 然而现代社会，由于工业化兴起，家庭劳动社会化，亲属关系日益由长幼的等级服从伦理模式转变为家人平等互助的伦理模式。

教科书主要在"孝慈"一目中反映长幼关系，通过对这一德目

---

① 杨伯峻：《春秋左传注》，中华书局1990年版，第89页。
② 王常柱：《孝慈精神与现代家庭伦理的建构》，《北京科技大学学报》（社会科学版）2008年第1期。

的分析发现，现代教科书中对传统文化中"孝慈"这一根源性德目进行了去粗取精式传承，长幼关系从传统伦理中的专制走向民主，呈现出一种关爱、理解、平等、协商的亲缘之爱。具体而言，教科书中诠释的孝慈有以下特点。

第一，亲子人格的平等性。这与传统父慈子孝德目中强调的父主子从、父尊子卑的不平等人格不同，教科书在传承传统文化中的孝慈精髓的同时，剥离了这种失衡的代际关系，强调每个家庭成员个体的独立与平等，最大限度地承认并尊重每个人的人格、个性与权利，主张建立独立、平等、交互主体性的亲子关系。例如YW7s22《羚羊木雕》讲述"我"把非常珍贵的羚羊木雕送给了最要好的朋友，父母知道后逼"我"去要回来的故事。在这篇课文中，子女的行为与父母的想法发生了冲突，由于孩子处于弱势地位，被迫服从，硬着头皮去要回了羚羊，既伤害了朋友间的友情，又影响了孩子与父母之间的亲情。选文引导学生体会亲子之间平等沟通与交流的重要性，父母在家庭关系中并非具有绝对的权威，所有的家庭成员应当彼此尊重、及时沟通、相互协商。

第二，权利义务的双向性。在传统文化的亲子关系中，长辈享有绝对的支配权，权利和义务处于不统一的境地，然而教科书诠释的亲子关系是平等的，子女不仅有对父母尽孝的义务，也有维护权益的权利。长辈不仅有权利要求孩子孝顺父母，也有照料教导孩子的义务，强调现代亲子关系中权利与义务的统一。教科书一方面强调孝顺父母是中华民族的传统美德，另一方面，也让学生明白父母对子女的抚养教育不仅是亲情的流露，是传统美德的彰显和发扬，更是法律的基本要求。例如PD8s1《爱在屋檐下》通过秀怡被重男轻女的父母抛弃的案例教导学生依法维护自身在家庭中的合法权益。YW9s12《心声》中的李京京由于父母不和，常常思念乡下的祖父。这类选文诠释出由于现代婚姻关系的矛盾造成疏离的亲子关系，是对"传统文化中和谐家庭或完美父母形象的另一种观点，道出现代社会家庭的实际困境,亦让学生学习到真实生活世界的经验"[1]。文中诠释出的价值观表明长辈应该悉心照料、耐心教导孩子,有责任为后辈提供和谐温暖的家庭环境,免除不和睦的生活带给儿童的孤独感和不安全感。

第三,亲子交流的情感性。孝与慈之本质是父母子女亲情的真实流露,但在中国传统文化中这种情感的沟通并未得到充分表达。在传统社会中,长者拥有绝对的权威,孝道强调父尊子卑,子女对父母,尤其是对父亲的"敬畏胜于亲爱,致使角色胜于感情"[2]。而在亲子人格平等的现代家庭,长幼辈建立了基于交流与尊重的情感性亲子感情,这使得传统家庭伦理中严格的他律性特征在一定程度上得到消解,促使亲子双方建立一个由情感维系的共同体。例如PD3x1-2《读懂爸爸妈妈的心》在小学阶段就引导学生明确自己与父母之间虽然充满爱,但不免有矛盾与冲突的情感状态,引导学生在懂得体谅父母的基础上,学会积极沟通。PD8s2《我与父母交朋友》在初中阶段进一步引导学生正视自己与父母之间的矛盾冲突,不否认、不漠视、不夸大两代人之间问题的存在,并积极架起沟通的桥梁。

第四,相互忍让的宽容性。现代家庭的情感性特征决定了单靠伦理规则无法从根源上消除矛盾与冲突,唯有家庭成员在血缘亲情的基础上彼此尊重各自的性格、宽容与忍让,才能成就家庭生活的完美与和谐。TYW7s6《散步》中,当男主人在敬老和爱幼相冲突不能兼顾的时候,选择了满足老母亲的愿望,当他做了这一决定时,儿子不哭也不闹地依从父亲,妻子丝毫没有争执,而奶奶疼孙子,最后迁就孙子的愿望。一家人在相互体谅、宽容与谦让中和睦相处,当孩子长大,也会像爸爸孝敬奶奶一样去孝敬父母,好的家风代代

---

[1] 李琪明:《海峡两岸德育教科书之分析与比较》,《公民训育学报》2001年第10期。

[2] 王常柱:《孝慈精神及其现代内涵》,《巢湖学院学报》2011年第4期。

传承。引导学生明白，每当家庭成员产生分歧时，应当彼此理解与退让，家庭事务中的选择是多元的，而不是一种非此即彼的选择，为了爱选择退步，也是优化家庭关系的必须之举。

第五，把握孝敬长辈的是非界限。血亲关系为纽带的人际交往圈引发的"私心"与"公心"的矛盾冲突是"爱有等差"最常见的表现。人之"私心"与"爱有等差"思想互为因果、相互说明和相互解释，两者如影随形。"私的毛病在中国实在是比愚和病更普遍得多，从上到下似乎没有不害这毛病的。"① 孔子还有父亲犯法，子为父掩的说法，表明在公私矛盾之时，私凌驾于公之上的思想倾向。由于现代观念中的爱是一种平等的爱，其剥离了等差之爱中的血亲等差、地缘等差、身份等差，还跳出了公与私之间的等差，表现为将私人感情置于公共价值之后。例如：PD8s1《爱在屋檐下》尤其强调子女对父母的孝敬绝不是古代盲目顺从、无条件服从的愚孝，而是建立在平等基础上对父母辛勤劳动和养育之恩的回报。而且在孝的问题上是有是非界限的，对父母的孝敬是在当代道德和法律基础上对父母的尊敬和侍奉，倘若违反道德或法律，我们要勇于批评、制止和斗争，决不能因亲情而宽恕、纵容、包庇，也就是说，对父母的孝敬有道德和法律上的是与非。

如上所述，教科书中传递的"孝慈"观消除了长幼两辈人性意义上的尊卑观念与等级意识，打破了传统孝道中将幼者视为长者的附属，一切服从长者的局面，平衡了长幼两辈的权利义务关系，恢复了长幼两辈的双向互动意识。正如康有为所说"子为天之子，父亦为天之子，父非人所得而袭取也，平等也"②，教科书中"孝慈"观的诠释肯定了现代社会子女的独立人格。

---

① 费孝通：《乡土中国·生育制度》，北京大学出版社1998年版，第24页。
② 谭嗣同：《仁学》（二），载方行、蔡尚思《谭嗣同全集》（下册），中华书局1981年版，第384页。

（2）爱的无差：由己及人的同胞之爱（友善、仁爱）

在教科书中，人与人的关系形成由己及人的同胞之爱主要表现在孝慈、友善与仁爱这三类德目中。人与人之间的爱是有层次的，从家庭关系中建立于血缘亲情之上的爱，到人际关系中建立于交往之上的爱，到将天下人视为同胞去爱的悲悯之心。教科书中表达的无差之爱，就在于超越了中国传统文化中"仁爱"思想的亲缘氏族之爱，与荀子的"兼爱"思想大体一致，体现出对以上几种层次爱的逐步渗透，其中亲缘之爱已在上文"孝慈"一目中讨论，此处主要涉及"友善""仁爱"两目的分析。

第一，建立于交往之上的同伴之爱。突出表达对身边同学、朋友、邻居、乡亲等与个体保有亲密关系的群体的爱与关怀。例如TYW3s25《掌声》一课讲述全班同学用善意的掌声鼓励残疾女孩英子战胜内心自卑的故事。"英子就像变了一个人似的，不再像以前那么忧郁"，开始"微笑着面对生活"。课文通过英子的变化让学生了解善意的鼓励对身处黑暗中的人是如此重要，引导学生多向身边的人施与善意，强调同学之间的鼓励和关爱。PD4s4-3《我的邻里乡亲》讲到"每个人都有自己的看法，如果只从自己的角度考虑问题就会有矛盾，所以要和睦相处就要多从别人的角度考虑问题，互相谦让"，意在使学生领会邻里之间互相帮助、和睦相处的重要性，学会处理邻里之间的关系。

第二，是对没有亲密关系的他人之爱。真正的博爱平等是利众人、利他人，其德思所泽者，有你有我、有近有远、有亲有疏。上述孝慈之德，以及以同伴、邻居乡亲为对象的友善与仁爱之德都是有益于自我或与自我保有亲密关系的个人，爱的目的还是为了在特定群体内优化自身的人际关系或造益于与自身利益相关者，其终点还是表现为自利，乃私利之德。而"兼爱"思想则跳出了孔子仁爱的"亲亲"和"爱有差等"立论，是一种"我爱人人，人人爱我"

的普遍人类之爱。不分人我、不别亲疏、无所等差地爱一切人[①]的兼爱思想是天下太平的前提，孟子认为"若使天下兼相爱，国与国不相攻，家与家不相乱，盗贼无有，君臣父子皆能孝慈，若此，则天下治"（《兼爱上》）。人与人之间的互相平等之爱无论是在现在还是未来都具有永恒价值，当下教科书积极反映了这种无论身份、地位、亲缘的平等关怀与理解。例如 PD2x10《快乐的"六一"》引导学生体会战争中儿童的不幸遭遇，了解贫困地区儿童的现状，促使学生在欢庆节日的同时，不忘关心战火中饱受磨难的儿童和生活在贫困国家和地区的儿童。TPD4x9《我们的生活离不开他们》等课文表现了对各行各业劳动人民的爱，意在使学生懂得社会生产和社会生活是由各行各业组成的，每个行业的劳动者都是以某种特定方式为社会服务。离开任何一个行业的劳动，社会都无法正常运转，甚至陷入混乱。学生应体会到各行各业的劳动人民用他们辛勤的汗水换来了我们生活的方便，应当尊重他们的劳动，爱惜他们的劳动成果。

（3）爱的超越：民胞物与的物类之爱（仁爱）

无论是孔子的仁爱还是墨子的兼爱涉及的都是人类之爱，爱的本质不应陷入描述人与人之间关系的人类中心主义，还应扩充到物我关系，包括物之爱、大自然之爱，乃至整个宇宙之爱。北宋学者张载在人与物的关系中，提出民胞物与的物类之爱，是对上述"自爱""仁爱"与"兼爱"的扬弃和超越，也是对爱之本质的进一步回归。"民胞物与"之爱指将普天大众视为我的同胞兄弟，将宇宙万物视为我的同伴，是一种"天人合一""物我两忘"之爱。爱人爱物是爱的最高境界，是为"至爱"。张载认为："天地之塞，吾其体；天地之帅，吾其性。民，吾同胞；物，吾与也。尊高年，所以长其长；慈孤弱，所以幼其幼。"[②] 意指我作为天地的儿子，充塞天

---

[①] 沈善洪、王凤贤：《中国伦理思想史》（上），人民出版社2005年版，第131页。

[②] 陈少峰：《中国伦理学名著导读》，北京大学出版社2004年版，第177页。

地之间的气凝固成我的肉体，统帅天地万物的道，构成了我的本性。而构成我之本性的东西，并非我之独有，而是万物分而有之。因而世间万物皆是天地所生，所有人都是同胞兄弟，万物都是我的同类，应该爱一切人、爱一切物。由此可见无论从范围还是层次上来看，"仁爱"与"兼爱"相较于"民胞物与"都具有一定局限性。后者在前者强调人之爱的基础上延伸拓展、反思升华，达至自然之爱、宇宙之爱的最高道德境界。正如罗国杰在其书中所作的评价："'民胞物与'的思想具有人道主义性质，它将孔子的仁爱与墨子的兼爱熔为一炉，体现了二者的长处。整个宇宙间事物的关系，变成了一个大家庭内部的关系，彼此之间的异是微不足道的，而只有彼此之间的同才最为可贵；大家应该去异存同，使伟大的同情充满整个宇宙。"[①] 应该说，"民胞物与"之爱宣扬了一种人道主义和与万物为善的精神，其彰显的价值诉求不仅在阶级压迫的封建时代具有振聋发聩的作用，同样对于当代社会中人生境界的考量，以及社会和谐与世界的可持续性发展同样具有重要价值。

教科书中对"民胞物与"的诠释除了上文中列举的爱己、爱亲、爱人的例子之外，还包括爱世间万物。教科书向学生阐明各种生命共生共存、息息相关的生态和谐观，强调各种生命之间应和谐相处，特别是人类作为最高的生命形式更有责任使各种生命和谐生存发展，保护共有的地球家园。意在引导学生形成正确的生命观，学会欣赏每种生命存在的价值和意义，懂得保护动植物、保护生态环境，学会与自然界的生命共存，尊重、敬畏、珍爱生命，并尽己之力回馈社会，造福更多的生命。例如 TPD1x6《花儿草儿真美丽》用三幅图展现了人与花草、宠物、飞鸟之间的故事，向学生呈现一幅幅美丽的、生机勃勃的自然场景，人与动植物在其中和谐共存，展示着生命的活力，呈现着生命的美丽。旨在让学

---

① 罗国杰：《中国伦理思想史》上卷，中国人民大学出版社 2008 年版，第 497—498 页。

生了解生命的多种形态,激发学生对动植物的喜爱之情,使其感受生命的意义、关爱动植物。

综上,通过对教科书中孝慈、友善、仁爱之德的分析发现,其传递了长慈子孝平等的亲缘之爱、由己及人无差的同胞之爱、民胞物与超越人类中心的物类之爱,通过以上三个层次描绘出跳出差序观念、等级观念的泛爱精神。

### (二) 从传统的偏倚私德到教科书中的兼重公德

传统文化中的道德教育以发展个体圣贤人格为目标,但其中包含的修身养性等私德德目既属于个人道德修养追求,亦是维护当代社会国家稳定的社会基础。甚至有学者认为传统私德体现出来的一种以忧患和担当意识为精神特质的道德勇气,与现代公民人格中蕴含的义务感和责任意识乃异曲同工之妙。[①] 因此,当下教科书为实现从培养传统圣贤人格到培养当代公共人格的转变,需从传统的偏倚私德转变为兼重公德。

1. 以公私领域为标尺的公私德之分

实践是主观见之于客观的过程,道德实践是道德情感、道德认知等主观因素在特定场域中形成的行为选择。因此以道德行为为落脚点区分公德与私德必定与行为发生的场域相联系。人往往有意或无意地依据自身所处的场域来调整自己的行为。因而依据"公共领域"与"私人领域"的标准划分公私德,有其合理性。

(1) 私德:以"我"为核心、以血亲为脉络的独善其身之德

私德是发生在私人领域的道德,当人们的行动不影响与涉及私人以外的他人的利益时为私人领域,其范围包括内心、个人、家庭等私密关系圈,在这类私密关系圈中,行为影响只涉及自我、家人、亲戚、朋友、同事等亲密关系的人群,"私人之间依据自己的喜好而

---

[①] 岳刚德:《中国学校德育课程近代化的三个特征》,《全球教育展望》2010年第11期。

交往，其间体现的德性为私德"①。私德依据"自我"与"亲密他人"两类道德对象分为两部分，一种是个人自处的德操；另一种是个人处理与其他个人关系的道德，例如"忠信笃敬、温良恭俭让等都属于私德"②。私德具有道德主体身份的私人化和道德行为价值的私利性两个特征。道德主体身份的私人化指私德行为的主体以亲属、朋友、同事等私人身份处理各种关系。这种私人身份意味着道德主体与私德涉及的其他人之间具有直接的情感或物质利益联系。道德行为价值的私利性指私德行为的目的在于增进自己或与自己直接相关者的利益。因为私德的本质是利己，这里的"己"，不仅指道德主体本身，还指与道德主体有直接利害关系的个体。综上所述，私德主要是道德主体以私人身份，在私人领域行为中，自处或与亲密他人交往时体现的利己性德性。

（2）公德：以公共秩序、公共关怀为核心的兼善天下之德

依据"公共领域"与"私人领域"的划分标准，公德是人在公共领域中表现出的道德。同样依据约翰·密尔（John Stuart Miu）的观点，以行为的影响对象为标准区分公私领域。当人们的行为影响涉及私人以外的他者利益时为公共领域，其范围包括除了私密人际圈以外的，与集体、社会、民族、国家、世界、人类利益有关的领域。私德是个人的品德与修养，公德是那些促进群体凝聚力的道德价值观，是有益于国家、社会的德行。公德也可区分为两种，一种是消极的具有底线意义的公德，人们在公共领域尽量约束自我、遵守规章公约，避免妨碍他人、损害公共利益的道德就是底线意义的公德，比如，不乱扔果皮纸屑、爱护公物、排队买票等。另一种是对超出个体界限与利益的公共事务的公共关怀与公共精神。公德以利群固群为主要目的，要求视国事如己事，"国家意识、进取意识、

---

① 张建英等：《公德与私德概念的辨析与厘定》，《伦理学研究》2010 年第 1 期。
② 陈来：《梁启超的"私德"论及其儒学特质》，《清华大学学报》（哲学社会科学版）2013 年第 1 期。

权利思想、自由精神、自尊合群、义务思想"① "自由、平等、人权、民主以及与之有关的道德规范"② 都属于公德。公德具有道德主体身份的普遍性和道德行为价值的他利性两个特征。道德主体身份的普遍性指道德主体在履行公德时所持有的身份是公民或社会成员,其特点是具有一般性、普遍性,一方面体现为这种身份所代表的权利与义务都是人人具有、人人平等的,另一方面意味着人际之间无直接情感或物质的利益关系。道德行为价值的他利性指道德主体的目的是增进或不损害非直接相关者或不特定多数人的利益,利益的主体是陌生的他者社会成员或集体,以及全体社会。综上所述,公德是道德主体以社会成员身份在公共场域中与他人交往时体现的利他性德性。

2. 中国传统文化中社会层面道德形象的重私轻公

在古代中国,以宗法、血缘关系为基础的家庭或家族是社会构成及生产的基本单位,"几乎所有的社会关系均以血缘和地缘为纽带相互联系,因而不需要发展血缘伦理之上的公共生活设置"③。"民多聚族而居,不轻易离其家而远其族,故道德以家庭为本位。"④ 于是,中国传统文化中便建立起君臣、父子、兄弟、夫妇、朋友五种人伦,并以忠、孝、悌、忍、善作为"五伦"关系准则。在"五伦"中强调的父慈子孝、兄善弟恭、夫爱妻顺均属于家庭亲缘关系中的伦理道德,朋睦友信也属于私密人际圈中的伦理道德。而君敬臣忠并非等同于国家伦理,事实上在宗法等级制度的中国古代,"忠君"是对天子个人权威的服从,而不是对国家人民的忠诚,未尝不

---

① 陈来:《梁启超的"私德"论及其儒学特质》,《清华大学学报》(哲学社会科学版) 2013 年第 1 期。
② 李泽厚:《历史本体论 己卯五说》,生活·读书·新知三联书店 2006 年版,第 61 页。
③ 张晓东:《中国现代化进程中的道德重建》,贵州人民出版社 2002 年版,第 61 页。
④ 黄建中:《中西文化异同论》,生活·读书·新知三联书店 1989 年版,第 172 页。

是另一种形式的私德。由此形成重私轻公的道德形象，"试观《论语》《孟子》等吾国民之木铎，而道德所从出者。其中所教私德居之十之九，而公德不及其一焉"①。例如，孔子有"孝悌也者，其为仁之本与"（《论语·学而》），将孝顺父母、顺从兄长视为仁的根本。孟子有"事孰为大？事亲为大"（《孟子·离娄上》），认为侍奉双亲是最重要之事。梁启超指出由于中国传统伦理建立在宗法血缘之上，因而往往按照先私后公的次序处理私德与公德的关系。如《论语·子路》所载，当儿子发现父亲偷羊，孝慈的私德与维护正义的公德产生冲突，孔子主张用"父子相隐"的方式以维护血缘亲情，将私德凌驾于社会公德之上。再如，《大学》中提倡的修齐治平的政治理想也是一个私德先于公德的典型。"求诸于己的理想实现方式让人只能在自我修身并达到圆满的过程中得到满足，而对家庭范围以外的事就可以两耳不闻，自求觉解了。"② 它倡导人们以修身齐家求诸于己的方式达至治国平天下的政治理想，然而两者之间的巨大鸿沟导致绝大多数人仅仅能实现齐家。

3. 教科书对传统文化中社会层面道德的公德开拓

教科书中除了对仁爱、责任等传统文化中强调的公德进行进一步传承发扬外，还结合时代需求，充实了诸如平等、自由、公平、正义、法制等现代公民必需的公德。

（1）剥除宗法等级制度，达至普遍社会公理

教科书对平等与自由精神的刻画是对传统等级制度的消解，对社会普遍公理的追求。

第一，教科书对平等思想的刻画。在中国传统文化中，等级意识与差等社会结构的长期胶着状态导致平等一直处于被压制之中，但"在诸多古代思想家中不乏平等意识的萌芽，其中具有真正平等

---

① 吕滨：《新民理论与新国家》，江西教育出版社2000年版，第105页。
② 李学明：《公德私德化：解决"公德"与"私德"问题的切入点》，《求实》2009年第8期。

观念的当属墨家"①。墨子主张在天道面前人人平等,"人无幼长贵贱,皆天之臣也"(《墨子·法仪》),倡导社会贫富均等,消除贫富差距,"有力者疾以助人,有财者勉以分人,有道者劝以教人"(《墨子·尚贤下》),主张"兼以易别""兼天下而爱之",否定了儒家思想中尊卑、贵贱、亲疏的等级观。墨家对平等思想内涵的探索与挖掘,使当时的平等观提升到新阶段,但之后由于墨家思想的中断,其平等学说也相继成为绝学。② 明清之际,为改革当时的弊政,开明知识分子对传统道德伦理展开自我检讨与自我批判,从不同角度提出了对平等的要求,"庶人非下,侯王非高"(《老子解》),"人之生也,无不同也"(《潜书·大命》),"天地之道故平,平则万物各得其所"(《潜书·大命》),要求突破尊卑贵贱等级的界限,把平等贯彻到君臣、父子、夫妇等人伦关系中。自秦末之后农民斗争连连,"均田免粮"③ "吾疾贫富不均,今为汝均之"④ 的思想纲领推动封建王朝的更迭,虽然体现出阶段性的平等,但其结果也必然陷入新一轮专制等级的状态中。总体而言,我国传统文化中的平等思想大体陷入一种自我冲突与矛盾的境地:既讲究三纲五常、尊卑有序,表现出对封建等级制度的维护与支持,又承认"人人皆可为尧舜"的德性伊始上的平等性,认可人的起码尊严与本性的平等。⑤

教科书中涉及平等一目的篇目表达了权利平等、人格平等和不同文化之间的平等三方面。第一,教科书在对权利平等的诠释中,一方面阐明人人享有平等的权利,另一方面阐明人人不仅享有权利,也应履行义务,这是权利与义务的平等。例如 TPD5s4《选举产生班委会》、PD5s2-2《集体的事谁说了算》强调在民主选举中人人都

---

① 杨明:《平等观:传统文化视域下的理性反思》,《岭南学刊》2016 年第 1 期。
② 杨明:《平等观:传统文化视域下的理性反思》,《岭南学刊》2016 年第 1 期。
③ 王剑英等:《中国历史》第 2 册,人民教育出版社 1982 年版,第 121 页。
④ 王剑英等:《中国历史》第 2 册,人民教育出版社 1982 年版,第 62 页。
⑤ 张怀承:《天人之变:中国传统伦理道德的近代转型》,湖南教育出版社 1998 年版,第 54 页。

具有平等的选举权和被选举权，目的在于既让学生了解人人都有平等发表自己看法与意见的权利，形成民主权利意识，同时又明确人人都有倾听和吸纳别人意见和少数服从多数的义务。第二，教科书在对人格平等的诠释中，表现出不分性别、贫富、角色的人格平等。引导学生明确人生而平等，尽管个人天赋条件、成长环境、生理状况有差异，但都不会影响到人与人之间人格的平等。教科书传递否定、破除重男轻女世俗思想的意图，彰显男女平等的思想，例如YW9x14《变脸》中老艺人对女扮男装的狗娃的态度转变，表现出对传统文化中根深蒂固的男尊女卑思想的消解，故事中狗娃凭借她的勤劳能干、知恩图报、机灵懂事获得水上漂喜爱的过程暗含现代社会对女性能力、地位、权利的认可与尊重；课文讽刺势利的拜金主义者，引导学生不以金钱、权势等外在标准区别待人，例如YW5x24《金钱的魔力》讲述"我"到裁缝铺买衣服时，先遭到怠慢与嘲讽，而后由于拿出百万大钞又倍受关照的故事，讽刺以金钱度人的狭隘思想，呼吁不分贫富的人格平等观；教科书强调长幼平等相处的理念，消解自古以来后辈对前辈的绝对服从，例如TPD8s7《亲情之爱》表明在敬重长辈的同时也要坚持平等沟通的权利、保持自我人格的独立；教科书强调尽管每个人的境遇与条件不同，但人生来平等，例如PD8s9《心有他人天地宽》通过周总理尊重一个普通工人的故事表现不分社会境遇的人格平等。第三，教科书强调不同民族与不同文化之间的平等。教科书通过历史启发、故事蕴理等形式帮助学生树立开放、发展、平等、互相尊重的健康文化心态，引导学生认识各个民族之间的文化差异并非文化交流的障碍，只有平等交流、相互借鉴，才能共享文化成果，民族友好、民族融合始终是我国多民族国家发展的主流。例如：LS7x9《民族政权并立的时代》、TLS7x7《辽、西夏与北宋的并立》等历史课文引导学生正确认识少数民族对我国边疆地区的开发所作的重大贡献。并树立从正义和非正义的角度分析战争性质，摒弃异族、侵略的说法，引导学生认识每个民族都是平等的，不能有以某民族为主的民族歧视心态，树立正确的民族观。

　　传统文化中的平等意识多出于对封建等级制度的抗衡，多停留在对人格本质范畴上平等的呼吁。当下教科书中传递的是以追求机会平等为特征的现代平等观，即人们在政治、经济、文化及社会地位等各方面享有同等的权利，其核心内容是政治上的平等和社会权利的平等。教科书中对现代平等意识的刻画包括了三个部分：一是人格平等，通过选文表现不同性别、贫富、角色、社会境遇的个体都平等有尊严；二是法律平等，不仅表现在不同个体间法定权利与义务的平等，而且表现在同一个体法定权利与义务的平等；三是群体层面不同民族与不同文化之间的平等，引导学生跳出个人视野，从更高层面理解平等的含义，真正以一颗包容平等之心体认多元世界。

　　第二，教科书对自由意识的刻画。在中国传统社会中，人的言行举止受到等级制度下严苛礼教的规定和约束而缺乏自由。但在中国的儒释道各家依然蕴含着关于自由的思想火花，儒家追求有限制的自由，讲究在责任担当中寻求自由，是绝不逃避现实入世之自由。[①] 孔子讲"七十而从心所欲不逾矩"（《论语·为政》），率性而为但还必须遵守道德准则和社会法则，这便是儒家思想中真正的、现实的自由境界。道家追求的是一种"出世的自由"，认为现实世界是心灵的羁绊与桎梏，甚至是一种迷误与罪恶，"至人无己，神人无功，圣人无名"，只有忘却名誉功业，乃至舍弃一切物质羁绊，才能无思无虑，获得精神的解放与心灵的自由。释家倡导"持戒的自由"，意指不为了自己的自由而妨碍他人的自由，这才是真正的自由。[②] 传统文化中对生命自由的关切和追求为现代意义下自由精神的构建提供了宝贵的借鉴。

　　当下教科书中传承的自由精神与传统文化中的自由精神有趋同

---

[①] 毛振军、李松雷：《论中国传统文化中的自由内蕴》，《中共济南市委党校学报》2008 年第 1 期。

[②] 赖永梅：《中国佛性》，中国青年出版社 1999 年版，第 64 页。

第三章　教科书中优秀传统文化道德形象的价值传承内容　177

之处，都是从约束以及自律的层面阐述自由，是在思想、言论和行动上不侵害其他人，与公众道德观保持一致的前提下，所希望、要求与争取的生存空间和实现个人意志的空间，这种自由并非不受规则限制的自由。无论是传统文化还是当下的教科书都以"不侵犯他人利益"划定自由的边界，自由不是随心所欲，它受道德、纪律、法律等社会规则的约束。公民在行使自由和权利的时候，不得损害国家的、社会的、集体的利益和其他公民的合法自由和权利。例如TPD8s2《社会生活离不开规则》明确指出个体的社会性存在方式决定人的自由必须以不侵犯他人自由为前提。"社会规则是人们享有自由的保障。人们建立规则的目的不是限制自由，而是保证每个人不越过自由的边界，促进社会有序运行。"个体必须接受规则与法律的约束，适当地让渡自由、承担道德责任，才能获得真正的自由。同时，个体自由的获得基于责任担当的基础上，个体需要通过承担责任实现自我的价值和尊严。责任是自由的前提和基础，没有责任就无所谓自由。[1]

与此同时，传统文化中儒释道各家的自由精神与现代意义上的自由也有一定区别。儒家思想中的自由强调道德提升，道家思想中的自由注重精神自由，佛教思想中的自由突出自律。[2] 传统文化中的自由精神是生存自由，强调自由的主观内在性，只有通过克制感官享受的诱惑才能获得自由，[3] 且常常从道德伦理的角度思考对人来说什么是善的生活方式，将自由与从善联系在一起。而教科书中传递的现代自由精神则是社会性的意志自由，强调人对来自外部障碍或强迫的摆脱，例如YW7x28《华南虎》以被囚禁的华南虎为象征，

---

[1]　熊英：《道德治理的合法性与有效性论析》，《武汉理工大学学报》（社会科学版）2014年第4期。

[2]　刘固盛：《中国传统文化中的自由精神与现代启示》，《长安大学学报》（社会科学版）2016年第3期。

[3]　黄振地、靳书君：《"自由"概念史演变的哲学反思》，《中共福建省委党校学报》2017年第10期。

表现对不屈的人格和自由的渴望。鼓励学生树立独立人格和自我意识，激发他们不屈的生命、执着的灵魂，引导他们认识到精神自由、人格独立的可贵，无论遭遇任何困境与诱惑都要不迷失、不屈服、不苟活，追求精神的自由和人格的独立。TYW6x7《汤姆·索亚历险记》刻画了一个酷爱自由的孩童形象，他不堪忍受伪善的宗教仪式、虚伪庸俗的社会习俗、刻板陈腐的学校教育，从而开启一系列冒险"事业"，借此表达对习俗、社会、宗教束缚的憎恶，和对自由的渴望，激励学生保持冲破桎梏、追求自由的勇敢无畏。TYW8x3《安塞腰鼓》以安塞腰鼓暗喻挣脱、冲破、撞开一切因袭重负的力量，歌颂激荡的生命与对自由的向往。激发学生冲破物质上、精神上的压抑与羁绊，寻求精神的独立与心灵的解放，高扬富有自由精神的生活态度。这些篇目或表现对自然环境限制的超越，或表现对社会制度压迫的摆脱，从而能在不侵犯他人自由的基础上按照自己的意愿行事，自由不再是主体内在性的思想独立，而是通过自身实践寻求意识向外在存在转化的独立性。

（2）律己同时深化律他，彰显个体道德权利

律己在于约束和引导自我以抑制自身利益、维护他人利益，如：知耻、诚信、谦让、守礼。律他在于遏制他人的非法侵害以维护自身权益，如：权利意识、参与意识等。[①] 教科书传递的公平、正义、法治不仅是对自我的道德要求，也是对他人、对社会的道德要求，其中都暗含个体对自身权益的正视与维护。

第一，教科书对公平的诠释。古人认为公正体现于一切人际交往之中，"柔亦不茹，刚亦不吐，不侮矜寡，不畏强御"（《诗经·大雅·烝民》），一者不讨好权贵、不屈从强暴、不偏袒富者，不媚时俗，不随声附和。二者不欺凌弱者，不因私而有失偏颇。在处理利益关系时，于己尽义务且得其应得，于人不侵犯其权益，满足其

---

① 贾新奇、王园：《从公民道德的角度认识儒家道德》，《宁夏社会科学》2005年第6期。

所应得。凡是处理矛盾、解决问题，不掺杂私欲私利，不受制于私爱私憎，不心存成见偏见，不迎合、不受外界势力挟持与左右。对公平的倡导反映出当时的思想家试图协调等级关系中的不平等人际关系的愿望，既希望协调统治阶级内部关系，又希望保护底层人民仅有的权益。在封建社会中，衡量公平与否的准绳就是当时的法律与道德，然而这些理和法所代表的仍然是封建统治阶级的利益。这决定了在当时的社会背景下，人们对公平的追求并未突破阶级压迫、封建剥削的大格局。《荀子·荣辱》中曾对"至平"有这样的解释：农以力尽田，贾以察尽财，百工以巧尽械器，士大夫以上至于公侯莫不以仁厚知能尽官职，夫是之谓至平。这反映出古代的公平观就是人们遵照自己所处的等级地位履行义务，获取应得利益即是公平，倘若封建等级秩序被破坏即是不平。可见这种公平建立在"差等"基础上，实际上在阶级压迫、政治经济地位不平等的封建社会，公平具有鲜明的相对性，追寻的仅是大不公平中的小公平。

教科书中宣扬的"公正合理""公平合理"是以理为准的，是真正在平等年代实现的"无偏无颇""无偏无党""无反无侧"（《尚书·洪范》），是维护社会秩序的基石。教科书中有关"公平"一目的内容，涉及执行民主权利时的公平，不受外部势力左右的处事公平，以及机会公平等内容。有课文强调民主选举中的公平。让学生明确学校集体中选举的基本程序和公平原则，帮助学生建立民治意识。例如PD5s2-1《我们的班队干部选举》旨在让学生明白，在集体中人人都享有选举权和被选举权，干部任职要严格实行公平的民主选举，禁止由成人指定或变向指定。有课文强调不受外部势力左右的处事公平。鼓励学生不畏威逼利诱，始终坚持履行心中的公平法则。例如TYW8s5《藤野先生》中的日本教师藤野先生并没有因为当时中日政治关系紧张而轻视、敌对中国学生，而是不迎合、不受外界因素挟持与左右，对学生平等相待、客观评价，表现出超越狭隘民族偏见的正直、热忱与公平的高贵品质。YW8s4《就英法联军远征中国致布特勒上尉的信》中，法国著名作家雨果不被当局的舆论导向牵引，不被狭隘的爱国狂热所蒙蔽，对英法联军远征中国的侵略性、破坏性战争，作出立场明确、态度鲜明的公正评价。有课文强调社会公民的机会公平，表明社会上每个合法公民都应当被公正平等地对待。例如 PD8x9《我们崇尚公平》阐明每个人都是独立、平等且自由的，社会给予每个人的机会应是均等的，并鼓励学生利用法律的武器维护自己的利益，为创造一个更加公平的社会不懈努力。

对个人来说，教科书中的公平观同传统文化中的公平观都一致强调为人处世的不偏不倚。对社会来说，中国传统文化中的公平观主旨在于人各司其位、各尽其责，以维护封建等级制度的"稳态"①，事实上，这种公平观是以整体主义为导向、以"利他"为原则，突出"重义轻利"的道德要求，以实现社会的稳定和谐。教科书中传递的现代公平观则强调实现公民的各得其所，是承认和保障个体合法合理权益之上的公平。此时的公平是为了维护和谐社会，维护社会成员共同遵守的均衡关系。

第二，教科书对正义的诠释。在中国传统文化中，正即是直，指符合人情、礼俗和法度规则，所谓"方直不曲谓之正，反正为邪"（《新书·道术》）。"义"指合宜的道德、行为或者道理，如"行而宜之谓义"（《原道》）；"义"还有公正不偏私之义，如"无偏无颇，遵王之义"（《尚书·洪范》）。传统文化中的正义观通过推崇道德价值维护社会整体利益，崇高的道德理想是传统正义观的永恒意义，② 多强调个人对于整体的道义责任，轻视个体需要。然而与此同时，在中国传统文化的重私德倾向中，古代的"正义"之德受到宗法血亲关系的束缚，在某些时候被打上"私德"的烙印，表现出被矮化的矛盾倾向。例如：孔子所言的"父为子隐，子为父隐"，就是

---

① 廖小明：《中国传统社会公平观的多维审视及其当代启示》，《经济与社会发展》2016 年第 5 期。

② 刘宝才、马菊霞：《中国传统正义观的内涵及特点》，《西北大学学报》（哲学社会科学版）2007 年第 6 期。

人伦之义与公正之义发生冲突时，正义向亲亲价值屈服的例证。现代正义观既不抹杀整体利益，又不无视个体需要，是脱离血缘宗法关系、遵循公共法理秩序的纯粹公义。

教科书中诠释的正义精神超越了狭隘民族主义、严酷封建教条的压制，是追求和平、自由、人权、公平的公义精神。从群体利益着眼，但同时又关照个人层面的利益，把维护正义同个人的权益相联系，体现个体利益与群体利益在合乎法则前提下的相荣相促。有课文强调整体层面的正义价值。例如YW8s4《就英法联军远征中国致布特勒上尉的信》表现了雨果超越狭隘民族主义的正义精神。法国作家雨果始终站在正义的背后，对于英法联军侵略中国的强盗行为发出愤怒的谴责，对中国所遭受的空前劫难表达深切同情，是非分明，爱憎分明，彰显了人类的良知、公平与正义。TLS9x15《第二次世界大战的爆发》阐明第二次世界大战的发起是以瓜分和掠夺别国为目的的非正义战争，引导学生建立正义观，相信正义的力量始终战胜邪恶，激发他们维护正义的责任感。有课文强调个人层面的正义价值。例如PD8x3《生命健康权与我同在》、PD8x4《维护我们的人格尊严》、PD8x5《隐私受保护》分别把保护个人的生命健康权、人格尊严、隐私权纳入正义的范畴。并在维护隐私权一课中破除传统文化中"父为子纲"等宣扬人格依附的陈旧观念，强调个人是独立的个体，长辈没有干涉学生私人空间的权力。这表现出正义的公德高于私德，履行尊敬长辈的私德也应以符合公德为前提，这与传统文化中先私后公的德性顺序是相反的。有课文明确肯定了当下正义观中对个人与群体的共同关照。例如PD8x10《我们维护正义》指出正义就是"促进人类社会进步与发展、维护公共利益和他人正当权益的行为"，"正义要求我们尊重人的基本权利，尤其要尊重人的生命权，公正地对待他人和自己"，这体现了正义之德对群体与个体利益的共同关照，鼓励学生对正义充满向往和追求，做有正义感的人。

第三，教科书对法治的诠释。在先秦时期，重德治是当时儒家的共同主张,在一定程度上轻视了法治的作用。春秋战国时期,管子认为除了道德之外,法是臣民们的"绳墨"与"规矩"(《七法》),主张政治、法律、道德教化等多手段综合治理。韩非则认为,由于人恶的本性,只有借助暴力、威势才能有所实效,达成化民止恶的目的。① 先秦法家的"以法治国"远非现代意义上的法治,不过是刑制而已,是严刑峻法、极端专制的残暴统治。董仲舒反对"专任刑罚",主张礼治,强调发挥法律作用维护社会秩序。韩愈主张礼义教化,将"礼""法"均视为治理国家的手段。② 总之,历史上的德法之辩,最终在中国传统文化中形成"德主刑辅"的治国模式,然而在封建社会中无论是"德"还是"法",都有约束民众自由,要求民众履行服从义务的特征。③ 当时的社会制度导致未能将法律置于权力之上,反而给予王权与官僚阶层以超越法之权力,使得"法"可以成为统治者手里任意使用的武器。当然也有诸如"君臣上下贵贱皆从法,此为大治"(《管子·任法》)等与现代法治接轨的先进思想,但终归被淹没于历史中。

教科书中的法治一目表达了引导学生树立依法律己、依法维权两个层次的法治意识。既强调法律的威严与遵守法律的自觉性,又强调树立依法维权意识,借助法律武器维护自己与他人、社会的利益。

第一,教科书强调法律的威严与遵守法律的自觉性。传统社会中"尊卑上下"的特权观念占主流,法只是维护权力的工具或行使权力的方式,因此人们崇拜权力超过崇拜法律。教科书中传递的法律面前人人平等的观念与传统法治观念中的等级特权意识相悖离。另外,教科书中强调法律是"由国家制定和认可;靠国家强制力保

---

① 张锡勤:《中国传统道德举要》,黑龙江大学出版社2009年版,第13页。
② 于语和、吕姝洁:《中国传统法律文化与当今的法治认同》,《北京理工大学学报》(社会科学版)2016年第4期。
③ 徐言行:《中西文化比较》,北京大学出版社2004年版,第230页。

证实施，具有强制性；对全体社会成员具有普遍约束力"①，表现法律不可违抗的尊严。而传统文化中，人治观根深蒂固，法律并不具有权威性，只是君王治理天下的工具，以统治者的意志为转移。因而教科书中传递的现代法治的法律至上观念与传统的君权至上的人治观念也是相异的。教科书中还涉及法律作为公德与传统私德相冲突时的选择，PD8s10《诚信做人到永远》列举了一个案例：铁柱发现表哥吸毒，表哥希望他帮助自己隐瞒，但最后铁柱考虑到"吸毒是违法行为，隐瞒不报就是包庇，于是向公安机关报案"。这表明守法的公德高于兄友弟恭的家庭伦理之德，超越传统文化中"父为子隐，子为父隐"（《论语·子路第十三》）私德至上的价值观。

第二，教科书强调依法维权。在中国传统文化中，"和为贵""重义轻利"的观念给传统法治观念蒙上贬义色彩，所谓"民以无讼为有德，官以息讼为政绩"。另外，以刑为主的法律给人以冷酷无情之感，加之当事人在法庭上只有受刑的义务，却没有辩护的权利，导致法律受到排斥。因此，教科书中鼓励学生敢于拿起法律的武器解决纷争、维护自身权益的法治诉讼观是对传统的畏法厌讼、惧法耻讼意识的超越。例如 TPD6s4《公民的基本权利和义务》、PD8x3《生命健康权与我同在》、PD8x6《终身受益的权利》、PD8x7《拥有财产的权利》、PD8x8《消费者的权益》等课文旨在引导学生利用法律维护未成年人的权利、消费者的权利、生命健康权、财产权等，以及利用法律与不法行为作斗争、匡扶社会正义的权利。

综上，教科书中传递的平等、自由、公平、正义、法制都是现代社会必需的公德精神，其中一些理念在传统文化中有所萌芽，但总体而言在封建等级观念的压制下或昙花一现泯灭于历史长河中，或被打上封建烙印导致与其本意背道而驰。当下教科书对这些理念的诠释，是结合时代特征与需求对传统文化中的公德思想精神的挖

---

① 课程教材研究所：《思想品德》（七年级下册），人民教育出版社 2008 年版，第 91 页。

掘与提取，发展与创新。

## 第四节　教科书中国家层面道德形象的内容分析

本节对教科书中国家层面道德的课程内容选择特征也从延续、新释和超越三个层面展开论述，以呈现教科书刻画优秀传统文化道德形象的逻辑理路。

### 一　教科书中国家层面道德形象的延续

教科书对传统文化中国家层面道德思想的延续表现在继承家国一体的使命担当，坚守和谐统一的政治立场，复刻反抗压迫、贵刚重阳的民族性格三方面。

#### （一）教科书继承爱国、公忠、奉献等家国一体的使命担当

爱国主义的思想内涵丰富，团结统一、自强不息、追求和平、公忠奉献等道德精神都从不同侧面诠释了爱国精神。因此，本研究对教科书进行分析时，将爱国主义限定为对祖国文化、自然、成就的自尊与自豪感，以及抵抗外来侵略和建设祖国的决心，以便于和其他德目进行维度区分。教科书中的爱国一目主要通过表现民族自豪感与自尊心、赞美自然景观与人文景观、颂扬历史人物、表达抵抗外来侵略的决心和建设祖国的决心、借象征物抒情或直抒胸臆来呈现爱国主义思想。有的课文通过抒发民族自豪感与自尊心表达爱国精神，例如 TYW6s7《开国大典》、YW2s11《我们成功了》、YW6x19《千年梦圆在今朝》分别重现了1949年首都北京举行开国大典的盛况、2001年北京申奥成功的激动场景，以及中国载人航天飞船"神舟五号"成功发射的经过，描绘出中国人民为祖国的繁荣昌盛感到无比自豪、激动的心情。TLS7x3《盛唐气象》、LS7x13

《灿烂的宋元文化》、PD6s3-2《日益富强的祖国》引发学生对中国历史上的繁盛，及当今日益强盛的祖国感到自豪与骄傲。有的课文通过赞美自然景观、人文景观表达爱国之情。例如 YW2s10《北京》、TYW3s18《富饶的西沙群岛》、YW3s24《香港，璀璨的明珠》等描绘历史文化名城北京、美丽丰饶的西沙群岛、象征祖国富强的香港岛的课文，培育学生对祖国大好河山的热爱之情；YW3s20《一幅名扬中外的画》、TYW8s17《中国石拱桥》等课文通过展现我国名扬中外的绘画作品、建筑遗产，使学生感受中国古代文明的辉煌，体会中华文化的丰富与精深。有的课文通过颂扬历史人物表达爱国情怀，例如 TYW7x1《邓稼先》、TLS8s8《革命先行者孙中山》勾勒杰出爱国科学家、革命者的高大形象，以此激发学生热爱祖国、立志报国的思想感情。有的课文通过表达抵抗外来侵略的决心抒发爱国情怀，例如 LS8s1《鸦片战争》、LS8s2《第二次鸦片战争期间列强侵华罪行》展现侵略者对祖国的肆意践踏，激发学生对侵略行为的坚决抵抗。有的课文借象征物抒情，例如 YW5s6《梅花魂》通过勾勒挚恋祖国、寄爱国情于梅花身上的海外游子形象，激发学生的爱国情怀。有的课文直抒胸臆，例如 TYW9x1《祖国啊，我亲爱的祖国》通过描绘与祖国共同经历的磨难艰辛，表达对祖国的挚爱、依恋和赞颂。有的课文通过表达建设祖国的决心抒发爱国之志，例如 LS8x10《建设有中国特色的社会主义》表现对祖国利益的关心和维护，这是一切爱国情感、爱国思想的本质之所在。

教科书中对公忠精神的诠释继承了传统文化中公忠之德忠于国家与人民的本意，引导学生将个人命运与社会、国家、天下相联系，从而主动担负起社会责任与义务。教科书从人的社会性、社会责任入手倡导公忠，引导学生明确人生活于社会群体中，被赋予一定的社会角色，同时生成相应的义务与责任。因此，社会的存在与发展依靠每个社会成员各尽其职的公忠精神来维系。《礼记·礼运》"天地万物为一体"的观念说明了个人与群体共生共存、息息相关的关系，更增强了人们的社会使命感、责任感，使公忠精神更趋于自觉。

例如 PD9-6《参与政治生活》引导学生将国家事物视为己任，树立依法行使建议权、监督权等政治权利，自觉履行公民的政治义务的政治自觉，积极参与国家治理。具体而言，教科书中诠释的公忠精神从抵抗压迫、忧国忧民、维护统一、建设祖国四个方面展开。其中有的选文以坚决抵抗外来侵略为切入口表达对国家的忠诚之心。例如 TLS8s19《七七事变与全民族抗战》、TLS8s7《抗击八国联军》向学生展示革命先烈忠于革命的伟大精神和面对敌人坚贞不屈的高贵品质。有的选文以献身祖国建设为切入口表达公忠精神。例如 LS8x14《钢铁长城》、TYW7x1《邓稼先》等课文引导学生树立为建设祖国"鞠躬尽瘁，死而后已"的崇高志向。有的篇目以心系祖国、忧国忧民为切入口诠释公忠精神。例如 TYW8x24《茅屋为秋风所破歌》中"安得广厦千万间，大庇天下寒士俱欢颜"的呼喊，体现了饱览民生疾苦、体察人间冷暖的济世情怀，将个人命运同国家命运紧密相连，表达了忧国之痛和愿意以死明志的豪情壮志。

教科书中的奉献精神不仅表现在国难当头、民族灾难之时，也包括日常生活中为事业、为集体的默默付出，还包括为维护真理与正义，为繁荣人类的科学文化事业呕心沥血的钻研与探索，总体上突出了中国传统文化中奉献精神的精髓——"利群"，体现了社会责任感与使命感。教科书中诠释的奉献精神从奉献祖国与人民、集体、他人、科学事业、正义五个角度展开。有的选文强调对祖国与人民的奉献，例如 LS8s15《"宁为战死鬼，不作亡国奴"》、PD5s3-4《祖国江山的保卫者》突出革命战士和人民解放军为了守卫国家安全和人民生活的安宁所作的贡献，使学生感受他们为祖国的国防事业奉献青春、甚至生命的可贵精神。YW6x12《为人民服务》使学生意识到为社会群体默默无闻地尽职工作也是了不起的贡献，明确为人民服务的精神在和平年代仍然是每个社会公民的人生准则。有的选文突出对集体的奉献，引导学生了解不计个人得失、无私奉献社会的先进事迹，树立不计代价与回报、积极肩负社会责任的奉献精神，例如 PD9-1《责任与角色同在》。有的选文强调对他人的奉献，引导学生树立宁可自己吃苦也要帮助别人的善良与淳朴品质，例如TYW6s13《穷人》。有选文强调对科学事业的奉献，引导学生感受科学家坚定执着、全身心投身科学的忘我精神，树立默默奉献、锲而不舍的科学精神，例如YW6x18《跨越百年的美丽》。有的选文强调为正义献身的精神，引导学生时刻保持警惕和自我反省，不做贪图"利"而损伤"义"的事情，树立舍生取义的崇高行为准则，例如TYW9x9《鱼我所欲也》论述了孟子的一个重要主张：义重于生，当义和生不能两全时应该舍生取义。

（二）教科书坚守和睦、团结、和平等和谐统一的政治立场

涉及和睦的课程内容包含多个层次，例如TPD1x10《家人的爱》、PD8s2《我与父母交朋友》强调家人之间的和睦；TPD7x6《"我"和"我们"》、PD6x1-3《学会和谐相处》强调班级同学间的和睦；PD4s4-3《我的邻里乡亲》强调邻里之间的和睦。从学生生活的家庭、班级、社区等基本人际交往范畴入手，使学生意识到无论是家庭、班级还是社区，人与人难免产生摩擦和分歧，而人际关系的稳定和谐又是个人与集体发展的基础与动力，因此学会换位思考、积极沟通，营造与维护和谐的人际交往环境。另外，教科书更从学生日常生活的小集体上升到国家民族的大集体，强调不同民族之间的和睦。通过引导学生了解各民族有不同的历史文化、生活习惯与风土人情，意识到理解差异与尊重差异在民族友好交往中的重要意义，从而积极促进各族人民之间的相互理解与尊重，自觉维护民族团结和国家安定，例如LS7x19《统一多民族国家的巩固》、TPD5s7《中华民族一家亲》。民族和睦、国家统一是中国特色社会主义事业的重要组成部分，其中国家的统一更是民族和睦相处的前提，因此教科书除了从家庭、学校、乡邻、民族几个层面展现和睦之德外，还针对我国台湾的历史遗留问题，选取了维护祖国统一的篇目。例如TLS8x13《香港和澳门的回归》、LS8x13《海峡两岸的交往》使学生意识到台湾是我国不可分割的领土，激发他们盼望台湾

回归、实现祖国统一的愿望，从而树立维护祖国统一的决心与信念。

教科书中关于团结一目的内容有团结互助、团结合作、团结分享、团结友爱四个方面。第一，强调团结互助、互助互利、相互依存的精神，教科书旨在引导学生理解只有人人都为大众、为社会尽到责任和义务，才能实现"人人为我、我为人人"的美好愿望。例如 PD3x3-1《我们的生活需要谁》帮助学生认识人们的生活离不开各行各业的劳动者，体会人们在社会生活中相互依赖、相互服务的共生共存关系。第二，强调团结协作，为了共同目标分工配合的精神，引导学生在竞争意识浓烈的现代社会珍视团结协作的价值。例如 YW7x27《斑羚飞渡》通过斑羚以牺牲一部分生命为代价争取种群繁衍机会的故事，引导学生体会为了种群生存，不计个体得失、团结协作的精神。TLS8s15《北伐战争》通过国共合作取得胜利的历史事件使学生明确团结协作对国家兴盛、民族发展的积极意义。第三，强调团结分享、共享共赢的精神，教科书从人和人之间共生共存的角度出发，让学生明确每个人的存在都不是孤立的，分享是一种生存的道德智慧，只有有了彼此之间的分享，每一个体才会有更好的生活状态。例如 PD3x2-3《分享的快乐》引导学生在合作中体会与他人分享的快乐和自我满足感，强化与他人分享的意愿。第四，强调不同个体或群体间团结友爱、紧密和谐的关系。例如 PD5s4-3《生活在世界各地的华人》让学生通过了解身处海外的华人强烈的民族认同感和难以割舍的中国情结，深刻体会民族团结手足情的真正含义，树立维护国家安定与民族团结的信念。

教科书中关于和平一目的内容表达了向往和平、维护和平两层意思。向往和平反映战争带来的苦难，表达对和平生活的向往。教科书旨在引导身处和平年代的学生意识到世界不少地区还弥漫着战争的硝烟，罪恶的子弹还威胁着娇嫩的"和平之花"，从而促使其树立热爱和平、维护和平的信念。例如 YW4x15《一个中国孩子的呼声》讲述了一个中国孩子写给联合国秘书长的一封信，信中深情且骄傲地回忆"我"的爸爸出征前后的情景，并表示要向爸爸学习，用生命捍卫和平，同时呼吁国际社会联合起来维护和平。这篇选文从学生同龄人的视角看世界和平，把个人家庭的不幸和战争带来的世界不幸有机相联，旨在引发学生强烈的共鸣，体会孩子失去亲人的悲愤、面对死亡的恐惧和对和平无比渴望的真挚情感，使传统文化中的"大道德"与学生的"小生活"相结合。YW8s3《蜡烛》勾画了经战争破坏后，"炮火烧焦了的土地""炸弯了的铁器""烧死了的树木"，旨在使学生了解法西斯强盗的残暴和战争对人类生命与文明的践踏，从而萌生对战争的痛恨与对和平的渴望。突出和平来之不易，表达反对战争和守卫和平的决心。使学生理解，和平是无数先烈付出生命的代价换来的，我国政府、国际社会为解决国际冲突、维护世界和平作出巨大贡献。从而激发学生珍惜和平的生活环境，树立捍卫和平、愿意为和平作贡献的决心。例如 LS9x7《世界反法西斯战争的胜利》、PD6x3-2《放飞和平鸽》、LS8x15《独立自主的和平外交》。

（三）教科书复刻反抗压迫、贵刚重阳的民族性格

中国优秀传统文化中天下兴亡、匹夫有责的爱国精神与责任意识，自强不息、坚忍不拔的奋斗精神是抗争精神的思想基础。正是由于中华民族对祖国的强大向心力和自信心促使我们将外来侵略的压力变成争取独立与自由的动力。抗争精神即使在和平年代也有积极的时代意义，是我们实现现代化建设、完成祖国统一、维护世界和平与促进共同发展的必然要求。教科书对中国传统文化中的抗争精神的继承多体现在历史人物推翻强权暴政、寻求变法维新的英雄事迹相关的选文中。有选文突出卓越的革命领导人临危不惧、淡定从容的品格，例如 TYW6x11《十六年前的回忆》诠释了李大钊面对险恶形势与危险处境从容镇定、处变不惊和毫不动摇的坚定革命信心，引导学生体会革命战士为了赢得胜利不屈不挠、视死如归的抗争精神。有选文突出中华民族抗争外来侵略的无畏精神，例如 LS7x18《收复台湾和抗击沙俄》、TLS8s5《甲午中日战争与瓜分中国狂潮》等历史课文重现中华民族奋起反抗外来侵略、谋求独立与

解放的奋斗历程，展现了中国各族人民万众一心，团结一致，不畏强暴，同仇敌忾，追求民族解放的斗争意识。有选文突出底层无产阶级的勇敢抗争精神，例如 TYW9x4《海燕》刻画了象征着大智大勇的无产阶级革命先驱者的"海燕"的形象，旨在让学生体会在俄国革命前夕最黑暗的年代，来自社会底层、饱受苦难的劳动人民对推翻沙皇统治的无限期盼，以及无产阶级不惧怕困难、坚强无畏的革命乐观主义精神。教科书复刻反抗压迫、贵刚重阳的民族性格，不断激励学生为捍卫国家领土主权和民族利益英勇斗争。

## 二 教科书中国家层面道德形象的新释

教科书中国家层面道德形象的新释主要表现在"爱国""团结""和平"等德目在内涵上的丰富与转变。

### （一）"爱国"的政治性与道德性相统一

将"爱国"的政治性与道德性相统一，在集体取向中关照个人取向。爱国主义具有政治性和道德性，政治性表现为对国家政治制度、政策法规的维护与忠诚，道德性表现为对世代生于斯长于斯的祖国及人民的情感依恋。在封建社会由于家国同构的社会结构，爱国思想的政治性具有忠君色彩。所谓"普天之下，莫非王土，率土之滨，莫非王臣"（《诗经·小雅·北山》），将君视为国之代表，百姓皆为仆人和臣民，"忠君"与"爱国"缠绕，体现出阶级统治的特点。因而，在传统文化中常常出现爱国主义政治性与道德性的矛盾，即"忠君"与"爱国"、"为一人之天下"与"为天下人之天下"的矛盾。现代社会爱国的政治性表现为爱党爱社会主义制度，教科书中的爱国主义关于爱国一目的渗透，也有关于颂扬中国共产党及社会主义制度的内容，但剥离了传统爱国思想的阶级性，表现出政治性与道德性相统一的倾向。例如 TLS8x14《海峡两岸的交往》通过中国共产党从客观实际出发，与时俱进地推进祖国统一大业的史实，表明中国共产党始终把国家、民族利益放在首位，是国家、民族利益的忠实代表。PD6s3-1《站起来的中国人》、PD6s3-2

《日益富强的中国》、PD6s3-3《告别贫困奔小康》都强调在中国共产党的领导下，中国才能改变一穷二白的面貌，发生日新月异的变化，使学生知道幸福美好生活是在中国共产党的领导下，全体人民共同努力得来的，养成热爱祖国热爱中国共产党的情感。PD92-3《认清基本国情》让学生明确社会主义制度是党最可贵的政治和精神财富，是改革开放以来我们取得一切成绩和进步的根本原因。在教科书中多次出现"热爱党、热爱祖国、热爱社会主义"的情感目标，旨在让学生明确党始终为祖国与人民的利益不断开拓，社会主义的道路是党带领人民群众摸索出的最适合我国国情的发展之路。但是需要指出的是，教科书中对社会主义制度的赞美与褒扬多是结论先行，即没有充分使用科学的方法、运用具体事例和科学理论客观叙述与解释社会主义的优越性。单使用赞美性的词汇使学生先接受预设结论，容易导致学生的理性思维弱化，对社会主义制度的认识停留于肤浅的表面化理解。尽管如此，教科书中还是明确地表达了中国共产党、社会主义制度与祖国和人民同心所向的观念，强调四者所秉持的价值取向是一致的，由此说明爱党、爱社会主义制度与爱祖国、爱人民具有统一性。

另外，中国传统文化中的爱国主义强调以国为本、以国为先，封建社会中宗法等级关系与专制主义制度的压制，使得爱国主义过分注重集体取向，导致只单向强调个人对国家的责任与义务，忽略国家赋予个人的权利。然而，教科书中的爱国主义则实现两者平衡，例如PD8x1《国家的主人，广泛的权利》强调"我国是社会主义国家，人民是国家的主人。青少年作为共和国公民，享有广泛而真实的权利"，表明我国人民民主专政制度赋予人民当家作主的权利与地位，人民平等地享有管理国家和社会事务的权利。除此之外，PD8x2《我们的人身权利》、PD8x3《我们的文化、经济权利》进一步阐释了国家通过法律的形式保障公民的隐私权、社会经济权、受教育权、政治权利和自由等方方面面的权利。由此体现国家对每一个国民的独立主体资格的维护，刻画国家与个体之间非单向的权利与义务关系。一方面，我们充分发扬中华民族的传统美德，将个人价值彰显于卫国之行、强国之志的无私奉献中，另一方面，党和国家也始终把保护和满足人民群众的正当利益视为神圣职责，使人民富裕幸福与祖国繁荣昌盛紧密相连。

（二）"民族团结"的等级差消除

民族团结意味着消除民族等级差，五十六个民族共生共荣。中国是一个多民族的国家，在民族融合的过程中，各民族都曾建立过自己的独立政权，形成"国家"。所处自然环境与社会环境的不同造成各民族政治、经济与文化水平发展的差异，难免引发民族之间的冲突斗争甚至歧视。[①] 在特定历史背景下，民族之间出于领土与政权争夺产生的对抗都被冠以"卫国"之名，岳飞反对金兵入侵，"壮志饥餐胡虏肉，笑谈渴饮匈奴血"虽反映抗击民族压迫的决心，但也渗透狭隘的民族敌对情绪。王夫之的抗清斗争，强调"夷夏之辨"也难免有轻视少数民族的大汉族主义色彩。以"民族"为基本政治单位的认识使得中国传统文化中的团结精神注重本民族内，或利益相关民族之间的团结，往往具有大汉族主义和地方民族主义倾向，不同民族之间甚至存在"南谓北为索虏，北谓南为岛夷"（《通志·总序》）的相互贬低之势。然而，今天的中国致力于构建统一的民族共同体国家，团结意味着五十六个民族的共生共荣，教科书也凸显了各民族无差别的团结观。例如LS7x5《"和同为一家"》强调祖国的历史是各民族共同缔造和发展的，民族团结与友好交流有利于各民族的发展，这种关系是我国民族关系的主流。YW3s1《我们的民族小学》通过描写民族小学中各民族儿童和谐相处的画面，体现祖国各民族之间的友爱和团结。"鲜艳的民族服装，把学校装点得绚丽多彩"，使学生体会到多彩的民族文化在鲜艳的五星红旗下交汇，使祖国更加美好。PD5s4-2《各族儿女手拉手》通过介绍农作物种植技术的传播史，诠释祖国大家庭中各族人民共同创造和共同分享着

---

① 李培超：《论中华民族爱国主义的现代逻辑演进》，《求索》2000年第5期。

物质文明。通过对各民族服装、音乐的展示使学生明白中华民族灿烂的精神文明是各族人民用智慧和汗水共同创造的。由此强化学生民族间共生共荣的意识，体会加强民族团结对国家安定与繁荣和人民幸福生活的重要作用。教科书中还有大量选文表现了促进民族团结的价值取向，意在促使学生意识到多民族共生、共存和共长是和平发展的常态，自觉维护民族间的团结统一，加强民族间的经济文化交流，形成休戚相关、荣辱与共的一体化观念与意识。

(三)"和平观"从静态到动态发展

"和平观"中蕴含本国与他国关系的新视野。中国传统文化内向保守，虽然历史上有张骞出塞、丝绸之路的辉煌外交记录，但总体而言输出多于输入、被动多于主动，有尚传承、轻开拓的特点。因此，所推崇的"协和万邦""四海一家"的和平主张表现出各自偏安一隅，互不干涉的相处模式。然而教科书中体现的和平观不再止于静态的"相安无事"，而是突出友好互动的和谐关系。这种和谐关系强调以促进国际社会合作交流、实现全人类共同利益为宗旨。教科书启发学生了解国家之间的交流与合作深刻影响着彼此政治、经济、文化的发展，使之体会到只有保持交流与合作的和平相处才能实现共同发展。例如 PD6x3-3《我们手拉手》通过照相机的品牌、生产地、销售地分属不同国家与地区的案例呈现现代社会经济一体化的特征，使学生感受到世界各国各地区人们享受着共同的物质和精神文明，理解世界人民互相依存的关系。并且，教科书提出"我们生活在同一片蓝天下，同呼吸、共命运。我们生活在同一个地球村，遇到问题，必须共同面对"。通过展示"SARS"、"南极科考"、国际环境大会等世界各国共同面临的难题和通力合作的案例，使学生认识到国际合作攻克难题的必要性和重要性，从而身体力行地促进和维护世界各国基于交流与合作的和平共处关系。

由于中国文化早期发展繁荣，这种强大的文化涵摄力使中国文化在与周边文化的交流碰撞中总能占据主导地位。长此以往，中华民族的文化自信演变为文化中心主义情结，以天朝上国自居，视外域或外来事物为"蛮夷""异端",表现出妄自尊大、偏狭的民族自尊心,因此中国传统文化的和平观并非建立在理性认同、平等的基础上。然而教科书中的和平观以尊重与维护世界多样性为前提,旨在使学生认识到只有平等对待文化的多样性,各个国家才能和谐相处,共同繁荣。例如PD8s5《多元文化"地球村"》中这样描述:"文化存在差异,各有千秋,不同民族的优秀文化都蕴含着人类文明的成果。"强调更加理性地认识与尊重文化多样性,采取客观、平等的态度面对多姿多彩的世界文化。

### 三 教科书中国家层面道德形象的超越

教科书中国家层面道德形象的超越性逻辑表现为从忠顺之德到公民之德、从民族意识到国际意识。

#### (一)从传统的忠顺之德到教科书中的公民之德

中国传统文化强调对国、对民族的服从恭顺,而教科书中则强调个体有为国家发展积极建言献策、身体力行的权利与职责,而不是一味被动服从。

1. 中国传统文化中的国家层面道德形象:重服从、讲奉献

中国古代社会以土地为基础、以家族为核心的"农业—宗法式"结构孕育出浓厚的集体主义意识。为了稳定现存的宗法制度与君主专制,中国古代的思想家也致力于倡导个体服从整体的道德价值观。孔子由"孝亲"推及"忠君",强调人的个人完善和义务,借助血缘关系和宗法制度,要求个体为宗族、国家之"公"去个人之"私",积极履行自己的道德责任与义务。[①] 孟子的"五伦"涉及各种义务,却很少讲究作为独立的"人"的权利。总之,中国传统社会中的绝大多数思想家都把个人利益服从集体利益视为仁义道德之本。在这一道德价值原则下,个体独立的利益和独立的人格皆成虚

---

① 方延明:《当代中国传统文化面临六个转变》,《南京大学学报》1989年第2期。

妄，服从与奉献是个体的必然选择。一方面，弟从兄、子从父、妻从夫、臣从君，家庭从宗族，宗族从国家，站在等级制度最顶层的封建君主则"以一人之大私，以为天下之大公"，成为最高利益的体现者，臣民的最大美德是服从、听顺。① 另一方面，中国传统文化中的整体主义利益原则，使得"无私""无欲""无我"成为传统伦理的本质和核心，个体价值与家族、宗族和国家的利益紧密相连，只有在对群体的贡献中才得以体现。由此，在中国传统文化熏陶下的个体树立起强烈的以国为重、为国舍己、为国奉献的牺牲精神。

2. 教科书对传统文化国家层面道德形象的刻画：倡民主、求富强

在张岂之看来，中国传统思想文化的核心，是关于人的完善、人的义务（缺乏权利观念）的思想，而且力求将人的完善和义务屈从于封建主义统治。② 这种文化形态既催生出一大批舍身为国的仁人志士，也养成了个体习于顺从听命，缺乏主见，轻开拓、轻进取的性格特点，权利意识的匮乏、个体价值的遮蔽在一定程度上阻碍了人民参与国家管理的民主进程，阻碍了社会经济的发展。教科书对传统文化中国家层面道德形象的刻画，提倡个体行使民主权利，鼓励个体以正当方式获取物质利益，以求得人民生活的富裕与国家的强盛。

（1）从民本走向民主：赋予人民以权利

如前所述，中国古代思想史中有许多关于民本思想的论述，例如："国将兴，听于民""广开言路""民者国之先""天下为公""天视自我民视，天听自我民听""民贵君轻"等。这些"民本"思想有两个层面的含义，一方面承认人民的利益是社会和国家的价值

---

① 王正平：《中国传统道德论探微》，上海三联书店 2004 年版，第 30 页。
② 张岂之：《儒家思想的历史演变及其作用》，《人民日报》1987 年 10 月 9 日第 3 版。

主体,另一方面明确统治者的权力只有得到人民拥戴维护才能稳固。所谓"民惟邦本,本固邦宁"(《尚书·五子之歌》)诠释了这两层意思,前者是价值判断,后者是事实判断。然而就统治者而言,他们出于其自身利益的考虑,往往更加注重后者。包括思想家在劝说君主关注人民利益之时也往往更强调后者。[1] 正如金耀基先生所说,中国传统文化的民本思想包含了"天下非一人之天下,天下人之天下"的民有观念,包含了"民之所好好之,民之所恶恶之"的民享观念,但未走上民治的一步。[2] 且民本思想蕴含了君对民毋庸置疑的绝对统治权,[3] "带有恩赐性质,是君主为巩固自己的统治所采取的宽猛相济政策的一面,并非出于百姓个人权利上的考虑"[4],重民与否、如何重民都由统治阶级决定,君主作为主体有主动性,百姓作为客体有被动性。这都是民本思想与民主思想不同之处。

民本主义主张立国安邦必须坚持以民为本的思想,为民主观念的发展提供了丰富的思想源泉,是民主政治在我国建立的内在依据与逻辑前提,但如上所述,中国传统文化中的民本思想与现代的民主思想还存在诸多差距,教科书中诠释的民主充分体现对个人权利的尊重[5]、对人民自治的认同[6],主要从日常生活方面的民主、公共生活方面的民主与政治方面的民主三个层面展开。

第一,日常生活方面的民主主要指与父母师长相处交往中的民主,在长幼关系上,促使两代人之间建立尊重理解、求同存异、民主协商的沟通方式,一改传统文化中的家长权威式家庭制度,形成平等、民主的新型亲子关系,例如PD8s2《我与父母交朋友》。在师

---

[1] 李存山:《中国的民本与民主》,《孔子研究》1997年第4期。
[2] 方延明:《当代中国传统文化面临六个转变》,《南京大学学报》(哲学·人文·社会科学)1989年第2期。
[3] 张分田:《中国古代有民主主义思想吗?》,《北京日报》2003年2月17日第3版。
[4] 金耀基:《从传统到现代》,中国人民大学出版社1999年版,第21页。
[5] 《列宁选集》第3卷,人民出版社2012年版,第257页。
[6] [美]科恩:《论民主》,聂崇信、朱秀贤译,商务印书馆1988年版,第6页。

生关系上，教科书引导师生运用角色互换的方法理解矛盾与冲突，克服传统的"权威—遵从"式不对等师生关系的交往障碍，倡导形成以民主、平等为基本价值取向的新型师生关系，例如 PD8s4《老师伴我成长》。第二，公共生活方面的民主主要指学生班级生活中的民主，教科书从民主管理、民主参与、民主协商、民主选举等角度出发，培养学生对班集体事务的民主意识、民主态度及民主参与行为。例如 PD5s2-1《我们的班队干部选举》让学生明确学校集体选举的基本程序，帮助学生建立民主意识。TPD5s5《协商决定班级事务》旨在引导学生提高民主协商和民主参与意识，并学会在民主协商中求同存异。PD5s2-3《我是参与者》引导学生认真执行经集体决策制定的政策与行动计划，形成主动管理自己和积极履行民主决议的意识。第三，政治方面的民主指国家的政治制度及政治生活中的民主。教科书促使学生了解村委会选举、居委会选举、人民代表选举等基本民主生活形式，民意调查、民意测验、听证会等基本民主对话形式，从而认识人民是国家的主人，对于国家事务拥有发表意见、民主参与、民主监督的权利，进而树立广泛关注、积极参与国家大事的社会责任感。例如 PD5s2-4《社会生活中的民主》、PD8x1《国家的主人，广泛的权利》、TPD9s3《追求民主价值》等课文。

封建专制制度下的民本主义虽然高扬民有、民享的大旗，却无法摆脱不平等制度，未能将民有、民享落到实处，[①] 民本主义下民主机制的匮乏导致民众只能通过暴力革命的方式改变劣政、暴政。教科书中体现的民主精神彰显出"人民当家作主""真正享有管理国家的权利"等现代民主思想不同于民本观念的关键点，学生处于主动地位，可通过种种和平、合法的渠道积极参与班级事务、国家事务，影响公共决策与执行，体现的是真正的民主。

---

① 吕元礼：《民本的阐释及其与民主的会通》，《政治学研究》2002年第2期。

（2）从轻视"利"到正视"利"：追求国富民强

在中国传统思想中占主导地位的儒学，其目的在于维持人自身的心理平衡，尤其强调重义轻利，宣扬人生功名主义。[1] 孔子讲"君子喻于义，小人喻于利"（《论语·里仁》），将重义抑或重利视为评定君子与小人的分水岭，要求人们"见利思义""义然后取"；孟子讲"仁义而已矣，何必曰利"（《孟子·梁惠王上》），将"不言利"视为君子的必备素质；董仲舒认为"利以养其体，义以养其心"（《春秋繁露·身之养莫重于义》）"义以养生人大于利"（《春秋繁露·身之养莫重于义》），人生而需要物质与精神两方面的需要，但是心的需求远高于身的需求，因此主张"正其义不谋其利，明其道不计其功"（《汉书·董仲舒传》）；朱熹把天理与人欲相对立，认为"天理存则人欲亡，人欲胜则天理灭"，两者不可并立（《朱子语类·卷五十一》）；王阳明甚至将对名利物质的追求视为鄙贱与不道德之举，认为"才力愈多，而天理愈蔽"，推崇"存天理，灭人欲"以促使人达成无欲无求之境。上述思想家即便承认"利"的价值，但都自觉或不自觉地以道德追求代替对物质利益的追求，[2] 将专注心性修养、安贫乐道、无欲无求视为最高的道德层次，自觉或不自觉地打压了物质文化。这种重人生功名，轻物质功利的倾向，使得精神文化成为物质文化的桎梏，人们偏重于对内心的探求，忽视甚至鄙视对外部客观世界的探求，以致借助知识探索与改造世界的脚步被阻滞，追求物质富足的意识淡漠，最终把人们束缚在低层次的自给自足的状态，这也是遏制物质文化发展、阻碍社会经济充分发展的主要原因之一。

在当下社会中，人们越来越深刻地意识到，国家整体经济实力的提升是推动国家治理与改革的先决条件，是建立社会主义强国的

---

[1] 宋志明：《中国传统哲学通论》，中国人民大学出版社2008年版，第158页。
[2] 方延明：《当代中国传统文化面临六个转变》，《南京大学学报：哲学·人文科学·社会科学》1989年第2期。

基石。因此，重新审视传统文化中关于精神与物质的关系，挖掘其中有益于当下时代精神的思想精髓至关重要，例如，管子认为"主之所以为功者，富强也；主之所以为罪者，贫弱也"(《管子·形势解》)，"善为国者，必先富民，然后治之"(《管子·治国》)，将国富民强作为君主实现王道政治、建设国家的首要法则。《周礼》中所载的肱骨大臣将"以富邦国，以富得民"视为维持国家机器正常运转的关键，将国家富裕、人民富足视为保息养育万民之道。拨开历史的尘埃，这些传统文化中寻求国富民强的思想仍显得熠熠生辉。教科书引导学生认识到，人不仅需要理想价值等精神层面的追求，同时也不可能离开实际的生存条件和物质利益的需求，寻求国家的富强更是社会主义核心价值观的核心要目，是国家发展、人民安康的物质基础。

以下从三个层面梳理教科书中诠释的富强观与传统文化中富强观的联系与差异。第一，教科书体现对个体追求个人利益的尊重与推崇，暗含对民富的追求。PD9-7《关注经济发展》指出，我们的社会"尊重劳动、尊重知识、尊重人才、尊重创造蔚然成风"，多次强调社会对一切劳动、人才、技术、知识、创造力的重视，使学生明确当下社会鼓励与支持个体开创事业，鼓励学生树立"积极进取，努力创业，实现自我价值，为国家的经济发展作出贡献"的志向。这都体现教科书对追求个体价值的认同，并将个体价值与集体价值紧密结合起来，是对传统文化中消解个体价值观念的超越。

第二，教科书中的富强观既展现"国富"也展现"民富"，体现"国富"与"民富"的统一。PD6s3-3《告别贫困奔小康》展现人民的富裕生活，让学生了解物资紧缺年代人们"凭票购物"的计划经济时期的情景，并对比当下，感受人民生活水平和生活质量的提升。除了物质上的改善，教科书还展现了随着物质生活的丰富，人们对更高质量的精神文化生活的追求。教科书从物质与精神两个层面引导学生感受人们生活方式与状态的量变与质变。LS8s19《中国近代民族工业的发展》、TLS8s25《经济和社会生活的变化》表现了国家的富强，凸显国家农业、工业等方面的蓬勃发展。中国传统文化中争论不休的"国富"还是"民富"问题在当下的"富强观"中得到统一，教科书在展现国家富强的内容时，均以国家富强带给人民生活的变化为切入口，比如，从不同时代餐桌上食物的变化入手展现我国农业的迅猛发展，接着引入使家家受益的"菜篮子工程"，使学生深切体会我国种植业、畜牧业等方面的发展给人民生活带来的巨大实惠。以此表明，民富是国富的基础和最终目的，国富是民富的保障，两者是统一的。

第三，教科书体现对传统文化中平等分配思想的继承与超越。PD9-7《关注经济发展》从民营企业家自发组织扶贫开发这一事例出发，引导学生感悟国家"先富带后富"的经济政策，教科书中指出，"在分配中，既要提倡奉献精神，又要落实分配政策；既要反对平均主义，又要防止收入差距悬殊"，体现我国的分配制度一方面按劳动、技术等生产要素贡献进行分配，另一方面社会主义的本质又决定国家以追求共同富裕为根本原则。教科书中反映的经济制度是对传统经济制度的继承与超越，中国传统文化中"不患寡而患不均"的理念既体现重公平的积极因素，又反映出"一刀切"的平均主义思想，具有忽视财富积累的局限性。因此教科书强调当下的经济制度"将劳动报酬与劳动贡献紧密结合，打破平均主义，奖勤罚懒，激发人们的积极性和奋斗精神"。体现当下的"富强观"既汲取中国传统价值观中重视公平的理念，关照多数人的利益，控制两极分化，又摒弃传统文化中阻碍生产发展的平均主义，强调发展生产和创造物质财富。

（二）从传统的民族意识到教科书中的国际意识

中国传统文化强调以国家与民族事务为己任的责任意识，而教科书传递的则是基于民族意识之上的国际意识与世界担当。

1. 传统文化中国家层面道德的民族主义倾向

在中国古代社会，由血缘关系演变而来的宗法关系是维持各等级乃至整个社会的纽带，形成了以土地和家族为核心的"农业—宗法"式社会结构,① 再加上半封闭的地理环境,铸就了中国人封闭内向、平稳求实的大陆型文化性格,由这一文化性格衍生而来的民族精神表现出求统一、尚传承、重内省、轻开拓的特征,自我保存、向心凝聚以求得独立自足、稳定绵延成为中华民族的发展方针。② 因此,中国自古有尚古、注重传承的道统观念。孔子称自己"好古敏而求之者也",而且以"信而好古,述而不作"作为自己的行为准则,只求将三代及周公以来的礼乐美政进行阐释、继承与发扬,而不求有所创发;道学家们普遍认为,天下万事之理皆载于圣贤书之中,学者期望通过记诵辞藻以探渊源而出治道,贯本末而立大中。这样的道统思想不仅根植于儒、墨、道、佛等思想流派中,乃至武术、手工等民间社团组织也都有自身的师承传统和正统观念,从而形成了中国传统文化在纵向上轻权变、恶革新,崇古守常的特点;在横向上则表现为保守内向,秉承以我族为中心的一元价值观,以被动的姿态应对文化的横向交流与吸收。

再加上,中国文化相较于东亚文化圈中的其他民族而言成熟得最早,且与印度、埃及、希腊等其他早期文明繁荣地区相隔甚远,促生了中华民族较高的文化势能。这种强大的文化涵摄力使中国文化在与周边文化的交流碰撞中,总能以本位文化的角色将其他异质文化同化、改造、涵化成自我的一部分。长此以往,中华民族的文化自信演变为自我圣化的文化优越感。因此,当时的中国人无法意识到世界上还有比自己更为先进的域外文化,他们将以华夏本族为中心向外单向辐射视为文化传播的基本方式,习惯于采取以尊临卑的姿态鄙睨周围的"蛮夷异族",以本族文化中的礼乐教化、纲常伦理为标尺衡量他族文明水平,正如孟子所言"吾闻用夏变夷者,未闻变于夷者也"(《孟子·滕文公上》)。基于此认识,中国人形成鲜

---

① 汪建华、彭平一:《中国传统爱国主义的"文化土壤"》,《南通师范学院学报》(哲学社会科学版)2003 年第 6 期。

② 徐行言:《中西文化比较》,北京大学出版社 2004 年版,第 99 页。

明的封闭排外性，难以建立人类文明多元并存共同发展的观念。虽然我国古代从汉唐到宋元，甚至到明朝前期都处于较为开放的时期，但这种开放始终建立在"天朝上国，富有天下，无求于人"的文化优越感之上，缺乏平等性。[①] 尽管历史上曾有过张骞出塞、丝绸之路、郑和下西洋、唐僧取经等对外交流的辉煌记录，但总体而言输出多于输入，被动多于主动，崇古守常、我族中心的大一统文化价值观限制了多元文化的交流共融。

2. 教科书对国家层面道德中应有的国际意识的开拓

由于时代的限制与视野的局限，中国传统文化较为封闭排外，缺乏一种"国际意识"。然而随着自然屏障和隔阂的消除、思想障碍和束缚的超越、各种偏见和误解的克服，我们深刻地意识到不仅要带着深远的目光考量历史，还要带着鲜活的目光洞察世界。世界各民族的文明各异、意识形态不一、社会制度和发展模式都不尽相同，但我们应当彼此尊重与理解，在对话交流中搭建友谊，在竞争比较中取长补短，在求同存异中寻求发展，人类越和睦，世界越多彩。因而教科书中渗透进国际意识的教育，意在使学生以生活中的小事件为切入口，了解世界这一大背景，秉持理解和尊重的准则，立足中国、放眼世界，意识到只有广泛的交流与合作，汲取全人类的优秀文明成果，才能实现人类"共依共存、合作共赢"的伟大目标。教科书中诠释的国际意识包括以下四个层面。

第一，国际意识意味着全世界人民之间无私的援助和无疆的友谊。教科书引导学生体会不同国家人民之间相互尊重与帮助的深切情谊，树立大爱无国界的意识。例如 YW3x28《中国国际救援队，真棒!》记叙中国派遣救援队帮助阿尔及利亚救灾的事件，引导学生感受中国人民积极参与国际事务，对他国人民提供帮助的国际意识。

第二，国际意识意味着超越狭隘民族主义，对真理的追求。教

---

① 汪建华、彭平一：《中国传统爱国主义的"文化土壤"》，《南通师范学院学报》（哲学社会科学版）2003年第6期。

科书引导学生明确公平、正义等普适性道德价值不受民族、国界的束缚。例如TYW9s7《就英法联军远征中国致布特勒上尉的信》中法国人的雨果摒弃狭隘的爱国狂热，站在公平正义的一端对英法联军侵略中国的强盗行为发出愤怒的谴责，体现了超越狭隘民族偏见的正直、热忱与公平的高贵品质。

第三，国际意识意味着国际公民身份的自我认同，树立超越国界的责任意识。例如PD6x3-3《我们手拉手》引导学生树立"我们每一个人都生活在国际社会之中，我们都是国际大家庭成员"的意识，从而积极了解国际社会，关注国际大事，关爱世界人民，自觉担负作为世界公民的一份职责。

第四，国际意识意味着建立开放的文化观。首先，教科书引导学生认识文化差异，树立相互融合、相互理解的文化意识。这是对传统价值观中内向、尚古、保守的文化心态的超越，旨在使学生认识到随着科技发展和全球一体化进程的推进，人与人、国与国之间的依存关系愈发紧密。国家在文化、政治、经济领域的发展需要同他国互惠互利、合作共赢，而且在应对人类发展面临的各种全球性问题时，更需要全世界携起手来。例如PD6s4-3《文化采风》引导学生认识各国民族信仰、文化习惯和节日习俗的差异，感受人类文化的多元性。PD6x3-3《我们手拉手》通过展示当前全世界人民需要通力合作、共同面对的问题，使学生意识到只有打破地域界限进行交流与合作才能共同发展。LS7x20《明清经济的发展与"闭关锁国"》使学生了解"闭关锁国"政策的后果，从而以史为鉴，提高拥护改革开放政策的自觉性。

然后，教科书引导学生尊重世界文明的多样性，形成宽容与欣赏的文化态度。教科书中传递的多元文化认同思想克服了传统文化中"本民族文化至上，鄙夷其他文化"的文化优越感，把"认识与欣赏他文化"同"理解与发扬我文化"统一起来，在理解与尊重异己文化的基础上增强对本民族传统文化的理解、认同与欣赏，在多元文化的交流共荣中进一步分析、比较、鉴别、整合，自觉实现文化创新。例如PD8s5《多元文化"地球村"》引导学生以客观的态度尊重、欣赏、保护与珍惜其他国家或民族的优秀文化，培养学生平等的、开放的文化心态，以及海纳百川、求同存异的宽容精神。

最后，教科书引导学生树立文化自信，形成在交流中坚守本民族文化精髓的文化信念。一方面要加强文化的开放与交流。例如PD8s5《多元文化"地球村"》指出只有加强开放与交流力度，取得国际文化竞争中的发言权，才能确保本民族文化的独立性和自主性。另一方面，在交流中坚守中国文化精髓。课文中指出，"在世界各种古老文化中，只有中国文化不曾中断而一直延续至今"[1]，使学生了解中国传统文化历史悠久、底蕴深厚的文明进程，重新审视本民族文化的意义和价值，在吸收与借鉴外来优秀文化的同时，杜绝以他文化为判断标准的妄自菲薄心态，尊重与保护本民族文化精髓。以上课程内容旨在引导学生既要树立世界性眼光，以包容之心对待各国家、各民族的文化特色，又要坚定本民族立场，注重传承本民族的文化特色。明确在多元世界中，具有个性与特色的文化传统与精髓才是一个国家、一个民族发展进步的基本依托。

综上所述，教科书通过呈现各国人民之间无私的援助和无疆的友谊、超越狭隘民族主义对真理的追求、树立国际责任意识和开放的文化观四个方面诠释了国际意识，打破传统文化中保守内向、尚古薄今、我族中心的文化价值观，引导学生正视国际意识与民族意识之间的共存和包容关系。国际意识不仅不会销蚀个体对国家和民族的情感与担当，反而会把祖国和民族的情感提升到更理性、更宽阔、更包容的广阔空间。由此，教科书既延续和发展中华民族的历史文脉，又在此基础上实现转化与丰富，以培养具有民族情怀、时代精神、世界视野的新一代。

综上所述，通过对教科书中道德形象价值传承内容的分析发现：

---

[1] 课程教材研究所：《思想品德》（八年级上册），人民教育出版社2008年版，第56页。

（1）教科书中个人层面道德形象的延续体现为强调主体自律精神，发扬主体自为意志；（2）教科书中个人层面道德形象的新释体现为对"谦虚""勇毅"度的把控，对"节制""知耻""自尊"意的新解；（3）教科书中个人层面道德形象的超越体现为从传统的生存性道德到教科书中的发展性道德，从传统的约束性道德到教科书中的享用性道德；（4）教科书中社会层面道德形象的延续体现为发扬宽恕、诚信、感恩的人性光辉，坚守礼让、守规的人际交往法则，凸显天下己任的责任意识；（5）教科书中社会层面道德形象的新释体现为对"礼让"的限度划分，对"守规"的意义重构，对"责任意识"的升华，天人关系从消极"合"到积极"和"；（6）教科书中社会层面道德形象的超越体现为从传统的差序之爱到教科书中的泛爱众生；从传统的偏倚私德到教科书中的兼重公德；（7）教科书中国家层面道德形象的延续体现为继承家国一体的使命担当，坚守和谐统一的政治立场，复刻反抗压迫、贵刚重阳的民族性格；（8）教科书中国家层面道德形象的新释体现为"爱国"的政治性与道德性相统一，"民族团结"的等级差消除；"和平观"从静态到动态发展；（9）教科书中国家层面道德形象的超越体现为从传统的忠顺之德到教科书中的公民之德，从传统的民族意识到教科书中的国际意识。

# 第四章

# 教科书中优秀传统文化道德形象的价值传承形式

　　教科书在内容选择与诠释中表达价值立场，在形式呈现与编排中传递文化品格。本书第三章主要呈现了教科书基于传统文化道德形象刻画的内容选择，即教科书为架构传统文化道德形象究竟选择了哪些内容、呈现了哪些道德价值。第四章将以面上观照和案例分析相结合的思路，聚焦教科书对优秀传统文化道德形象的呈现形式，即教科书究竟是怎样建构优秀传统道德形象的。对其建构方式的分析包括两个层面，一是教科书中有形的呈现方式分析，二是教科书中无形的话语表达分析。

## 第一节　教科书中优秀传统文化道德形象的呈现方式

　　本节对教科书中有形的呈现方式进行分析，首先总体性探讨各科中道德负载的渗透性特点，再具体对榜样示范、道德叙事、活动牵引等道德负载方式进行分析。

## 一 隐性渗透：对传统德育中德目引领教条性的缓和

德目在各科中的呈现形式由于各科性质的差异而不同，但总体上呈现出隐性渗透的特点，表现出对传统教条式道德教育的缓和。

（一）德目在各科中的呈现逻辑分析

传统文化道德形象在教科书中的刻画主要通过语文、历史和品德教科书达成，各科性质不同，则德目负载的形式与方法也不同。语文学科具有人文性与工具性双重功能，道德品质的渗透作为语文人文功能的主要目标之一是语文教科书内容编制的一条暗线，教科书在内容选编和组织上都注重围绕道德品质展开。人民教育出版社的《语文》教科书按照"人与自然""人与社会""人与自我"三大母题为主线，选取基本的生命命题和精神命题为专题组织课文，其中有不少专题主题与道德相关，例如五年级上册第四单元"生活的启示"通过对生活时间的观察体悟，传递正直、守规、积极向上的道德价值；第六单元"父母之爱"强调孝慈之德；第七单元"不忘国耻、振兴中华"强调个体的责任与担当，为国奉献的精神和爱国情怀；第八单元"走近毛泽东"主要借毛主席的诗篇和故事宣扬大无畏的民族精神和英勇豪迈的气概，激发学生的民族自豪感。教育部统编版的《语文》教科书采用"语文素养"和"人文精神"双线组合的方式编排，虽然不像之前的人教版语文教科书给予明确的单元主题命名，但大体上还是依据宽泛的人文主题为线索，统筹安排，按照如"修身正己""至爱亲情""文明的印迹""人生之舟"等"内容主题"组织单元内容，形成一条贯穿全套教科书的线索，以便发挥语文学科进行思想道德教育的优势。品德类教科书多依据人与自我、人与他人、人与集体、人与国家、人与环境等个体与其他事物的关系展开道德教育内容编制，例如人教版的小学《品德与生活》《品德与社会》和统编版的小学《道德与法制》都依据与儿童生活的紧密程度，由近及远从我的健康成长、我的家庭生活、我们的学校生活、我们的社区生活、我们的国家、我们共同的世界六大生活领域进行道德渗透。统编版的中学《道德与法治》的课程内容也是围绕个人、家庭、学校、社会、国家、世界展开编排。人教版和统编版的《历史》教科书主要通过对历史人物的刻画和历史事件的展示渗透道德教育，使学生在对不同历史时期的"圣贤"身上负载的优秀道德品质的学习中得到陶冶，学习他们机智勇敢、不卑不亢、为国奉献的精神，在对我国屈辱的过去和艰难的发展历程的学习中强化自强不息、敢于抗争的精神，树立家国一体的责任意识和民族自豪感，在对战争的艰难与残酷的学习中意识到团结与和平的意义。总之，历史教科书中鲜活的历史人物与事件，为学生提供了生动的道德伦理学习素材，使学生在对重大历史事实和社会发展演变规律的学习中陶冶情操、升华道德。

(二) 教科书中的道德价值传递有渗透性特点

当下教科书对优秀传统文化道德形象的呈现具有渗透性特点，德目在教科书中的呈现与阐述并非采取直接枚举的方式。而在之前很长一段时间内，我国教科书中的道德教育都是直截了当地罗列品德条目，尤其是思想品德一类教科书，例如1959年的《中等学校政治课教学大纲》中课程目录多是"尊敬老人，敬爱父母""热爱社会主义祖国""听从老师的教导""勤俭朴素""不私自拿别人东西""急公好义，大公无私""明是非，辨善恶"等表述；1982年的《初级中学青少年修养教学大纲》规定教学内容围绕热爱祖国、热爱人民、热爱中国共产党、热爱科学、热爱劳动、热爱集体、尊敬师长、遵守社会公德、树立崇高理想、明是非，辨美丑、培养正当的爱好和志趣、活泼乐观、诚实谦虚、艰苦朴素、锻炼意志、发扬革命英雄主义16项德目展开；1997年的《小学思想品德课和初中思想政治课课程标准》要求小学一、二年级德育课程围绕热爱祖国、孝亲敬长、文明礼貌、遵守纪律、团结友爱、勤劳节俭、好好学习、诚实勇敢、热爱生命、遵守公德十项德目设置课程内容，小学三至五年级德育课程围绕热爱祖国、孝亲敬长、文明、礼貌、遵纪守法、团结友爱、勤劳节俭、关心集体、勤奋学习、诚实守信、勇敢坚毅、热爱科学、自尊自爱、热爱生命、遵守公德15个德目设置课程内容。由上可知，采取枚举的方法呈现德目在教科书中较为常见，品德类教科书中还常常以道德条目直接作为课文篇名，正文内容不乏相关德目的训词。这种呈现方式将德目变为标签化的教条，中国传统文化道德形象的规范性特征显得尤为强烈，德目被概念化，成为外在压制与约束行为的强制命令，丧失了其原有的经验性内容。

当下的教科书对优秀传统文化道德形象的呈现形式更为灵活，语文教科书中通过故事渗透、人物塑造、寓言典故、经典篇目，或借助景与物暗喻道德品质。品德教科书通过道德故事、活动体验、讨论思考、权威指导等形式渗透道德品质。历史教科书通过英雄人物、历史事件、说明介绍等形式贯穿道德教育。把德目投射到故事、插图、案例或活动中的形式摆脱了生硬的"口号化"灌输，将德目放入具体的情景之中，解锁其中蕴含的理性智慧与情感体验，将道德要求与个体的具体生活相联系。例如TPD7s5《交友的智慧》在强调交友中需遵循的尊重、宽容、诚信、友善等道德品质的同时，还明确指出"呵护友谊需要正确对待交友中受到的伤害"，当朋友背叛了自己，或做出伤害友谊的举动，我们"可以选择宽容对方，也可以选择结束这段友谊"。教科书不再将"宽容"作为面对背叛与伤害的唯一道德举措，"和平地结束友谊关系"也成为道德主体可以选择的方式之一，并在教科书中被认为与宽容处于同一地位，"两者都需要勇气，也需要智慧"。教科书跳出一元道德的束缚，给学生提供了依据具体情景进行道德选择的余地，与此同时又给出基本的准则底线，虽然"我们不可能和所有人都成为朋友"，但是我们要"同多数人和睦相处，对所有人以诚相待"。这使道德条目基于学生在不同场景中的具体判断与思考变得生动起来，建立道德主体的批判意识与反思意愿，真正做到道德的内化于心，外化于行。YW7s10《〈论语〉十则》中有这样一道练习题目："'己所不欲，勿施于人'是最早由儒家提倡的待人接物的处世之道，联系自己的生活体验讨论：怎样看待这句话？"在教科书的引领下道德条目与学生经验建立联系，使学生更加深刻地体会其中的内涵与价值。教科书避免生硬的道德条目灌输，而是使之蕴含于故事、练习、活动、历史事件中，尤其是语文和历史教科书倾向于不明确标示出德目，给予学生理解与思考并归纳道德条目的机会。例如人教版语文八年级上册第二单元的综合性学习以"让世界充满爱"为主题，要求学生从"关爱每一个伙伴""同在一片蓝天下""人人都献出一份爱"三个主题中任选一个讨论后撰文，引导学生自主建构与人交往中的道德准则框架，在主动体悟中升华对奉献、友善、仁爱等道德标准的认识。TPD8s4《社会生活讲道德》通过讨论"什么样的人值得尊重"这一话题，引导学生体认尊重意味着平等对待他人。每个人在人格和法律地位上都是平等的，我们不应以家境、身体、智力、性别等因素而歧视他人。通过自主探讨得出的对"尊重"这一德目内涵与要求的认识更为具体与深刻，更容易转化为道德行为。TLS7x活动课《中国传统节日的起源》要求学生"从传统节日中理解中华民族的道德观和价值观"，使学生在对历史的认识的基础上，解锁传统节日中的道德与精神，从而在继承传统节日形式的同时，更注重传承其中的精神内核。以上案例都充分体现出德目的渗透性特点，轻说教与训诫、重引导感召与自主体认已成为当下教科书中道德教育的主流认识。

## 二 榜样示范：传统文化与现代文化中道德人格的交织

教科书中对榜样人物身份与德性的选取建构体现出传统道德人格与现代道德人格的交织。一方面，榜样的成人化与精英化取向反映传统文化中道德人格的完人化特征，另一方面，道德榜样的自致性、多样化与完整性体现对完人化倾向的调和。除此之外，言利性角色的出现体现对传统文化中"轻利"道德取向的解构。最后，道德榜样反映历史进程中的时代与文化需求，但负载的价值精神又具有超越地域与时间的普适性色彩。

（一）榜样的内涵与价值

榜样是具有高尚人格、先进事迹的，值得学习效仿的典范人物。

教科书中选取与刻画的榜样是社会主流道德价值观的体现，能引导和教化学生完善品格、端正思想。法国社会学家 G. 塔尔德（G. Tarde）在《模仿定律》一书中指出，模仿是最基本的社会行为之一。[1] 模仿是人的天性，心理学家指出，不仅人的外显性行为来自对外界的模仿，内显的态度与价值观念、好恶行为习惯乃至道德品质、性格特征，都可以通过模仿习得。[2] 榜样就是模仿的对象，榜样教育就是树立榜样让学生模仿的教育活动。这便是榜样具有教育功能的基础，加之中小学阶段学生的道德思维以形象思维为主，他们理解看待道德问题不同于分析科学知识的逻辑推论或实验证明，而是倾向于运用一种人际的、情感的和想象的方式。[3] 道德主体借助本身固有的心理结构与道德期望对榜样的道德形象进行拼接和再造，从而转化为自己理想的道德形象。在这一过程中，教科书中具有高尚道德情操与思想境界的榜样会对学生产生强烈的精神激励。教科书借助榜样使优秀传统文化道德形象变得丰满而生动，一条条抽象的德目融入榜样人物的先进事迹中，显得更具体、更直观、更亲切、更具感染力和可模仿性，从而更能促使伦理道德在学生思维模式中的内化效应。而且，借助榜样建立中国传统文化中的道德形象意味着通过非权力的影响力对学生进行道德熏陶，这种非权力化的影响力能通过震撼与感染道德主体的心灵达到自然渗透，使之感到钦佩与向往，继而引发受教育者心悦诚服、自觉效仿的心理和行为。

（二）教科书中榜样性质的分析

历史教科书的性质决定其中入选的榜样人物多为民族英雄、政治领袖，以及为我国科学文化事业作出杰出贡献的科学家、文学家、艺术家，具有较大的同质性，因此在对榜样分析统计时主要集中在

---

[1] 谢惠媛：《多元社会中正确价值观的塑造——榜样教育的理性解读及当代构建》，《四川师范学院学报》2003 年第 2 期。
[2] 戴锐：《榜样教育的有效性与科学化》，《教育研究》2002 年第 8 期。
[3] 丁锦宏：《品格教育论》，人民教育出版社 2005 年版，第 236—237 页。

人教版和统编版的语文和品德教科书上。通过对教科书中榜样的社会属性进行梳理发现，共有政治家、劳动人民、艺术家等 14 个种类，各个种类所占榜样数量和比例如表 4-1 所示（"其他"类不成体系，故在计数时忽略）。

表 4-1  教科书中的人物榜样统计表

| 榜样角色\科目 | 先赋角色（爸爸/妈妈/国籍/民族/地域） | 政治家/国家领导人 | 革命战士/共产党人/民族英雄/解放军 | 科学家/发明家/医生/知识分子 | 普通劳动人民（工人/农民/渔夫/职员） | 商人 | 文学家/思想家/哲学家/雄辩家/教育家/史学家 | 其他 |
|---|---|---|---|---|---|---|---|---|
| 人教版小学语文 | 16 | 6大4小 | 8 | 11大3小 | 8 | 1 | 6 | |
| 人教版小学品德 | 0 | 6 | 2 | 7 | 2 | 0 | 4 | |
| 人教版中学语文 | 2 | 4 | 4 | 4 | 4 | 0 | 6 | |
| 人教版中学品德 | 1 | 4 | 8大1小 | 12 | 14 | 7 | 6 | |
| 合计 | 19 | 24 | 23 | 37 | 28 | 8 | 22 | |
| 占比 | 6.7% | 8.4% | 8.1% | 13.0% | 9.8% | 2.8% | 7.7% | |
| 统编小学语文 | 0 | 7大4小 | 9 | 2 | 5 | 0 | 3 | 中国救援队 西部淘金者 老年合唱团 僧人 志愿者 人大代表 模拟联合国 小大使 宁波好人 |
| 统编小学品德 | 2 | 1 | 13 | 10 | 7 | 3 | 3 | |
| 统编中学语文 | 2 | 0 | 7 | 7 | 8 | 0 | 3 | |
| 统编中学品德 | 0 | 3 | 5 | 6 | 11 | 1 | 6 | |
| 合计 | 4 | 15 | 34 | 25 | 31 | 4 | 15 | |
| 占比 | 2.1% | 7.9% | 17.8% | 13.1% | 16.2% | 2.1% | 7.9% | |
| 榜样角色\科目 | 神话寓言 | 王侯将相 | 航天员/航海家 | 运动员 | 老师 | 学生 | 艺术家（书法家/画家/音乐家/电影演员/雕塑家） | |
| 人教版小学语文 | 18 | 3 | 0 | 0 | 2 | 34 | 3 | |
| 人教版小学品德 | 1 | 3 | 1 | 5 | 0 | 4 | 5 | |
| 人教版中学语文 | 8 | 1 | 7 | 0 | 2 | 4 | 0 | |
| 人教版中学品德 | 0 | 3 | 0 | 3 | 1 | 14 | 2 | |

续表

| 科目 \ 榜样角色 | 神话寓言 | 王侯将相 | 航天员/航海家 | 运动员 | 老师 | 学生 | 艺术家（书法家/画家/音乐家/电影演员/雕塑家） | |
|---|---|---|---|---|---|---|---|---|
| 合计 | 27 | 10 | 8 | 8 | 5 | 56 | 10 | 总计：285 |
| 占比 | 9.5% | 3.5% | 2.8% | 2.8% | 1.8% | 19.6% | 3.5% | |
| 统编小学语文 | 14 | 2大2小 | 0 | 0 | 0 | 4 | 1 | |
| 统编小学品德 | 1 | 2 | 2 | 0 | 1 | 15 | 0 | |
| 统编中学语文 | 1 | 3 | 0 | 1 | 2 | 3 | 0 | |
| 统编中学品德 | 0 | 0 | 0 | 0 | 2 | 4 | 1 | |
| 合计 | 16 | 9 | 2 | 3 | 5 | 26 | 2 | 总计：191 |
| 比例 | 8.4% | 4.7% | 1.0% | 1.6% | 2.6% | 13.6% | 1.0% | |

注："大"指成人榜样，"小"指儿童榜样。

1. 榜样的成人化与精英化取向反映传统文化中道德人格的完人化特征

教科书中成人榜样明显多于儿童榜样，虽然通过与前人研究的统计数据比较[①]，儿童榜样的比例有所提升，但总体占比不高，人教版教科书中儿童榜样占比大约在22.46%，统编版教科书中这一比例不足17%，其中小学儿童榜样的数量几乎是中学儿童榜样的两至三倍。儿童角色中还有部分是伟人或名人幼年时的榜样故事，例如：宋庆龄小时候遵守诺言的故事，李四光幼年时期勤于动脑、执着探索"奇怪的大石头"的故事，列宁小时候正直坦率、勇担责任的故事。榜样具有道德熏陶与感染作用的内在机制在于模仿，普遍来说，榜样人物的生活环境、兴趣爱好、性别、年龄等特征与道德主体越

---

① 张丽敏、谢均才：《中国大陆小学品德教科书中榜样的嬗变——人民教育出版社1999年版和2005年版小学品德教科书内容分析》，《教育学报》2016年第3期。

接近，越容易引发模仿心理，榜样的引领作用更强。① 反之，如果榜样人物、事件的生活世界与学生所处的生活世界相疏离，加之不同年龄阶段的个体关于价值观问题的思维方式差异，会导致学生对成人榜样的思想缺乏切身感受，需要依靠想象进行理解，难以达成共鸣。由此可见，教科书中的道德榜样成人化取向会在一定程度上影响学生对榜样言行与思想的模仿与学习。

教科书中伟人、名人的榜样占比明显高于普通榜样，其中占比最高的有两类人物，第一，以科学家、文学家与思想家为代表的知识分子榜样，在人教版教科书中占比达到20.7%，在统编版教科书中占比达到21.0%。例如爱因斯坦、居里夫人、鲁迅。第二，政治精英与革命战士，在人教版教科书中占比达到16.5%，在统编版教科书中占比达到25.7%。例如毛泽东、周恩来、雷锋、马克思、列宁、白求恩。其中，科学家多突出其勇于探索、积极创新、坚持不懈的科学精神；文学家与思想家多突出其强烈的社会责任感、深切的忧国忧民之心，及开拓进取、自立自强的意志品质；革命战士则多突出其不屈不挠的抗争精神，和家国一体的公忠情怀；对政治领导人道德形象重点刻画上至崇高的国际主义、心怀祖国与人民的博大胸襟，下至工作中鞠躬尽瘁、兢兢业业，生活中艰苦朴素、平易近人的人格闪光点。教科书通过这些榜样传承了中国传统文化道德形象的爱国与公忠特征，并投射出现代社会对科学与创新精神的时代期许，体现当下社会的主流价值形态和对学生道德人格的发展要求。但是，榜样角色与受教育者之间社会地位过大的位势差容易削弱榜样的被认可度。换而言之，崇高、伟大、全面的榜样角色容易使学生感到可望而不可即，他们更倾向于抱"敬而远之"的态度，而不愿意去模仿和践行。②

---

① 李伯黍、岑国桢：《道德发展与德育模式》，华东师范大学出版社1999年版，第105页。
② 戴锐：《榜样教育的有效性与科学化》，《教育研究》2002年第8期。

榜样的成人化、精英化取向在一定程度上反映出我国传统文化道德教育的精英化、完人化特征，中国传统道德榜样以位高权重的圣人、君子、贤人、仁者和善人为主，道德人格层级比较高，且将人和生命的存在意义作为道德追求的终极价值，希望人人都成圣成贤成仁。[①] 封建社会中的精英人群主要指知识分子，即"学而优则仕"的官员，他们身居权位，成为君子典范、理想人格的象征。这种鲜明的、强烈的精英主义道德期望与世俗生活相距甚远，使普通百姓望尘莫及，无法在更为广阔的社会阶层中实践普及。总之，在中国传统社会典型意义的精英文化范式影响下，当下教科书中的道德榜样也表现出理想人格的精英特质，伟人与名人占比较高，偏离普遍性文化范畴。

2. 道德榜样的自致性、多样化与完整性体现对完人化倾向的调和

教科书中的自致性角色明显多于先赋性角色。自致角色指个体通过后天努力达成的角色，先赋角色指建立在血缘、地域、遗传等先天或生理因素基础上的社会角色，或社会规定的角色。教科书中的爸爸、妈妈、蒙古族人民、台湾同胞等先赋角色的占比大大低于政治领袖、作家、运动员、艺术家、劳动人民等自致角色的占比，在人教版教科书中分别占比6.7%和83.8%（剩下的9.5%是虚拟人物），在统编版教科书中分别占比2.1%和89.5%（剩下的8.4%是虚拟人物）。而且，当下教科书中道德榜样显示出多样化特征，除了政治领袖、英雄战士、文学家等社会精英人物，工人、农民、记者、老师、学生、老年合唱团、志愿者等学生生活中常见的社会角色都成为课程中的道德榜样，在人教版教科书中占比约为34.0%，在统编版教科书中占比约为34.5%，与学生日常生活紧密相连，体现道德榜样层次的丰富性。例如教科书选取残疾人小丹用脚写字作画，

---

[①] 吴小军、周围：《传统道德榜样与现代道德榜样比较初探》，《南华大学学报》（社会科学版）2010年第2期。

最后被美术学院录取的榜样案例，旨在激励受教育者消解伟人道德榜样引发的疏离感，在对残疾人优良品德的钦佩之中，坚定自身的道德追求。除此之外，教科书中诸多道德榜样的故事还呈现出由"消极"到"积极"的转变过程，体现过程性价值。例如 PD7x1《珍惜无价的自尊》中的道德榜样格林尼亚在年轻的时候是一名游手好闲、不务正业的花花公子。在受到女伯爵毫不留情的批评之后，刺痛了他的自尊心，从此痛改前非、拜师苦读，通过不断地探索与实验，研制出化学试剂"格氏试剂"，获得诺贝尔化学奖。教科书对榜样故事的呈现体现出完整性特征、过程性价值，详尽具体地描述了榜样从失败到成功的经过，意在将名人、伟人拉下神坛，展现他们成功过程中的曲折与偏倚，让学生认识到名人与伟人并非圣人，他们也同普通大众一般在摸索与自我否定中进步与发展。这种榜样呈现方式有助于受教育者完整了解榜样行为，感到亲切与真实，从而推动模仿行为的产生。[①]

在传统文化中，有"人人皆可为尧舜，但不只要有其心，更要有其行"的性善论思想，认为"人之所不学而能者，其良能也，所不虑而知者，其良知也"（《孟子·尽心上》），良知良能人皆有之，个个自足，是一种不需假外力的内在力量。只要在实际行动中将自觉之知推致知行合一，做到"致良知"就可达成道德境界。但是封建社会宗法规则中的尊卑贵贱、长幼上下之规约直接将人分为三六九等，这种与生俱来的身份地位从根本上限制了个人的发展前途。因此，传统文化一方面认为人人皆有养圣贤之德的可能，承认人格伊始上的平等，但另一方面，等级制度又在现实层面阻断了这种人格平等的实现之路，表现出矛盾与冲突。而在教科书中，虽然榜样的成人化与精英化取向反映传统文化中道德教育的完人化特征。但是教科书又通过道德榜样选取的自致性、多样化和完整性阐释试图调和这种过大、过全的道德形象，将道德修养融入世俗生活，鼓励

---

① 戴锐：《榜样教育的有效性与科学化》，《教育研究》2002 年第 8 期。

学习者通过后天的不断努力修炼道德品性，达成道德境界。这些榜样表现手法既顺承了传统文化中德性伊始的平等，又引导学生明确只要不断地经过实践磨砺修养道德，无论职业、身份、贫富都能达成崇高的道德境界，充分地阐释了"人人皆可为尧舜"的德行伊始平等和现实条件的平等。

3. 言利性角色的出现体现对传统文化中"轻利"道德取向的解构

言利性角色指以追求实际利益、幸福生活为目标的社会角色。表现性角色指以展现社会制度与秩序、行为规范和价值观念为目的的社会角色。[①] 虽然总体上而言，教科书中的表现性角色比例远超于言利性角色，但是教科书中言利性角色的出现体现了社会发展的特点。有研究者梳理 1999 年版的《社会》和《思想品德》、2005 年版的《品德与社会》和《品德与生活》教科书中榜样的职业分布发现，其中均未出现商人榜样。[②] 而在现行人教版和统编版的中小学语文、品德教科书中出现 12 位商人榜样，既反映教科书对积极进取追求自我价值实现的支持与赞赏，又反映教科书主张利益追求过程中坚守"义"的道德底线。例如 PD9 - 7《关注经济发展》选用小严潜心钻研发明出清扫口香糖的机器，开办商业公司作为榜样，肯定其将知识转化成个人财富的做法，同时选取民营企业家功成名就之后，主动帮助老少边穷地区培训人才、兴办项目、开发资源的案例，体现"利"与"义"的统一。这一转变是社会主流文化变迁的映射，我国传统文化道德修养的路径是内向型的，以人的内在境界为终极价值归宿，而非外界的求利，有重义轻利的价值偏见，商业、商人的地位不高，这投射到当下的教科书中则体现为商人榜样形象的失语。随着中国社会不断转型变革，追求合法利益的"言利"文

---

[①] 刘黔敏：《中小学德育教科书中的榜样人物分析》，《教育评论》2009 年第 1 期。

[②] 张丽敏、谢均才：《中国大陆小学品德教科书中榜样的嬗变——人民教育出版社 1999 年版和 2005 年版小学品德教科书内容分析》，《教育学报》2016 年第 3 期。

化特征日趋明显，教科书中勇于追求合法利益的榜样的出现，正反映出教科书呼应时代特征，正视和凸显"大众对于日常生活幸福本身的强烈欲求"[1]的趋势。

4. "外拓性"道德榜样的增加缓和传统文化中道德的"内求性"

教科书中的榜样人物呈现出"内求取向"和"外拓取向"并存的价值观特点，既有爱国、公忠、孝亲等中华传统美德，又有创新、进取、探索等时代精神。例如教科书中既有尽责奉献的公忠模范王进喜、孟泰、焦裕禄，有忧国忧民、舍身为国的爱国模范毛主席、解放军、张思德，谦虚好学、不卑不亢的人格模范纪昌、孔子、蔺相如，又有积极进取、锐意创新的奋进模范孔令辉、创业大学生。教科书中还涉及部分外籍道德榜样，这些榜样主要负载外拓的道德价值，如自立自强的德国小女孩乌塔和坚持用劳动换取报酬的青年哈默，不断乐观向上、战胜困难的爱迪生，勇于探索、刚健有为的居里夫人，锐意创新的科学家牛顿等。教科书对这些"外拓性"道德榜样的选取，表现出在刻画优秀传统文化道德形象的过程中，对外拓型道德价值的汲取与内化，从而调和中国传统文化的内向自省趋势，呼应社会与时代的需要。这些合乎我国当下社会需要的普适性道德，跨越历史的长河和文化的差异在教科书中得到承认和肯定，被作为理想人格的具体体现，引领着人才培养的发展方向。

综上，教科书中的道德榜样体现出传统道德人格与现代道德人格相交织的特点。一方面，榜样的成人化与精英化取向反映传统文化中道德人格的完人化特征。另一方面，道德榜样的自致性、多样化与完整性体现对完人化倾向的调和。这表现出教科书在选取和呈现道德形象时，既受到传统道德价值的影响，又试图弱化这种影响，在道德人格完人化与普适化之间进行抉择。除此之外，教科书中的榜样还表现出对传统的超越，言利性角色的出现是对传统文化中

---

[1] 陶东风：《社会转型与当代知识分子》，上海三联书店1999年版，第169页。

"轻利"道德取向的解构,"外拓性"道德榜样的增加缓和传统文化中道德的"内求性"。

### 三 道德叙事:传统文化中一元道德形象的开放性表述

教科书采用道德叙事的方式引导学生澄清、选择、认同道德,学生对道德价值的主动建构,是对传统文化中封闭化、一元性道德的冲击。

#### (一) 道德叙事的内涵与功能

道德叙事是指教育者借助对道德故事(包括寓言、生活事件、民间传说、童话、神话、英雄人物、历史事件、典故、传记等)的叙述,直接或间接地揭示生活中的真假、善恶、美丑,促进受教育者思想品德成长、发展的一种道德教育形式。[1] 这种德育方式通过对道德事件的描述,立足学生既有的道德经验,使之获得对道德的理解,促进道德品格的形成。具体而言,道德叙事具有以下功能。第一,这些生动的叙事素材能激活与维持学生的兴趣,使其产生主动参与学习的心态。第二,开放性、情境性的叙事素材引发学生与学生、学生与教师、学生与文本之间的交流对话,从而使其理解感悟素材中蕴含的道德原则或价值标准。第三,叙事素材作为道德信息载体,是基于某种道德价值建立起的道德图式,具有价值示范特性和行为导向功能,在之后的道德学习中有原型启发作用。教科书中的这种道德教育形式具有情境性、生活性特征,体现出人们对日常生活的感受、期待和对生命意义的关注与领悟。[2] 形象化的描述能在学生思维中建构出具象的主人翁形象,将抽象的道德原则放入具体的情境中,着力解冻"冰冷"的道德条目,引发学生情感上的共鸣,促使学生更积极主动地推进道德实践。

---

[1] 丁锦宏:《道德叙事:当代学校道德教育方式的一种走向》,《中国教育学刊》2003年第11期。

[2] 郑航:《德育教材开发中的叙事素材》,《课程·教材·教法》2004年第11期。

在中国的传统哲学中，将天视为创造万物、主宰万物的本体，天不变，道亦不变，天道本体的唯一性给道德赋予绝对的、永恒的意义。在天的威慑力中，人们将纲常礼教视为永恒不变的道德规范加以信奉，进行严苛的自我检讨和约束，养成顺从、牺牲、不求个人权利的圣人之德。这种对价值一元论的痴迷，坚信个体对群体（统治阶级）的无条件顺从是至高无上的核心价值观，因此所有的道德困境都倾向于依靠这种固定不变的单一价值观来提供一劳永逸的解决方案。当今时代，社会阶层从固态到流变，经济形式从单一到多样，价值取向从统一性转向多元化，道德主体从精英化到普适化，个体社会角色也从一元到多元，这必然要求道德人格的多元化。然而，中国传统文化中的道德修养模式却十分推崇道德固化，始终着力于个体德性的完善，这与现代意义上公民社会塑造的道德多元格局，着力于培育现代社会道德体系的实践思维，形成了巨大的理论反差、心理落差。[①] 当下教科书通过道德叙事对学生产生情感性渗透，其对传统文化道德价值的传承从"强行灌输"和"命令"式的训诫，转为潜移默化的影响，而且提供生动的情景，引导学生自主地解读其中的道德价值，跳出"唯信纲常名教"的封闭化一元道德要求，建立与现代政治经济社会相适应的民主、平等、自由、公正等多元道德价值规范。

（二）教科书中道德叙事的分析

对教科书中道德叙事的分析分为两条路径，一是根据叙事基本特征和叙事关系不同，分为权威型叙事、引导型叙事与平等型叙事；二是根据叙事目的不同分为功利型叙事、义务型叙事和美德型叙事。

1. 功利型叙事、义务型叙事和美德型叙事

根据叙事目的不同教科书的叙事方式可分为功利型叙事、义务型叙事和美德型叙事三种。功利型叙事的潜在含义在于遵守德目会给道德主体带来好处，反之违背德目则会给道德主体带来危害。例

---

① 孙泊：《道德榜样论》，博士学位论文，苏州大学，2016年，第185页。

如 YW1x29《手捧空花盆的孩子》中信守承诺的孩子最终赢得国王的青睐，成为王位的继承人，而弄虚作假的孩子则失信于国王。PD8s10《诚信做人到永远》中做兼职的学生由于诚信记录不良最终失去工作、失去住所，不得不离开求学城市。这两则故事暗示履行道德准则会带来好的结果，反之亦然。此种类型的叙事方式还有很多，都将德目与功利性后果相联系，表明德目带来名望、权力与财富。义务型叙事的潜在含义在于履行道德要求是做人的基本底线和义务，与利益获得无关。教科书中 YW3s8《我不能失信》、TYW7s8《陈太丘与友期》都属于这类叙事，强调诚信与义务的关联，表明履行道德规范的必然性。美德型叙事的潜在含义在于道德不是外在的规则，而是人内在的美德。并非如功利型叙事那般强调道德与利益攸关，也非义务型叙事那般强调履行道德的必要性。例如 YW4s11《去年的树》中鸟儿承诺唱歌给树听，却没有因为树被砍倒而违背自己心中的诺言。它最终找到树木做成的火柴点燃的火光，对着火光唱了一首歌。故事中的树已逝"去"，鸟儿却依旧信守诺言，这凸显的不是作为规则或义务的诚信，而是美德的诚信。不同的叙事方式有其各自的优势。功利型叙事的特点在于贴近实际生活，以道德主体的切身利益为切入口强调履行道德比空喊道德口号具有说服力，其弱势在于从自身利益出发履行道德要求是一种"利己"取向，被诟病为易于引导学生形成以自我为中心的思想倾向。义务型叙事的特点在于具有普适性，这类叙事强调一些基本道德准则是需无条件遵守的底线，有益于维护社会基本秩序。其弱势在于说教意味浓厚，倾向于引导人服从外在规则，而非形成内在品质。美德型叙事的特点在于有令人高山仰止的感染力与震慑力，表现出较高的道德境界。

综观教科书的道德叙事类型，以义务型叙事为主，功利型叙事与美德型叙事为辅，构建了多层次的德目教育文本。这种分布方式具有一定的合理性，第一，以义务型叙事为主的道德叙事方式符合现实道德教育需求。中小学阶段学生的身心发展尚不成熟，倘若以美德型叙事为主，基调太高，不易引发模仿与学习的情感共鸣。倘若以功利型叙事为主，又极易使学生停滞于功利层面，强化以自我为中心的观念。因此，以义务型叙事为主设定基本的伦理底线，既具有一定的普适性，又达到一定道德高度。第二，多种道德叙事方式并存的格局符合课程标准所设定的德育目标。课程标准中的德育目标呈现多层次性，以课程标准中的诚信教育目标为例，"诚实守信是做人的根本……懂得对人守信、对事负责是诚实的基本要求，了解生活中诚实的复杂性，知道诚实才能得到信任，努力做诚实的人"包含了多种不同价值取向。"诚信才能得到信任"属于功利型目标，"对人守信、对事负责是诚实的基本要求"属于义务型目标，"诚实守信是做人的根本""努力做诚实的人"属于美德型目标。因此，不同类型的德育目标反映于教科书中则呈现为不同的叙事方式。第三，多种道德叙事方式并存符合道德主体的道德发展规律，在著名理学家刘宗周所编的《人谱》中肯定了功利论、义务论与德性论三种伦理思想。[①] 三种叙事方式表现出一定道德境界的阶梯性，符合不同年龄阶段从他律到自律、从利己到利他的道德层次发展规律，也可让学生体会层层递进的道德境界，在坚守道德底线的基础上，力争达成更高层次的精神境界。

2. 权威型叙事、引导型叙事与平等型叙事

权威型叙事在叙事过程中直接而明显地表达价值体认和行为引导的叙事目标，表现出对学生行为的权威型规范与引导，其结构在故事情节之后，往往附有道德结论劝诫。下面列举几例。

PD7s8《学会拒绝》中有这样一段叙事素材："好朋友王磊和宋昭受到暴力录像的诱惑，通过威胁和恐吓向低年级的小同学'要'钱，事情败露，受到了应有的惩罚。"本段叙事素材后有两个问题，"面对金钱的诱惑，王磊采取了什么行动？导致了什么结果？""我们应当如何正确地看待金钱？"看似引导型叙事，实际上这两个问题

---

① 王世光：《教材中诚信故事类型之比较分析》，《上海教育科研》2007年第7期。

并非开放性问题，在叙事结束后紧跟一段编者的话："对待金钱，我们一定要取之有道，通过正当途径来获得。决不能沾染法律禁止的'强行向他人索要财务'等违法行为，更不能触犯法律。"这段对故事情节的议论回答了上文中提出的两个问题，明确地阐释了故事中蕴含的道理和启示，"一定要……""决不能……""更不能……"等句式是一种强势的、传递性的话语表达，带有教育、训诫的口吻。

TYW7s14《植树的牧羊人》讲述孤独的农夫数十年如一日地在荒原上种树，最终靠自己的体力与毅力，把荒凉的土地变成了美丽富饶的田园的故事。在故事最后一段作者写道："每当我想起这位老人，他靠一个人的体力与毅力，把这片荒漠变成了绿洲，我就觉得，人的力量是多么伟大啊！可是，想要做成这样一件事，需要怎样的毅力，怎样的无私……"语文教科书中有许多类似的选文，在叙事结束时有一段点明中心思想、深化主题的议论，作为一种文学表达手法同时也具备阐明道德价值的功能，编者借助语文选文的这一特点，体现编者的价值意图。

PD9-1《责任与角色同行》有这样一段叙事素材："热爱音乐的苏珊阴差阳错考进大学的工商管理系，尽管她不喜欢这一专业，却也学得很认真，每学期各科成绩都是优秀。毕业时被保送到美国麻省理工学院攻读MBA，最后拿到了经济管理专业的博士学位。如今，她已是美国证券界的风云人物。"虽然这段叙事材料之后没有编者的评论，但是仍然借助主人翁"苏珊"之口点明了故事的价值取向，苏珊说："老实说，至今我仍然说不上喜欢自己所从事的工作。但因为我在那个位置上，那里有我应尽的责任，我必须认真对待。不管喜欢不喜欢，那都是自己必须面对的，都没有理由草率应付，都必须尽心尽力，那是对工作负责，也是对自己负责。"这段话表面看来是苏珊的所感所想，实际上是主流价值内容的传递，是社会力量的显在场。在这段叙事中明确传递了个体为承担自己肩负的家庭与社会责任，自我约束、自我克制、自我牺牲的价值倾向。最后通过价值判断给整段叙事定调，没有给学生留下讨论、思考、质疑的余地，确切来说这是一种一元的价值表达。

引导型叙事在叙事过程中隐含价值取向或行为典范，试图通过学生的理解与感悟进行价值分析、价值比较、价值选择、价值澄清，从而达成相应的教化目的，其结构一般在故事情节之后，会加上引导思考。下面列举几例。

通过在案例叙述中直接提问进行价值引导，这种形式主要出现在品德类教科书中，如 PD7s6《做情绪的主人》叙述了一名韩国青年在观看球赛时与母亲发生口角，由于控制不住自己的情绪，一时冲动用刀刺死母亲的故事。故事结尾，用三个学生的口吻营造对此事件的讨论氛围，学生 A 说："你相信人的怒气竟能致人做出这样违背天伦、违法犯罪的事情吗？"学生 B 说："是啊，不良情绪有时就像一匹脱缰的野马，会使人的情绪失控，造成严重后果。"学生 C 说："人生不如意十之八九，想不产生不良情绪不可能，要调控好自己的情绪也是不可能的。"最后提出两个问题："你对他们三个人说的话有什么看法？不良情绪可以避免吗？""不良情绪对人遵守道德与法律规范有什么消极影响？"教科书借助三个人物的对话圈定了对叙事素材的反思和讨论方向，再通过问题进一步聚焦，引导学生与叙事素材之间展开交往与对话，从而结合生活实例，深入理解抽象的道德原则、价值标准，意识到调控情绪、冷静克制的重要意义。人教版的《思想品德》教科书中多数叙事案例之后都会紧跟类似的启发性提问，以引导学生深入思考故事背后的价值内涵。

除了在叙事案例后紧跟问题的引导形式，还有借助教科书的助读系统和反馈系统进行引导，语文和历史教科书多使用此类形式。如 TYW7s8《世说新语》二则通过课后习题的反馈系统进行价值引导，习题中提出了"《陈太丘与友期行》出自《方正》篇。方正，指人行为、品性正直，合乎道义。文中哪些地方体现出陈元方的'方正'？"的问题。TYW7s3《回忆鲁迅先生》通过注释和标签进行价值引导。教科书特意将"海婴说鱼丸子不新鲜，别人都不注意，鲁迅先生把海婴碟里的拿来尝尝。果然是不新鲜的。鲁迅先生说：

'他说不新鲜，一定也有他的道理，不加以查看就抹杀是不对的。'"一段话添加绿色底色着重标签，并在旁边添加批注："这件事反映了鲁迅先生什么品质？"引导学生着重解读此段话中体现的主人翁的人格品质。TLS7s15《两汉的科技和文化》通过"气泡问题"进行价值引导。教科书在司马迁著述《史记》的叙事案例旁，用气泡的形式提出思考问题："司马迁曾遭到酷刑，而他在命运的灾难面前却坚韧不拔地写出历史巨著。他的这种精神对我们有什么教育意义？"引导学生感悟司马迁坚持不懈的可贵品质。而且叙事过程中较详细地阐述了司马迁创作《史记》的艰难，"他因仗义执言被关到狱中，遭受酷刑，肉体上和精神上遭到摧残。但他忍受着巨大的悲痛，发愤著述，用十多年的时间写出了不朽的历史巨著"，情节叙述的详尽有益于"事"与情境、情节相融合，"人"与真情实感相联系，更容易唤起学生的情感共鸣，激发他们效仿的激情与决心。

平等型叙事在叙事过程中没有明确的价值引导，只有情节本身。平等型叙事通过叙事话语展现故事的情节，没有过多的价值引导。但其所使用的叙事话语、叙事方式需贴近道德主体的实际生活，引发"文化亲近感"，以求激活道德需要、引发情感共鸣。下面列举几例。

人教版的品德教科书多附有引导性提问，属于引导型叙事，只有在"相关链接"一栏中呈现的叙事性素材才不附加价值引导，属于单纯的平等型叙事。如PD9-2《在承担责任中成长》描述抗洪救灾中共产党员、干部群众不顾个人生命安全和家庭利益，参与抗洪抢险的故事。相对而言，统编版的品德教科书中平等型叙事的比重大大增加，"阅读感悟"一栏呈现的叙事素材大多都是平等型叙事，如TPD7s7《亲情之爱》讲述身患绝症的母亲为给孩子留下足够的学费，每天绣十字绣长达17个小时，耗时3年，绣出6.5米清明上河图的故事。整个叙事过程仅客观描述事件，并未夹杂价值引导的话语。但其中"她没有其他奢求，只是想尽自己所能多给孩子留点什么"等朴实的话语描写，迅速与学生的生活经验建立起情感链接，使之更深刻地感受到母亲伟大的爱，从而引发对母亲爱的反馈。TLS7x10《蒙古族的兴起与元朝的建立》叙述了文天祥与元军抗争的故事，在叙述过程中不加价值判断，但通过"他将全部家当充作军费""历经磨难，顽强抵抗""忽必烈亲自劝降，许以高官，他严词拒绝""被押到刑场后，面南而拜，从容就义"等细节描述展示的生动的画面，使学生真切感受到其英勇不屈的高尚人格和民族气节。

综上，权威型叙事明确表述官方认定的价值观，这种编者在场式的议论在一定程度剥夺了学生辨析和思考的机会与权利，使故事失去原本的道德教育"隐约"性特性，缺少"思"的灵动，淡化了情的共鸣。引导型叙事通过叙事话语展示故事情节与情景，进一步通过问题、批注、习题引导学生进行价值澄清，积极参与教育情境下同文本、同学、教师的交往与对话，展开对生活的反思，从而在潜移默化中把握、理解和感悟叙事素材中的教育隐喻。平等型叙事通过语言叙述展示故事情节，在叙述过程中注重赋予叙事素材以文化特性和个体特征，并能够启动个体的道德接受机制，特别是其内在的动力机制和导向机制，[1] 从而促使道德主体主动反思、挖掘、同化与顺应叙事素材中所隐含的道德原则或价值标准，完成平等型叙事素材的德育功能。相对而言，引导型叙事和平等型叙事不直接表明教育态度，控制色彩相对于权威型叙事要淡，更易于使学生真正从情感上、心灵上接受。

因此，综观人教版语文、历史、品德教科书，引导型叙事和平等型叙事占比远大于权威型叙事，而且统编教科书还有平等型叙事占比增加的趋势。教科书越来越倾向于不生硬地强调道德主体所应遵循的"规则"与"义务"，用客观陈述性的句式来展开叙事，强调引导道德主体自发建构正确行动的规则体系。超越传统文化道德形象中克制与牺牲的一元价值训诫，使学生在对话、反思的过程中，

---

[1] 郑航：《德育教材开发中的叙事素材》，《课程·教材·教法》2004年第11期。

形成符合主流价值观的多元理解。

**四 活动牵引：从传统权威规训到道德主体的自我心智谋求**

德育的目的不在于强制性要求人顺从外在行为规范，而是培养人领悟与把握道德的智慧，这种智慧形成需要个体意识的主动参与，从而使道德主体根据自身个性形成道德选择的内在动力和能力。[①] 教科书中道德活动的设置则为道德主体实现从被规训到自主认知的转化提供了可能。

（一）道德活动的内涵与意义

道德活动是一类教科书中可供学生亲身参与讨论、思考或操作的，具有道德教育意义或功能的活动素材，道德活动能影响道德主体的道德意识、道德行为、调节人际关系。提升道德实践能力、改善道德生活质量，不仅以传授道德知识、发展道德认知能力为主要目的，更以激发道德问题意识，深化道德主体的道德情境体验，养成良好的道德行为为目的。[②] 要达成这一目的，灌输僵死、封闭的道德符号和代码的方法不可行，因为，抽象的道德理念和知识包含对个人与个人、个人与社会之间应有关系，以及个人在社会中应有行为方式的基本要求，而要真正理解和内化这些道德规则，并将其转化为自身的道德需求，不仅需要学生积极投入理性思考，更需要学生亲身参与道德活动，体验处理这些体现道德要求的社会关系。道德活动中蕴含的实践思维更注重道德规则关涉的主体、个性、关系和过程，突出道德教育的主体性本质，更关注鲜活的生命实践活动。具体而言，道德活动具有以下特点。第一，道德活动具有情境性。道德律令作为抽象的概念系统，与生活情境相隔离，依靠单纯记诵

---

[①] 于洪燕、易连云：《传统"道德"概念的历史演变对学校德育的现代启示》，《广西师范大学学报》（哲学社会科学版）2006 年第 2 期。

[②] 戚万学：《活动课程：道德教育的主导性课程》，《课程·教材·教法》2003 年第 8 期。

既定的道德规范条文难以使学生达成真正的内化。情境教育的实质是在特定时空背景中营造一种关系状态，注重情境中的德育熏陶，有助于学生把道德价值与实际生活相连，积极主动地进行价值判断，理解与建构自己的道德价值体系。第二，道德活动具有体验性。只有将道德规则置于社会关系中，并通过实际地处理这些关系才能达成真正的认识和理解。学生在道德活动中能感受到道德对人类生活的必要性，更能体会到道德养成带给人的快乐、安宁与满足等积极的内在情绪体验，从而进一步激发其道德动机，增强道德意志，推动道德行为。

中国传统文化中的道德教育旨在克己之欲以吻合"礼"之规范，注重以"天道""天理"控制人心、私欲，以不可侵犯的"礼"规训道德主体的"视""听""言""行"，让天理在人心中发扬光大。在道德教化过程中，把既定的纲常名教加之于人，使之成为封建社会中道德愿景的忠实践履者，而非个体道德行为的真正主体。"礼"是道德教化的轴心，而非德性主体本身。① 在之后的几十年间，道德被视为与规则同义，道德教育演变成为规则教育。我国的道德教育一直奉行的"守规"标准和"服从"目的都带有传统教育色彩。② 旨在促使学生不加批判地接受既定道德价值的传统道德教育，其实质上秉承着一种相对封闭的、强制的教育观，道德价值不可违抗、天然合理的一元性道德论决定了道德教育的重心在于将既定的、统一的道德价值灌输给学生，以规范与束缚他们的道德思想，使之以"正确"的方式、朝"正确"的方向思考与行事。这种道德教育方式突出的问题在于忽视道德主体的认知与思维在道德习得中的重要地位，是一种"驯服式"的道德（柏拉图语），而非"推己及人之主人道德"（陈独秀语）。③ 教育对象被"标件化"处理，学生倾向

---

① 刘铁芳：《从规训到引导：试论传统道德教化过程的现代性转向》，《湖南师范大学教育科学学报》2003年第6期。
② 戚万学：《活动道德教育模式的理论构想》，《教育研究》1999年第6期。
③ 戚万学：《活动道德教育模式的理论构想》，《教育研究》1999年第6期。

于被动顺从，缺少创造开拓、积极进取的精神品质。而且由于学生自由选择的可能性受到限制，难以培养出具有独立性和批判性思维、个性化和自主理性的个体。德育学者欧阳教认为道德教育有三种类型：道德认知教育——教导学生对道德规则"加以反省检讨，问明真正的道德理由，渐渐学会自己作道德的独立判断"；道德实践的教学——"启示儿童青年如何遵照道德规范去实行"；道德规范的指导——"适于他律期和无律期的一种单纯的道德规范的指导"。[①] 基于此，传统道德教育接近"道德规范的指导"和"道德实践的教学"，缺乏"道德认知的教学"，学生只能不加省察地被动遵守道德规范与准则，少有机会对道德准则的缘由进行理性反思，或对道德问题作独立的分析、判断与抉择。而道德的真正意义在于引导人过美好的道德生活，即教会人领悟道德的真谛，能在复杂的道德情景中行使自己的选择权利，独立表达自身的道德选择，并能自愿承担选择后果。能根据自身需求不断创造出新的道德，并道德地生活着。[②] 道德教育的目的原本在于关注"人心"对"天、地、人"之"三才之道"的领悟与把握，却在简单的灌输、说教等强制性手段下变为训练人对"行为规范"的遵从，这与道德的本真相去甚远。而道德活动的情景化和体验性特征能给学生提供道德分析、判断和选择的空间，道德作用的实现以个体的自由自觉和主体性的发挥为前提，从而能唤醒学生的自我批判意识，提高其道德思维能力。

（二）教科书中道德活动的分析

根据道德主体的参与程度可将道德活动分为养成性活动、认知性活动、体验性活动三种类型。

养成性活动指促使学生养成基本行为习惯的活动，低年级道德教育中的一项重要目标就是使学生养成良好行为习惯，习惯的养成

---

① 欧阳教：《教育哲学导论》，文景出版社1973年版，第76—77页。
② 于洪燕、易连云：《传统"道德"概念的历史演变对学校德育的现代启示》，《广西师范大学学报》（哲学社会科学版）2006年第2期。

以"行为"为媒介。《品德与生活》一年级上册中有大量的养成性活动，如"讨论听到上课铃后，应该怎么做"①；"和家长商量一下，试着列出自己的作息时间表来！做到了在表格中画星号，请家长签字。没做到，请家长帮你做到"②；提供洗脸、刷牙、洗澡、洗手等个人清洁卫生的图片，要求学生"每天做到的请把圈涂满，经常做到的请在圈内打钩"③；"互相查一查，大家看书、写字的姿势正确吗"④；"拜年时春节的传统习俗，应该注意哪些礼节呢？和大家一起讨论，再演一演吧"⑤；"写几句顺口溜，提醒大家不要乱扔垃圾"⑥。这类养成性活动涉及学生家庭、学校、社会三个场域，包含卫生、仪态等个人日常习惯以及待人接物的处事礼仪等各个方面。

　　认知性活动是一种想验性活动，即体验者通过对事物观察、感受与思考，借助他人的描述，结合自身的生活阅历和认知经验，想象与领悟表达者的处境和感受，体会其背后的价值内涵。这类活动主要是静态的，有助于学生澄清道德认识、发展思维能力。中小学语文、品德与历史教科书中，这类认知性活动非常丰富，通常以阅读、思考等相对静态的形式开展，也有讨论、扮演等相对动态的形式。例如，"观察敦煌莫高窟壁画的摹绘图，画中坐具本是北方少数民族的，在魏晋南北朝时期引入内地。说一说民族交往、交流和交

---

① 课程教材研究所：《品德与生活》（一年级上册），人民教育出版社2007年版，第8页。
② 课程教材研究所：《品德与生活》（一年级上册），人民教育出版社2007年版，第33页。
③ 课程教材研究所：《品德与生活》（一年级上册），人民教育出版社2007年版，第35页。
④ 课程教材研究所：《品德与生活》（一年级上册），人民教育出版社2007年版，第47页。
⑤ 课程教材研究所：《品德与生活》（一年级下册），人民教育出版社2007年版，第57页。
⑥ 课程教材研究所：《语文》（二年级上册），人民教育出版社2001年版，第139页。

融对汉族的发展有什么影响"①；通过阅读材料，思考"规则在生活中的作用"②；以爱国为主题，开展"激发心智：爱国人物故事汇""陶冶心灵：爱国诗词朗诵会""启发心智：爱国名言展示会"等体现家国情怀的活动；③ 分组探究诚信的传统意义和现代意涵，展开"引经据典话诚信""环顾身边思诚信""班级演讲说诚信"等以"信"为主题的活动；④ "了解交流台湾的自然地理环境与文化特色，明白台湾是中国领土神圣不可分割的一部分"⑤。认知性活动基于学生已有认知，突出活动中"思考与感受"的结果。这类活动的"想验性"特征能使学生超越现实生活世界，接触多样化的生活状态，将自己置身于不同的道德情景中，以从各个角度明晰道德认知，争取达到更完善的道德境界。

　　体验性活动是亲验性的，指活动参与者亲自置身于一定的关系世界和生活情境中，通过客观观察与亲身经历，体会自身及他人的处境及感受。教科书中涉及的体验性活动有调查调研、实践参与等，例如，策划一次"孝亲敬老月"活动，以了解中国传统孝文化，继承和发扬中华民族孝亲敬老的优良传统，培养心存感恩、孝敬父母、回报社会的美好品德；⑥ "我们举办一个向人们宣传相信科学、反对迷信的活动"⑦；"你身边的人们的文明素养怎么样？就你调查到的情况交流一下"⑧；"组织一场故事会，讲讲岳飞的故事。想一想人

---

① 教育部：《历史》（七年级上册），人民教育出版社2016年版，第89页。
② 教育部：《道德与法治》（八年级上册），人民教育出版社2016年版，第24页。
③ 教育部：《语文》（七年级下册），人民教育出版社2016年版，第46页。
④ 教育部：《语文》（八年级上册），人民教育出版社2016年版，第47页。
⑤ 课程教材研究所：《历史与社会》（七年级下册），人民教育出版社2013年版，第54页。
⑥ 教育部：《语文》（七年级下册），人民教育出版社2016年版，第100页。
⑦ 课程教材研究所：《品德与社会》（六年级上册），人民教育出版社2010年版，第6页。
⑧ 课程教材研究所：《品德与社会》（六年级上册），人民教育出版社2010年版，第8页。

们为什么尊崇和怀念他"①。道德规范来源于生活，因此人在生活中才能更真切地感受和理解规范。毫无情感参与的品德教育冰冷而机械，容易流于浅层次，造成后续道德实践动力不足。体验性活动的优势在于学生在亲身参与过程中能收获真实的情感体验，从而形成深刻的道德认知。

总而言之，养成性活动通常提供正反情景中的案例对比，引导学生体会规则与习惯的价值。体验性活动与认知性活动都倾向于引导学生在思考、讨论、调查、参与中自己澄清、建构价值观。这些活动不再是传输既成的伦理规范，而旨在使个体走进蕴含道德规范的具体生活情境中，从而切实理解和认同道德准则，建立自身的道德人格和道德智识。它们注重关怀鲜活的生命存在，是有"脉搏"有"温度"的道德教育。传统道德教育中以森严的礼法规训为手段达成的自觉奴性并非个体人格精神的真正自律，道德活动教育在对此进行历史的、现实的反省的基础上，突出道德教育的主体性本质和实践性特征，以补充认知主义道德教育的弱势，② 从而更好地培养具有充实、积极的道德精神的实践主体。

## 第二节　教科书中优秀传统文化道德形象的话语表达

透过表面的话语分析往往能洞察其背后隐含的价值取向，从符号学的角度揭示社会现实。本节对教科书中无形的话语表达的分析从对话、隐喻、规劝等方面展开。

### 一　号召到对话：教科书话语中道德价值引领方式的走向

各类教科书在语言形式上各有侧重，"号召性"的道德表述方式

---

① 教育部：《历史》（七年级下册），人民教育出版社 2016 年版，第 40 页。
② 戚万学：《活动道德教育模式的理论构想》，《教育研究》1999 年第 6 期。

在教科书中仍然占很大比例,但总体上表现出从号召到对话的道德价值引领方式走向。

(一) 各类教科书在语言形式上各有侧重

在教科书中,不同的句类在表达上体现不同的功能,尤其是不同句类对道德价值的叙述更彰显着不同层次的思想情感。教科书中涉及道德价值叙述的句类包括陈述句、疑问句、感叹句和祈使句。

综观教科书中道德教育涉及的语言形式,语文、品德与历史教科书体现不同的特点。在中小学《语文》教科书中,道德品质的呈现多为陈述句和祈使句,下面列举二年级和七年级《语文》教科书中的单元导语。

"别人有困难,我们应该热情帮助。新世纪的小主人就应该友好相处,团结合作。"[1] "碰到问题,我们要认真想想,找到解决问题的办法,做个善于思考的好孩子。"[2] "我们要学会关爱别人,谁需要帮助,我们就伸出热情的手,谁需要温暖,我们就献上一颗火热的心。"[3] "我们的祖国多么美丽,我们的家乡多么可爱!让我们一起来夸夸家乡,让我们一起把祖国歌唱!"[4] "让我们都来做个有心人,用自己的劳动和智慧去发现,去创造吧!"[5] "从古到今,有许多品质优秀的人……我们要向他们学习,做品质优秀的好少年。"[6]

---

[1] 课程教材研究所:《语文》(二年级上册),人民教育出版社 2001 年版,第 83 页。

[2] 课程教材研究所:《语文》(二年级下册),人民教育出版社 2001 年版,第 116 页。

[3] 课程教材研究所:《语文》(二年级上册),人民教育出版社 2001 年版,第 19 页。

[4] 课程教材研究所:《语文》(二年级上册),人民教育出版社 2001 年版,第 39 页。

[5] 课程教材研究所:《语文》(二年级上册),人民教育出版社 2001 年版,第 58 页。

[6] 课程教材研究所:《语文》(二年级上册),人民教育出版社 2001 年版,第 95 页。

"让我们去发现，去思考，去发现身边的科学吧！"①

"本单元从不同方面诠释了人生意义和价值，有对人物美好品行的礼赞，有对人生经验的总结和思考，还有关于修身养德的谆谆教诲。"② "阅读这些文章，可以增进对人与大自然关系的理解，加强对人类自我的理解和反思，形成尊重动物、善待生命的意识。"③ "描绘了多姿多彩的四季美景，抒发了亲近自然、热爱生活的情怀。"④ "这个单元所选的都是表现家国情怀的作品，能激发我们的爱国主义情感。"⑤ "这些人物虽然平凡，且有弱点，但在他们身上又常常闪现优秀品格的光辉，引导人们向善、务实、求美。"⑥

中小学语文教科书中每个单元前的单元导读经常涉及道德价值引领，正如上述例子显示，在小学阶段的《语文》教科书单元导读中多使用祈使句，句中常常涉及"应该""让我们一起""我们要"等号召性词语。祈使句的功能在于对文本对象发出命令、请求与禁止，要求对方按照叙述者的要求行事。有的叙述运用感叹号表达浓厚的情感和强烈的语气，更加凸显叙述者意见的毋庸置疑。通过祈使句发出的命令更类似于一种训话，暗示着训话者话语权的限定，内含着训话对象依照训话者要求应履行的"义务"。由此，"训话者"与"被训话者"之间形成一种从属关系。而在中学阶段，《语文》教科书中单元导语的道德价值引领较多采用陈述性句式，陈述性句式的语气不及祈使性句式强烈，但仍然体现信息的单向传递。陈述句往往直接阐明是非对错，并未给学生留下思考、发散、诘问的空间，无法激发更深层次的道德思考。

---

① 课程教材研究所：《语文》（二年级上册），人民教育出版社 2001 年版，第 133 页。
② 教育部：《语文》（七年级上册），人民教育出版社 2016 年版，第 69 页。
③ 教育部：《语文》（七年级上册），人民教育出版社 2016 年版，第 95 页。
④ 教育部：《语文》（七年级上册），人民教育出版社 2016 年版，第 1 页。
⑤ 教育部：《语文》（七年级上册），人民教育出版社 2016 年版，第 27 页。
⑥ 教育部：《语文》（七年级上册），人民教育出版社 2016 年版，第 50 页。

历史教科书记录了我国乃至人类生活和斗争的过程，包含许多有德育价值的榜样人物和历史事件，教科书主要通过对史实的描述，使学生在杰出历史人物的志向、品质、意志的滋养下生发道德品质，从历史故事中体认个人与集体、个人与国家的紧密关系，形成正确的人生观和道德观。例如，通过唐太宗不计前嫌、用人唯贤的故事，既彰显其治国的政治智慧，还暗示他为人大度宽容、公平公正的博大胸襟，从而在潜移默化中对学生的处世为人产生影响。① 由于历史教科书的内容主要是客观呈现史实，课文中直接叙述道德价值的话语较少，通常采取引用名言警句的方式进行价值传递，例如："大道之行也，天下为公……今大道既隐，天下为家……是为小康。——《礼记·礼运》"② "为君之道，必须先存百姓，若损百姓以奉其身，犹割股以啖腹，腹饱而身毙……舟所以比人君，水所以比黎庶，水能载舟亦能覆舟。——唐太宗"③ 将这些名言警句置于其产生的历史时代中，有助于学生更真切地体会其内涵。但是教科书在呈现这些名言警句的同时并未在旁边附上引导性语句，以至于学生易于对之"一扫而过"，无法进一步结合当下的社会生活认识其时代意义与价值。

在中小学品德类教科书中有陈述性的道德号召表述，例如："我们都应心中有集体，识大体、顾大局，不应因个体之间的矛盾做有损集体利益的事。"④ "我们要了解社会规则，理解社会规则的意义和价值，知道如何遵守社会规则，学习维护和改进社会规则。"⑤ 这

---

① 课程教材研究所：《历史》（七年级下册），人民教育出版社 2010 年版，第 10 页。

② 教育部：《历史》（七年级上册），人民教育出版社 2016 年版，第 18 页。

③ 课程教材研究所：《历史》（七年级下册），人民教育出版社 2010 年版，第 8 页。

④ 教育部：《道德与法治》（七年级下册），人民教育出版社 2016 年版，第 65 页。

⑤ 教育部：《道德与法治》（八年级上册），人民教育出版社 2016 年版，第 21 页。

些陈述性号召与语文教科书中的作用一致,也是为了明确某种道德价值,规范学生外在行为。品德教科书中还有名人名言的说道论理,这种引用名言典故的自上而下的权威话语被称为"大论述",例如:"凡人之所以贵于禽兽者,以有礼也。——《晏子春秋》"①"人类有许多高尚的品格,但有一种高尚的品格是人性的顶峰,这就是个人的自尊心。——苏霍姆林斯基"。这些脍炙人口的名言警句本身就具有较大的权威性,再加上教科书的固有权威,其合理合法性不证自明,使学生易于相信,但难以产生共鸣。然而,品德教科书中的道德陈述与"大论述"并非孤立存在,当涉及规章制度、社会结构等"大论述"时,教科书也往往以学生实际生活为切入点,例如从"班级中的班干部选举"引出"民主制度",从"父母亲友对美好生活的愿望"入手引出"我国以经济建设为中心的基本路线"。由此使学生对"高、大、上"的政策体制有更真切的认识。除此之外,教科书还借助道德活动、案例材料,通过提问引发学生自觉进行道德辨析,从而自发建立道德价值体系。通过"发问"引导道德价值辨析的方式有是非问、选择问和特指问。"是非问"在于让学生通过道德判断作是非评判,例如:"未成年少年砸坏窗户,爸爸代其赔偿,并与之约定等他有能力之后再偿还。"随后针对这一案例提问:"这个少年应该赔钱给店主吗?""爸爸应该为孩子支付赔款吗?""你赞成爸爸的决定吗?"② 这些是非问的目的在于让学生通过自己的道德判断,理解未成年人也有为自己行为负责的义务。教科书中通常就一个问题呈现几种不同的看法,每种看法背后隐藏着相应的价值取向,学生通过判断,形成自己的道德理解,这便是"选择问"。例如,教科书列出四位同学选举小伟、小东、航航、大帆当班长的理由分别为"送我礼物""品德好""学习好""罩着我",然

---

① 课程教材研究所:《思想品德》(七年级下册),人民教育出版社2008年版,第79页。
② 课程教材研究所:《思想品德》(九年级全一册),人民教育出版社2008年版,第4页。

后提问："如果他们四个人分别当班长，对班级会有什么影响？你希望四人谁中当选班长？"① 由学生通过假设完成道德澄清，事实上这种较为开放性的发问方式，往往能激发学生的更深入的道德思考。例如上述案例的基本目的在于让学生认清选举干部的标准，但学生通过自己的反思判断，还有可能形成对"民主选举中选举人的公平公正职责""不为利诱的持节精神""集体利益大于个人利益的公忠精神"等问题的更多元的认识。"特指问"要求学生针对"为什么""怎么看/想""怎么做/办"等疑问词作出回答，较之前两类提问方式更具发散性。例如："警察的责任是依法执行公务，这个责任来自哪里？"② 是非问、选择问和特指问三种提问方式由明确、单一到开放、多元，有些问题的答案隐藏在课文之中，有的问题则需要学生在现有道德价值基础上，诉诸生活经验或通过亲自实践探究才能找到答案。综合运用这些提问方式，既能在一定程度上保证品德教科书价值观引领的主动权，又确保了学生主动参与、自主决策的自主权。在当下的教科书中，提问并非巩固知识的手段，而成为教科书内容展开的核心线索，不断引导学生价值观的生成。

（二）教科书的语言形式总体由单向传递走向双向交流

中国传统道德教育实质上是森严的礼法规范、纲常名教的规训，这种教育性质导致其教育目的在于培养"听话""服从"的顺民，其预设教授给学生的价值是毋庸置疑、天然合理的，教育的重点在于用灌输的方法传授给学生，使之无批判地接受特定道德价值。在这种封闭、强制的道德教育中常常运用单向命令的权威指导法，即直接陈述道德标准。这种教育形式在中国德育史上曾长期占据主导地位，造成长久深远的影响。在当下的教科书中，为了阐明某种道

---

① 教育部：《道德与法治》（七年级下册），人民教育出版社2016年版，第79页。

② 课程教材研究所：《思想品德》（九年级全一册），人民教育出版社2008年版，第6页。

德价值，在语言表达中也运用陈述性句式作道德判断，或祈使性句式作道德号召。适当程度的道德价值传递是必要的，因为教科书承载着价值导向的职责，明确表述其价值倾向有其内在的合理性。但是倘若总是使用这种单向的、强势的话语表达，容易使学生形成唯唯诺诺的奴性意识，且难以真正引发道德共鸣。根据分析来看，当下教科书有从单向价值传达转向多元价值协商的趋势，以品德类教科书为例，1992 年人教版的《思想品德》教科书每一课结束时都有一段价值总结话语，例如四年级下册第七课《和好书交朋友》中的最后一段："从刘倩倩的故事里，我们可以得到这样的启示：书籍就像是奇异美妙的海洋，从书海里可以获得许多奇珍异宝。为了使头脑更加聪明，知识更加渊博，眼界更加宽阔，让我们多读好书吧！"这一段总结性"发言"无疑是整篇课文的核心，前文都只是为这一终极价值的呈现作铺垫，这大大削减了教科书品德教育的功能与作用。当下的品德教科书删除了此类"总结性发言"，还加入许多学生参与道德思考、与文本对话的机会。总体而言，虽然各类教科书在语言形式上各有侧重，但都表现出从号召到对话的道德价值引领方式走向。在这样的教科书视野中学生不再是改造对象，而是主动参与教育过程、主动选择和吸收教育内容的主体。对主流价值观的引领绝不意味着价值观的一元限定，并且道德本身也绝非在封闭系统中发展，社会是多元价值共存的系统。教科书需要在"主流价值引导"与"多元价值共存"之间找到平衡点，既要超越道德一元性强制，给学生留出更多思考批判、自觉选择的机会，培养道德自主或自决能力；又要把握与引领道德价值发展的大方向，保障基本道德底线和主流价值的主导地位。

## 二　隐喻：从"圣化"的德育到"亲切"的德育

隐喻使抽象的道德价值易于理解与接受，有社会劝服的效果。以道德价值为切入点分析教科书中的隐喻，有益于透过话语的表层含义，洞察其内在价值导向，揭示其潜移默化的引领方式。

## (一) 隐喻的内涵及意义

根据阿尔都塞（Louis Althusser）的结构主义理论，任何文本都包含双重结构。一是表面"可见的话语"，如词语、概念、句子及其相互之间的联系等。二是深层"不可见的话语"，它们往往体现为文本中的沉默、遗漏、空隙等。[①] 因此，任何文本都包含双重含义，一是由表面的文字结构呈现的显性意义，即语言的能指。二是深层的无言结构背后的隐含意义，即语言的所指。教科书的隐性含义并不通过语言文字直接表述，而是借助载体呈现，再通过对载体的解释、对学生的引导，使学生发现与挖掘其中包含的潜在意义，通过"意会"与"领悟"把握这个"意义世界"。隐喻则是教科书中书写隐性意义的策略之一。根据麦克格拉斯（Alister E. McGrath）的释义，隐喻指言此而意彼的言说方式。[②] 隐喻的本质是基于不同的经验世界或观念世界之间的相似性，在两者之间建立对应关系，以文本阅读者熟悉的事物和境况隐喻地谈论另一种不熟悉的事物和境况，或借助相似的事物或境况间接地表达不便明说的事物或境况。借助隐喻的方式刻画优秀传统文化中的道德形象，易于使道德价值更具感召力和说服力。一方面，就感召力来说，运用学生熟悉、易于接受的事物作为来源域，提取其某些特质与作为目标域的道德规则和道德价值建立联系。由于来源域均是生活中常见的事物，抽象的道德规则与道德价值由此便获得具体化、通俗化和生动化的特质，得以以学生易于接受和理解的方式呈现。例如，对祖国的感情本是内在、无形的个人感受，而祖国母亲的隐喻却能引发学生爱国之情的共鸣。因为母亲是日常生活中熟悉的重要人物，对母亲的爱与依恋是学生可感可知的，祖国因为与母亲相联系也变得亲切熟悉，对祖国的爱

---

[①] 刘丽群：《"言"外之"意"——论教科书中的隐性课程》，《湖南师范大学教育科学学报》2007 年第 5 期。

[②] 刘丽群：《从语言到话语：教科书文本分析的话语转向》，《教育学术月刊》2014 年第 6 期。

由此明晰起来。另一方面，就其说服力来说，由于用来作为来源域的事物或情景都是大家熟悉、具有共性认知的东西，用之来隐喻道德规则或道德价值，可使思想与情感具有普适性和说服力。人们对来源域的共性感知，成为思想与情感交流与感染的联结，使之更具影响力和渗透力。正如黑格尔（G. W. F. Hegel）所说："隐喻的一个重要理由是强化效果，高度激动的情绪要通过感性方面的夸张呈现其强烈力量，同时还要东奔西窜，奔向许多有关的类似现象，反复参较联系，从而找到适合于表现自己的意象比譬。"[①] 例如"诚信是金"将诚信隐喻为金，把经济社会中人人向往的物质财富与诚信建立联系，将金所负载的世人认可的价值与意义投射到诚信伦理上，使该伦理的价值与意义具备说服力和权威性。

（二）教科书中的道德隐喻分析

教科书中的隐喻包括自然隐喻和社会隐喻，从道德价值的视角分析，不同类型的隐喻都隐含其内在的价值倾向。

1. 自然隐喻中的道德意涵

自然隐喻是指目标域为自然性事物的隐喻。在教科书中，尤其是低年级教科书中有大量自然隐喻。例如：《青蛙写诗》中"青蛙说：'我要写诗啦！'"[②]；《雪地里的小画家》中"小鸡画竹叶，小狗画梅花，小鸭画枫叶，小马画月牙"[③]；《植物妈妈有办法》中"蒲公英妈妈准备了降落伞""孩子们就乘着风纷纷出发"[④]；《白公鹅》中"它板正的姿势啦，步态啦，和别的公鹅攀谈时的腔调啦，全是海军上将的派头"[⑤]；《白杨》中"一位旅客正望着这些戈壁滩

---

① ［德］黑格尔：《美学》（第一卷），朱光潜译，商务印书馆1990年版，第130—131页。
② 教育部：《语文》（一年级上册），人民教育出版社2016年版，第84页。
③ 教育部：《语文》（一年级上册），人民教育出版社2016年版，第104页。
④ 教育部：《语文》（二年级上册），人民教育出版社2016年版，第8页。
⑤ 课程教材研究所：《语文》（四年级上册），人民教育出版社2004年版，第67页。

上的卫士出神"①;《我爱家乡山和水》中"我爱家乡的山,我爱家乡的水。我画下她可爱的样子,讲一讲她动人的故事"②;《美丽的生命》中"作为生命,植物和动物与人类一样需要爱,作为朋友,它们给我们带来了美丽和欢乐。可是,我们是不是能够关爱和善待它们呢?"③《黄河颂》中"向南北两岸,伸出千万条铁的臂膀"④;《地下森林断想》中"它在黑暗中苦苦挣扎向上,爱生命爱得那样热烈真挚""把伟岸的成材无私奉献给人们,得到了自己期待已久的荣光"。⑤

中小学语文、品德、历史教科书中的自然隐喻多给自然中的动植物赋予人的灵性,这样做的原因有三,一是激发学生保护动植物的情感,例如"作为生命,植物、动物与人类一样需要爱,作为朋友,它们给我们带来了美丽和欢乐。可是,我们是不是能够关爱和善待它们呢?"将动植物赋予情感,拉近其与人的关系,使学生从"你—我关系"角度出发理解和关爱大自然。隐喻使动植物有了人的生命性,学生能从自身生命出发,体悟自然界万事万物的生命意义与价值,从而激发珍爱生命、保护环境的意识。教科书中基于此目的的自然隐喻比例很大,其根本原因在于对青少年自然价值观教育的重视。二是从祖国山水自然引发学生的爱国之情,例如"我爱家乡的山,我爱家乡的水。我画下她可爱的样子,讲一讲她动人的故事""向南北两岸,伸出千万条铁的臂膀"。隐喻使自然山水被赋予

---

① 课程教材研究所:《语文》(五年级下册),人民教育出版社2009年版,第10页。
② 教育部:《道德与法治》(二年级上册),人民教育出版社2016年版,第52页。
③ 课程教材研究所:《品德与社会》(四年级上册),人民教育出版社2009年版,第3页。
④ 教育部:《语文》(七年级下册),人民教育出版社2016年版,第29页。
⑤ 课程教材研究所:《语文》(九年级下册),人民教育出版社2003年版,第93页。

人的灵性，使语言"感情化"，渲染、激发学生对祖国强烈的爱与依恋。[①] 三是在自然景物、动植物身上投射特定伦理价值，例如"蒲公英妈妈准备了降落伞，孩子们就乘着风纷纷出发"，表面描述自然现象，实际承载着自立自强的道德品质。"一位旅客正望着这些戈壁滩上的卫士出神"，表面形容白杨的形态与战士相似，实际上体现白杨与戈壁战士身上无悔付出精神的一致性。"它在黑暗中苦苦挣扎向上，爱生命爱得那样热烈真挚""把伟岸的成材无私奉献给人们，得到了自己期待已久的荣光"，以地下森林为依托，赞美不屈不挠、积极向上的生命激情和无私奉献的博大胸襟。对于中小学生而言，这种借物喻人、托物寄情的自然隐喻方式是很好的教化手段，没有板起面孔的说教和冰冷的叙述，潜移默化的情感熏陶更容易引发内心触动。

2. 社会隐喻中的道德意涵

社会隐喻是指目标域为社会性事物的隐喻。社会隐喻又分为政治隐喻、伦理隐喻、文化隐喻等。

第一，政治隐喻指将政治事物与其他事物建立起相似性联系，从而使政治观念获得合法性和可理解性。[②] 例如"五十六个民族五十六朵花"[③] 中将民族比作花，把花的美艳多姿投射到五十六个民族上，意指每个民族都有各自悠久的历史和璀璨的文化，都为祖国的繁荣昌盛作出伟大贡献，祖国的美丽由五十六个民族共同创造，有民族平等之意思。"各族儿女手拉手"[④] 暗喻民族和谐、民族团结的价值精神。"祖国妈妈在我心中"[⑤] 更是投射出对祖国的爱与依

---

[①] 邓丽君、荣晶：《批判语言学中的隐喻》，《云南师范大学学报》2004年第3期。
[②] 李祖祥：《控制与教化》，博士学位论文，湖南师范大学，2007年，第184页。
[③] 课程教材研究所：《品德与社会》（五年级上册），人民教育出版社2009年版，第108页。
[④] 课程教材研究所：《品德与社会》（五年级上册），人民教育出版社2009年版，第122页。
[⑤] 课程教材研究所：《品德与生活》（一年级上册），人民教育出版社2007年版，第36页。

恋。"'红领巾'真好"①包含对党的热爱,及革命继承人身上的责任与担当。

第二,伦理隐喻指将道德价值与其他易于理解的事物建立相似性联系。例如"我和规则交朋友"②,将"规则"拟人化,且要与之交朋友,暗含规则是有益的、不可背弃的寓意。"放飞和平鸽"③将和平比作"鸽子",鸽子给人可爱、纯洁、需要守护的印象,暗喻和平的可贵与脆弱,激发学生向往和平、守护和平的意志。《共奏和谐乐章》中将"个人意志"和"集体规则"暗喻成"单音"和"和声",将"个体与集体之间的冲突"暗喻为"不和谐音",把"集体成员的团结"暗喻为"和谐乐章",暗喻集体主义精神对集体和谐共赢的关键作用。④风帆是助力船只前进的动力装备,"扬起自信的风帆"⑤将自信比作风帆暗喻自信在青少年成长发展中的重要推动作用。除了语言上的暗喻,还有借助事件、童话、寓言等暗喻某种道德价值,例如《坐井观天》⑥借小青蛙的故事间接告诫学生:自满自足只会造成眼光狭隘,要勇于从自己的狭小世界和舒适地带跳出来,拓宽眼界,看到新事物,接受新挑战,才能不断发展。《沟通中外文明的丝绸之路》⑦字面上客观陈述张骞出使西域,建立连接地中海各国陆上通道的历史事实,实际上暗含倡导文化交流共荣的价值意涵。教科书中的伦理暗喻可以通过语言、篇章,也可通过单

---

① 课程教材研究所:《语文》(二年级上册),人民教育出版社2001年版,第126页。

② 课程教材研究所:《品德与生活》(三年级上册),人民教育出版社2009年版,第44页。

③ 课程教材研究所:《品德与社会》(六年级下册),人民教育出版社2009年版,第52页。

④ 教育部:《道德与法治》(七年级下册),人民教育出版社2016年版,第62页。

⑤ 课程教材研究所:《思想品德》(七年级下册),人民教育出版社2008年版,第17页。

⑥ 教育部:《语文》(二年级上册),人民教育出版社2016年版,第58页。

⑦ 教育部:《历史》(七年级上册),人民教育出版社2016年版,第62页。

元作整体隐喻,即多篇课文以其内隐的共同价值为逻辑串联起来。如《语文》五年级上册第七单元可以视为一个整体隐喻,其中《圆明园的毁灭》《狼牙山五壮士》《难忘的一课》《最后一分钟》等课文虽反映不同的事实,但都共同讲述了中华民族受尽屈辱、奋力抗争的历史,饱含对民族精神和爱国热情的颂扬。《语文》八年级上中第一单元的《新闻两则》《芦花荡》《蜡烛》《就英法联军远征中国给巴特勒上尉的信》《亲爱的爸爸妈妈》等课文虽讲述不同国界、不同文化背景的不同故事,却表达了共同的深层"意义",即让学生看到非正义战争的罪恶和正义战争的威力,体会真善美与假恶丑,看到人类追求正义的决心与勇气。[①]

第三,文化隐喻指在情感上或认知上普遍认可与传递的文化现象和传统习俗,表达或象征一种共享的、潜在的价值观。[②] 教科书中最常见的文化隐喻是"家隐喻",有诸如"雷锋叔叔"[③] "毛爷爷""解放军叔叔""邓小平爷爷"[④] "农民伯伯""同胞""中华儿女""中华民族大家庭""祖国妈妈""中国人民当家作主""五十六个兄弟姐妹是一家"[⑤] "地球是我们共同的家园""我的大地妈妈"[⑥] "世界大家庭"[⑦] 等表述,除了上述"个人—国家"层面宏观的"关系

---

[①] 刘丽群:《从语言到话语:教科书文本分析的话语转向》,《教育学术月刊》2014年第6期。

[②] 李天紫:《文化隐喻——隐喻研究的新发展》,《宁夏师范学院学报》2008年第5期。

[③] 课程教材研究所:《语文》(二年级下册),人民教育出版社2002年版,第23页。

[④] 课程教材研究所:《语文》(一年级下册),人民教育出版社2001年版,第9页。

[⑤] 课程教材研究所:《品德与社会》(五年级上册),人民教育出版社2009年版,第108页。

[⑥] 课程教材研究所:《品德与生活》(二年级下册),人民教育出版社2007年版,第22页。

[⑦] 课程教材研究所:《历史与社会》(七年级上册),人民教育出版社2012年版,第70页。

架构"之外,"家隐喻"还存在于"个人—班级/学校""个人—集体"等层面,有"班集体是我家""学校大家庭"之说。这体现出中国传统文化的宗法血缘特点对教科书的深刻影响。在古代中国,以宗法、血缘关系为基础的家庭或家族是社会生产及构成的基本单位,几乎所有人际交往的社会关系均以血缘和地缘为纽带相互联系。因此,教科书中处处充满"家隐喻"也是对这一文化特征的反映。将国比作家,社会成员被概念化为家庭成员,暗含着引导学生根据"家庭"看待社会基本结构,处理与应对社会生活中的基本问题。第一,国为家,则每位学生都是家庭成员之一,国家事务便是家庭事务,每个人都应有自觉关心、承担家庭事务的意识与责任义务;第二,国为家,管理国家的方式就是管理家庭的方式。因此如同家长照料孩子一般,政府有保障公民安全、保障公民各项权益的职责;第三,"家"负载温馨的情感标签,国为家的暗喻潜在强化学生的国家归属感和对祖国的爱与依恋,同时"家"是和谐友爱的,这暗含社会成员之间相亲相爱、平等互助、和睦相处的价值情感。因此,教科书中的"家隐喻"有助于学生理解集体与国家同个人之间的关系,树立"忠诚""责任"等对待集体应有的情感态度,强化同胞之间的亲近感。

(三)"隐喻"建立学生与抽象道德的情感联结,弱化传统德育的"圣化"倾向

总体而言,传统德育方式建立在唯心史观基础上,它以性善论为理论根基,其道德修养观和德育方式更多注重内求诸己。其中包含丰富的修心育德的方法论,以及"内省""慎独""克己""内讼""正心""诚意"的修身自得方法。这些方法都注重道德主体内心的自我修养,强调道德的自我觉解,对当代道德教化和精神文明建设仍然具有巨大的启发意义。但是,这种道德修炼方式要求道德主体有清晰的理性自律精神,并期望通过此方式达成"修身""齐家",甚至"治国""平天下"的目标,有将人圣化的倾向。然而,教科书中的道德教育却不应将学生置于过高的道德起点上,虽然反

省内求是重要的德育方式，但过多依靠自我反省觉悟，难以达成预期效果。反而教科书中的道德教育应当将学生视为思想上尚未成熟的个体，以亲切的、感化的、启发的方式展开。通过隐喻进行道德价值渗透，将抽象的道德概念具体化，以学生易于接受的方式融入生活逻辑。由于"隐喻具有使语言'感情化'的功能，可以用来渲染或煽动某些强烈的主观情绪"①，因此能帮助学生与口号式德目建立具体、生动的情感联结。隐喻使德育不再是冰冷的说教与叙述，而是情感的赋予。这是潜移默化的渗透过程，是符合学生感性认知特点、遵循生活逻辑的道德教育，在一定程度上缓解了传统德育的"圣化"倾向。

### 三 惩戒与规劝：古今道德合法性论证的差异

合法性也称正当性，指符合客观规则而获得普遍认可和接受。道德的合法性意味着其正当性、合理性与权威性。从本质上来说，它是民众基于心理的认同与支持，而对之作出的一种属性赋予和状态指认。道德的合法性实现于先验和经验两种论证路向。② 通过分析来看，教科书也致力于通过先验和经验两类合法性资源建构学生对道德的价值认同，从而使学生真正接受并自觉服从参与道德行为。

#### （一）教科书用先验性资源论证道德的合法性

道德合法性的先验资源指证明道德符合一定内在规则的资源，可以说明道德具有充分的内在合法性、正当性和合理性。"道德规范的合理性、正当性，就在于既要符合社会发展的规律，有客观规律的根据；又要合乎人性的发展要求。"③

具体而言，一方面，要证明道德能引领整个社会文化的发展方

---

① 邓丽君、荣晶：《批判语言学中的隐喻》，《云南师范大学学报》2004年第3期。
② 田方林：《试论我国社会道德合法性的衰微与重建》，《重庆师范大学学报》（哲学社会科学版）2014年第6期。
③ 冯契：《人的自由和真善美》，华东师范大学出版社1996年版，第215页。

向，符合人类社会的前进规律，能满足最广大民众的利益和实现全面自由发展的需求。品德类教科书中有许多道德促进社会稳定与发展的相关表述，例如教科书中强调尊重使社会生活和谐融洽的作用。"尊重是维系良好人际关系的前提，是文明社会的重要特征。尊重能减少摩擦，消除隔阂，增进信任，形成互敬互爱的融洽关系，从而促进社会进步，提高社会文明程度。"① 教科书中强调诚信促进社会文明、国家兴旺的作用。"国无信则衰，社会成员之间以诚相待、以信为本，能够增进社会互信，减少社会矛盾，净化社会风气，促进社会和谐；能够降低社会交往和市场交易成本，积累社会资本；能够提高国家的形象和声誉，增强国家的文化软实力。"② 在语文和历史类教科书中，虽然没有明确陈述道德对社会的作用，但字里行间都暗含着这样的观点。例如："这微笑……照亮真理，正义，仁慈和诚实；它把迷信的内部照得透亮……它让丑恶显示出来。新的社会，平等、让步的欲望和这叫做宽容的博爱的开始，相互的善意，给人以相称的权利，成人理智是最高的准则，取消偏见和陈见，心灵的安详，宽厚和宽恕的精神，和谐，和平，这些都是从这伟大的微笑中来的。"③ 雨果盛赞了伏尔泰在人类文明史上所作的贡献，实际上也是在讴歌正义与公平促进人类社会从野蛮走向文明的强大助推力量。"孙中山先生从甲午战争时期就开始从事武装反清斗争，屡败屡起，百折不挠……使民族民主革命成为波涛汹涌的时代潮流。"④ 历史教科书中呈现的历史英雄人物身上无不表现出崇高的道德精神和意志品质，正是这些精神和品质鼓励着他们不断英勇奋斗、艰苦探

---

① 教育部：《道德与法治》（八年级上册），人民教育出版社2016年版，第34页。
② 教育部：《道德与法治》（八年级上册），人民教育出版社2016年版，第43页。
③ 课程教材研究所：《语文》（九年级上册），人民教育出版社2003年版，第33页。
④ 教育部：《历史》（八年级上册），人民教育出版社2016年版，第38页。

索、变革求新，推动着社会走向民主、文明与富强。由此，教科书通过说明道德是人们有序社会生活存在的前提、社会稳步发展的保障和国家繁荣昌盛的基石，赋予道德以合法性。

另一方面，在抽象的应然层面上要说明道德有益于个体的幸福生活与自我实现。由于个体精神层面的道德发展无法脱离个体的现实需求与欲望。因此，道德要想实现对个体道德人格的塑造与影响，也必与个体不断追求幸福的现实生活紧密联系。涂尔干（Émile Durkheim）认为"只有为了社会，为了人类的利益做出的行为才是道德行为"①，因此要建立道德在个人层面的合法性，需厘清个人与社会之间的紧密关系。教科书中呈现了个人与社会之间的这种关系，例如："个人是社会的有机组成部分。如果把个人看成点，把人与人的关系看成线，那么，由各种关系链接成的线就织成一张'大网'，每个人都是社会这张大网上的一个'结点'。"②《义务教育历史课程标准》的课程目标中要求学生"理解个人与群体、个人与社会的关系"③。《义务教育历史与社会课程标准》的课程目标之一便是"正确理解人与社会、人与自然的关系"，并在具体内容目标中还指出："引导学生站在新的历史起点上，从时间和空间两个维度，回顾历史与社会发展的轨迹，感悟个人发展的前途与国家兴衰的命运，为规划自己的成长道路作出正确的选择。"④ 教科书致力于说明社会作为道德行为的目标是高于个人的，但绝不是个人的简单加合。社会是人与人相互作用的集合体，个人在社会中习得社会性，这意味着个人包含着社会的部分。因此，人与社会是相互包含、相互依存的关

---

① 刘国华、张益宁：《论道德教育的"合法性"——涂尔干的视角》，《教育评论》2009 年第 2 期。

② 教育部：《道德与法治》（八年级上册），人民教育出版社 2016 年版，第 4 页。

③ 中华人民共和国教育部：《义务教育历史课程标准》，北京师范大学出版社 2011 年版。

④ 中华人民共和国教育部：《义务教育历史与社会课程标准》，北京师范大学出版社 2011 年版。

系。个人幸福感的获得和自我实现必须依靠遵守社会规范和践行更高层次的美德,换而言之,个人想得到更好的生活就必须在社会化进程中恪守相应的社会规范。由此,教科书通过阐释个人与社会的紧密关系,说明遵循社会道德准则是个人幸福生活的基石,从而建构道德的合法性。

(二) 教科书用经验性资源论证道德的合法性

道德合法性的经验性资源指证明道德符合外在规则的资源,可以说明其实际运作效果具有正当性和合理性。道德合法性的经验性资源分为正、反两个层面,消极的外在合法性资源指当社会道德没有被个体认同,甚至被违背时,表现出的惩罚和批判等否定性效果。这种否定性效果包括法律或道德的惩罚,以及非他者人为性质的惩罚。

一方面,违背道德会遭受社会规则乃至法律的惩罚。教科书对此有直接阐释,如"违反规则、扰乱秩序的行为应当受到相应的处罚"[①]。还通过呈现对不道德行为的处罚案例体现,例如:"铁路部门规定,乘客在动车组列车吸烟,除了按照《铁路安全管理条例》接受罚款外,还需到客户服务中心签订协议书,才能再次购买动车组车票。"[②] 由此突出个体在情感上不认同、在行为上不遵从道德规则时,那么他必然会招致相应的批判、谴责与惩治,通过这些消极后果从反面论证和维护道德的合法性。

另一方面,个人突破道德警戒线还会受到非他者人为性质的惩罚。非他者人为性质的惩罚包括自然和心理层面。第一,道德缺失带给主体人际关系的紧张和社会名誉的损害。[③] 这在教科书中通过语

---

[①] 教育部:《道德与法治》(八年级上册),人民教育出版社 2016 年版,第 28 页。

[②] 教育部:《道德与法治》(八年级上册),人民教育出版社 2016 年版,第 25 页。

[③] 刘国华、张益宁:《论道德教育的"合法性"——涂尔干的视角》,《教育评论》2009 年第 2 期。

言描述和案例体现,例如 TPD8s4《社会生活讲道德》明确指出:"如果弄虚作假、口是心非,就会处处碰壁,甚至无法立身处世。"① PD8s10《诚信做人到永远》列举的例子也同样证明上述观点:打工学生由于不诚信被餐馆解聘,道德诚信记录上被画上污点,在香港找工作"屡屡碰壁",而且"房东也要她退房""万般无奈之下,她只得搬离了这座城市"。② 第二,道德缺失给个体造成心理上的自我惩罚。例如 YW4x5《中彩那天》中描述主人公冒领奖金时"神情严肃","看不出中彩带给他的喜悦","闷闷不乐",③ 以此表明个体违反道德底线以满足欲求时,不仅不能带来欲望满足的快乐,反而会感到焦躁不安。这是因为由于限制的缺乏,人的欲求显得繁多且永无终点,这种无限性会带来一种"破灭感"。④ 换而言之,当人在限制内追求目标时,远比追求那些遥远虚无的目标更容易获得幸福感与满足感,道德限制的缺失会导致情感的紊乱与不安。⑤

积极的外在合法性资源指当道德被认同与践行时,表现出对道德主体的赞赏与褒奖等肯定性效果。第一,教科书强调道德对人际关系的正向促进作用,如:"文明有礼是个人立身处世的前提。文明有礼会使人变得优雅可亲,更容易赢得他人的尊重与认可。"⑥ 第二,教科书强调道德对个人被社会认可的正向促进作用,如:"小龚尽心照料孤身老人,不仅经常得到乡亲们的夸奖,而且多次受到上

---

① 教育部:《道德与法治》(八年级上册),人民教育出版社 2016 年版,第 42 页。

② 课程教材研究所:《思想品德》(八年级上册),人民教育出版社 2008 年版,第 116 页。

③ 课程教材研究所:《语文》(四年级下册),人民教育出版社 2004 年版,第 19 页。

④ [法]爱弥尔·涂尔干:《道德教育》,陈光金等译,上海人民出版社 2006 年版,第 32 页。

⑤ 刘国华、张益宁:《论道德教育的"合法性"——涂尔干的视角》,《教育评论》2009 年第 2 期。

⑥ 教育部:《道德与法治》(八年级上册),人民教育出版社 2016 年版,第 37 页。

级领导的表扬。"① "唐雎这种不可侵犯的独立人格和自强精神，在历史的长河中一直熠熠生辉。"② 第三，教科书强调道德对个人获得社会荣誉的正向促进作用，如："赵登禹冲入敌阵，挥舞大刀砍杀日军，壮烈牺牲……为纪念他，人们将北平市北沟沿大街改名为赵登禹路。"③ 由此，强调有高尚道德品质的个体或团体往往会获得社会的赞许、尊敬和奖励等，从正面积极证明和宣传社会道德的合法性。第四，教科书强调道德对个人内心感受的积极作用。例如 YW4x5《中彩那天》中主人翁将冒领的奖金退给了主人，与之前焦躁不安的心情对比，他感到"特别高兴"，"一个人只要活得诚实，有信用，就等于有了一大笔财富"。从而表明道德品质是一笔可贵的精神财富，它可以为人迎来人情和道义、真正的朋友以及心灵的宁静和快乐，这是金钱所买不来的。

（三）道德合法性论证方式从惩戒变为规劝

传统道德教化以天为道德价值的本原和教化的起点。④ "天"在古代被视为具有最高权威的人格神，人之吉凶受其好恶左右，因而人对天不可逾越的权威和无与伦比的神性心怀畏惧与膜拜，⑤ 国家、家庭凡遇重大事件、个人生死婚嫁等重大转折也必祭拜天地都体现了这一点。"天"又是"人"的创造者，因而由生命而仁德亦均为"天"所造。⑥ 天有普遍规律，因此人类社会也应当顺应天道自然。

---

① 课程教材研究所：《思想品德》（九年级全一册），人民教育出版社 2008 年版，第 16 页。

② 课程教材研究所：《语文》（九年级上册），人民教育出版社 2003 年版，第 198 页。

③ 教育部：《历史》（八年级上册），人民教育出版社 2016 年版，第 91 页。

④ 张怀承：《天人之变——中国传统伦理道德的近代转型》，湖南教育出版社 1998 年版，第 34 页。

⑤ 刘立夫：《"天人合一"不能归约为"人与自然和谐相处"》，《哲学研究》2007 年第 2 期。

⑥ 李承贵：《传统道德外倾之源的形成及其现代启示》，《求实》1999 年第 11 期。

由此,"天"作为世俗伦理的根据被充分地表现出来。权力上层集团利用天的权威建立伦理纲常以维护等级制度,以"替天行道"的名义,借助外在惩戒制度的威慑使人们服从,凭借封建帝王政治地位寄予的合法性而实行既定的伦理规范。在那样的专制社会中,人们只有无条件地遵从众多繁杂的纲常礼教才能保全生命、生活的完整与顺遂。因此,个体角色身份设定及其立身的价值理路都由道德家所制定,由社会政治威权予以确认并强化,传统道德教化并不寻求其本身的合理性论证,整个过程集中体现出对权威主义的依赖,教化的过程只是把预设的契合于宗法等级需要的价值规范视为个体自我立身的根本依据。① 然而由上述分析可知,教科书中道德合法性的建立则通过经验性合法资源与先验性合法资源两条路径展开。经验性合法资源不仅包括外在惩戒与奖励,还包括自然和心理层面的惩戒与奖励。先验性合法资源不仅从道德对社会的积极作用入手,还从道德对个体追寻幸福生活的促进作用展开。

总之,古代中国文化中的道德合法性源于对"天"的膜拜和对统治阶级惩戒的畏惧,是一种压制的、威胁的、强制的合法性叙述。教科书中道德合法性的建构源于人们对外在美好生活的向往和内在和谐精神世界的追求,是一种循循善诱、规劝式的合法性建构方式。道德合法性论证方式从惩戒变为规劝的原因在于古、今对道德的价值及道德主体在道德实践中地位认识的差异。在当下教科书中,道德是人认识自我、实现自我、完善自我的手段而不是外部强加的枷锁,封建社会伦理纲常的解体意味着道德规范不证自明的合理性的解体,政治威权赋予道德的合法性相应消解,即道德主体不再不假思索地无条件被动服从,而是在充分了解道德合法性的基础上建立认同,开始依凭自我的心智来谋求道德在社会中存在的价值与意义。

总的来看,教科书中道德形象价值传承的呈现方式包括以下特

---

① 刘铁芳:《从规训到引导:试论传统道德教化过程的现代性转向》,《湖南师范大学教育科学学报》2003 年第 6 期。

点：隐性渗透，体现对传统德育中德目引领教条性的缓和；榜样示范，体现传统文化与现代文化道德人格的交织；道德叙事，是对传统文化中一元道德形象的开放性表述；活动牵引，体现从传统权威规训到道德主体的自我心智谋求。话语表达包括以下特点：道德价值引领方式从号召到对话；隐喻的运用缓解了传统德育的"圣化"倾向；道德合法性论证从惩戒变为规劝。

# 第 五 章

# 教科书中优秀传统文化道德形象的价值传承特点与归因

通过上文中的内容分析与形式分析,发现教科书对优秀传统文化道德形象的价值传承具有下述特征。本章旨在总结这些特征,提炼与归纳教科书对传统文化道德形象实现了哪些继承与超越,并探寻背后的深层动因。

## 第一节 教科书中优秀传统文化道德形象的价值传承特点

前文中的内容分析与形式分析都揭示了教科书对优秀传统文化道德形象的价值传承倾向。具体来说,教科书主要在以下层面对传统文化中的道德形象实现了继承与超越。

### 一 教科书中优秀传统文化道德形象的继承

教科书对优秀传统文化道德形象的继承集中表现在对"天人合一"的世界观与伦理观价值、"内圣外王"的理想人格、"义以为上"的行为价值取向、"仁"与"礼"的内在品质与外在规则的继承。

(一)"天人合一"的世界观与伦理观价值

"天人合一"是中国传统人文思想中的核心命题,其中蕴含丰富的世界观与伦理观价值。第一,人是自然界的一部分,是自然系统中不可缺少的要素之一。天地万物和人形成一个有机的整体,人则是这个系统中不可缺少的主导要素之一。[①] 人在天地之间的至高地位要求人的一生应当采取积极的态度。一方面,向内来说,人应当积极修身养性,通过完善道德品质提升精神境界。在德育内容上,教科书强调节制、知耻、谦虚等主体自律精神,宽容、诚信、感恩、友善的人性光辉,礼让、守规的交往法则,等等,要求个体完善自我修养。在德育方式上,教科书中的人物榜样、故事活动都强调自我反思、自我检讨、自我监督对修身养性的重要性。向善的道德理性成为个体保持人格气节的支柱,有益于学生把社会的外在要求内化为内心信念,并转化为实际行动,帮助他们在纷繁的多元文化社会中建立心中不可逾越的道德防线。另一方面,向外来说,人生在世应努力履行自己的责任,奋发向上、为实现理想而奋斗,从而实现自我的价值与尊严。教科书通过内容选编展现出坚韧不拔、奋斗不息的进取精神,天下己任、勇于担当的责任意识,是中华文明历经五千年而不坠的精神支撑,是近代中国重获民族独立自主的不竭动力,更是今天中国谋求繁荣昌盛的力量之源,以此激励学生积极发扬这一优秀文化传统。

第二,人物之性本来同一,我与物、内与外,原无间隔,人生最高原则是泛爱所有人和所有物。[②] "天人合一"的和谐意识是中国传统文化中的核心精神,它不仅包含天人关系,即人与自然的关系的和谐,也包含人与人之间关系的和谐。董仲舒的"天人相类""人副天数",张载讲"天人合一""民胞物与",以天喻父,以地喻

---

① 张岱年:《中国文化精神》,北京大学出版社 2015 年版,第 47 页。
② 张岱年:《中国文化精神》,北京大学出版社 2015 年版,第 47 页。

母，以同胞兄弟喻人与人，以同类喻人与物，都主张将普天大众视为我的同胞兄弟，将宇宙万物视为我的同伴，倡导"物我两忘"之爱。教科书诠释"天人合一"的这层意思，一方面强调人与人之间的平等之爱，是对传统等差之爱的扬弃和超越；另一方面强调人对自然大道的尊崇，顺应自然规则。但教科书中的天人合一思想并非人在自然面前无所作为，而是"既要改造自然，也要顺应自然，即不屈服自然，以天人相互协调为理想"[①]。教科书强调人在尊重自然的前提下，能以自己的智慧、群体的力量改造和利用自然。

（二）"内圣外王"的理想人格

"内圣外王"是对道德最高理想和最终追求的抽象认识，"内圣"对应"修身"的境界，即人格的完满与高尚，体现人的本真存在。"外王"对应"经世"的境界，即社会的和谐，及对建功立业理想的追求，体现个人的社会价值。在中国传统文化中，"学而优则仕"中的"学优"是内圣，"仕"是外王；"穷则独善其身，达则兼济天下"中的"独善其身"是内圣，"兼济天下"是外王；"格物、致知、诚意、正心、齐家、治国、平天下"前四者是内圣，后三者是外王。内圣和外王是相互统一、双向互动的，内圣与外王并不能截然分开，内圣是前提与基础，外王是内圣的必然指向与最终延伸的结果。教科书对"内圣外王"理想人格的传承，一方面在于凸显修身养性、积极进取的自我完善意识，和天下己任、勇于担当的责任意识。它在强调主体意识能动作用的同时，注重凸显个体鲜明的社会责任感。教科书对这一精神的传承有益于引导学生将"成己"与"成物"的道德价值紧密相连，激发学生坚定地追寻人生理想，担负历史赋予的责任。另一方面，教科书展现个体价值与社会价值的统一。通过前文分析可知，教科书立足个体渴望人生幸福与自我实现的可持续发展需求，强调道德的自我实现价值。但同时又引导

---

[①] 张岱年：《中国哲学中"天人合一"思想的剖析》，《北京大学学报》（哲学社会科学版）1985年第1期。

个体在追求自我价值的过程中达成社会价值，将"自我需要"转化成"体现社会需要的个人需要"，将道德的个人价值与社会价值有机统一起来。教科书对这种理想人格的刻画有益于学生在工具理性高涨、价值理性迷失的现代社会，克服私心膨胀的倾向，正确认识个人价值与社会价值的关系，重建现代人的人文价值关怀。

（三）"义以为上"的行为价值取向

"义以为上"的义利观是中华民族的主导价值取向，在中国传统文化中"义"常被解释为道德义务，"利"则指功利和利益，"义"被视为判别荣辱的根本标准。实际而言，义利关系中包含两方面的价值范畴，一是道义与功利，二是公共利益与个体利益。所谓"义以为上"一方面指在个人的道德义务与个人利益相冲突的时候，首先考虑自身应当履行的道德义务，自觉舍弃与道义相悖的利益。另一方面指个人私利与社会整体利益相冲突时，个人利益服从整体利益，主动维护社会与集体的利益，以群体、集体、整体为本位。当下教科书通过历史事件展现一代代为国为民英勇斗争、流血牺牲的民族英雄的伟大精神，通过案例故事描绘日常生活中弘扬仁义、崇尚道德的寻常百姓的淳朴民风，刻画出公忠、爱国、奉献、责任的"为公"精神，都彰显中华民族始终崇尚与追求"义以为上"的价值观念，以引导青少年继承这一深沉而博大的民族精神。但与此同时，教科书宣扬的"义以为上"并不否定个人追求自身的合理利益，而是用"义"的标准给利益圈定出适宜、正当、合理的范畴，鼓励个体追求符合道义的利益，杜绝违背道义的利益。这有益于节制当代社会日益膨胀的利欲，调节人的利欲的无限性和社会财富的有限性之间的矛盾。有益于更好地激发学生高扬爱国主义、集体主义、社会主义主旋律，发扬"尚群为公"的整体主义精神，认识个人与集体之间相互依存的紧密联系，正确处理个人利益与整体利益之间的关系，增强民族凝聚力。

（四）"仁"与"礼"的内在品质与外在规则

"仁"与"礼"是中国传统文化中道德思想的核心理念与范畴，

"礼"是古代群体生活和社会治理应当遵循的典章制度和基本原则，是维持社会秩序和人际关系的基本规范。"仁"是人心之根本德性，是个体道德与精神的依据，其着眼点在于个人道德品质的提升与完善。教科书通过选文、活动、案例、史实诠释个体在家庭、集体、社会中的行事方式时，都表现以"仁"为核心的内在品质与以"礼"为尺度的外在整体规范，借此刻画出完善的人格理想及其行为标准。教科书强调的人与自我、人与他人、人与社会、人与国家、人与自然的道德关系中，都贯穿外在道德法则"礼"和内在道德信念"仁"，例如：亲子之间的长慈子孝、朋友之间的友善仁爱，以及更为宽泛的人我之间的忠信、礼让、宽厚、恭敬，物我之间的尊重、和谐，等等。可以说，教科书中涉及的个人层面道德、社会层面道德和国家层面道德都从"仁"与"礼"出发，都以"仁"与"礼"为根本和标准。教科书发扬"仁"的内在品质有益于缓和激烈竞争关系中紧张的人际氛围，增进交流合作、团结互助，创建和谐的社会环境。教科书发扬"礼"的外在规则，有益于在多元价值的追求中，保障有序和谐的发展，为现代精神文明建设提供丰富的思想资源，传承礼仪之邦的文明风尚。

## 二 教科书中优秀传统文化道德形象的超越

教科书对优秀传统文化中道德形象的超越主要表现在道德从一元到多元，从义务到权利；利义从相斥到和合，公私从对立到互渗；走出宗法利益关系，达至普遍社会公理三方面。

### （一）道德从一元到多元，从义务到权利

传统伦理道德以天为本，强调道德的绝对性、超越性。而现代伦理道德则以人为本，凸显了道德的相对性、现实性。[1] 当下教科书顺应这一转变，秉持着道德与生活实践相联系的道德本体观，将道

---

[1] 张怀承：《天人之变：中国传统伦理道德的近代转型》，湖南教育出版社1998年版，第289页。

德视为"对生活关切的升华,而非远离生活,甚至背离生活的道德理想"[1],以道德的本真需求和人的生活内在需要为价值导向。教科书中仍然延续着中国传统文化中珍视道德价值、崇尚德性修养的伦理思想,但对道德本体认识的转变也在教科书中有所体现。一方面,人不再是道德价值的符号,道德回归到为生活服务的本质,道德价值从一元走向多元。因而,就内容来说,教科书中出现了与现代政治经济社会相适应的民主、平等、自由、公正等多元道德价值规范,不再具有"唯信纲常名教"的一元化特点。就德目呈现来说,教科书通过道德叙事、道德活动、对话引导的方式引导学生自主理解与建构道德认知,允许道德认知结果的多元化与开放性。由此,教科书表现出道德内在价值的回归,强调德性对道德主体"人格"与"性格"的孕育,而非政治经济的外在功能。另一方面,道德中蕴含的自主与权利意识逐渐萌发,从关注道德义务到强调道德权利。个体对道德规范的履行不再出于对上天惩戒的畏惧,而是出于社会经验的积累、人生体悟的结果。因此教科书中道德意识的培养注重引导、体悟而非强制灌输。而且,个体掌握在道德关系中的选择权,教科书正视道德主体在道德判断、道德选择等方面的自主权。教科书树立德性价值标杆,制定共识性道德底线,除此之外不再强制性要求每个人都达成无私奉献、无畏牺牲的圣人之德,将是否履行崇高善行的选择权利交还给学生,消解传统文化中道德权威的外在制约和内在影响,切实维护道德主体基本的道德尊严,塑造独立的道德品格。

(二)利义从相斥到和合,公私从对立到互渗

在当下的教科书中,仍然传承了中国传统文化中对"义"与"公"的重视,倡导个体有节制地释放自身的利欲,在利义冲突时,

---

[1] 李承贵:《德性源流——中国传统道德转型研究》,江西教育出版社2004年版,第57页。

摆脱一己之私利,珍视道德、理想、人格的重要价值。① 在个人利益与整体利益冲突时,义无反顾地选择维护整体利益,始终将大公无私之精神视为中华传统文化中的伟大品格,作为学生道德追求的指路明灯。然而,在强调"义"与"公"的同时,并非否定"利"与"私",具体表现在两方面,一方面,对个人价值实现的倡导与推崇。当下的教科书不再强调培养俯首帖耳的顺民,而倡导培养刚健有为之精神、批判创新之意识、独立自由之信仰,引导个人在不断地开拓创新、积极求索中实现自身的理想与抱负。使个体从各种权威中解放出来,求得作为一个独立的人的个性伸展和自由生长。另一方面,对个人利益的肯定与尊重。教科书表现出对个人以正当手段获取利益的认可与推崇,不再将个人利益统摄与消解于集体利益之下,不光强调个体完成社会角色需承担的责任与使命,同时鼓励生成与义务感相联系、相对应的权利意识。同时,在政治上摈弃传统的专制思想,弘扬民主精神,将个体纳入国家事务之中,让学生切身体认集体与个人的紧密关系,意识到做事不光为集体,也是为自己,从利己私欲中延伸出对公共事务的责任与担当。

(三) 走出宗法利益关系,达至普遍社会公理

虽然传统文化中的道德思想受到宗法利益关系的束缚,被打上不平等的烙印。但其中仍然蕴含许多合理的、可进一步开掘与完善的道德价值,教科书对待这些价值规范的态度就是剥离其中与时代相悖的宗法、封建阶级关系的限制,用平等、自由、独立、博爱等思想进行提取、涤荡与升华,以"建立与普遍社会相联系的共同价值和社会公理"②。一方面,对于那些现代价值与时代局限并存的伦理思想进行创造性的改造与转化。第一,消解传统伦理规范中的封建等级性观念,例如:"孝"是教科书中一直宣扬的传统美德,

---

① 王正平:《中国传统道德微探》,上海三联书店2004年版,第35页。
② 龙兴海:《从传统道德到现代道德——道德转型论》,《湖南师范大学社会科学学报》1996年第4期。

"孝"中所蕴含的尊老、敬爱、礼让思想是任何时代都不可抛弃的美德，然而在教科书中诠释的"孝"，必须是剥离传统文化中所蕴含的后辈对长辈绝对服从观念的"孝"，传承的是从封建等级性中解放出来的尊敬爱护的、以平等民主的方式去践行的"孝"之精神。当下的教科书保留了"忠"所蕴含的"专一不二""尽心无遗""诚实无欺"等价值精神，摈弃了传统伦理中"臣对君忠"的狭隘的、纲常化的"忠"，将"忠"的范畴扩展到对人民与国家、对工作与责任，"忠"的内容与范围都更加丰富与完善，其中的诚实、无私与尽心的含义得到凸显和发扬。第二，消解传统伦理规范中的差序性观念，例如：将传统思想中的等差之爱升华为超越血缘地缘、宗法关系的博爱，将爱的范围扩大到无论民族、人种的所有人；从强调以个体安身立命、发展进步为旨趣的私德，到强调以社会普遍发展为旨趣的公德，提升个体关注公共事务的责任感与使命感。另一方面，对于那些包含普适性因素的传统道德规范进行发展与完善，使之更好地在新时代彰显价值。例如："爱国"不再是"爱君"，而是"爱民"；"爱国"不仅仅是对国家的忠诚与服从，更是对国家的建设与发展；"爱国"不再是眼光向内地对本土文化的维护与传承，更是放眼世界使我国文化瑰宝同世界文化交锋与交流，因而当下教科书中的"爱国主义"是跳出皇权中心主义、狭隘民族主义的与国际主义接轨的当代爱国主义。总而言之，除了传统宗法社会强调的"仁义礼智信""温良恭俭让"的私德修养之外，当下教科书还致力于培养现代公民必须具备的处理社会、民族、国家、国际、人类等公共关系的公共伦理。因此，教科书不仅要合理传承与吸收中国优秀传统文化中的道德精髓，并充分发挥其修身功能以打下良好的个人道德修养基础，还需进一步加强权利义务观、法律意识、国家政治制度等"公共领域"的德性教育，提高公共道德践行能力，培养健全、独立的现代公民人格。

## 第二节　教科书中优秀传统文化道德形象的价值传承归因

教科书中道德形象价值传承的归因包括四方面：一是文化的二元特性；二是教科书的文化本质；三是社会发展的推动；四是观念转换的引领。前两点决定了传承蕴含"继承"和"超越"两层含义，后两点则决定"继承"和"超越"的方向。

### 一　文化的二元特性

任何社会伦理的演进都存在"原""源"两类因素，现实社会的社会结构、经济关系、政治状况及其变革为"原"，历史进程中形成的传统伦理文化为"源"。一方面，中国传统文化中的道德思想生存之"源"是以自然经济为基础的宗法等级社会结构，这种生存之"源"与当下现实社会性质之"原"相背离，决定了中国传统道德思想中含有许多不适宜现代社会发展的思想。另一方面，发源于传统的道德思想又具有满足中国特色社会主义实践和建设中国特色现代伦理体系需要的功能和价值。可以以"原"为标准对其进行检视与转化，使之为今所用，这便是传统文化具有二元性特征的原因。

中国传统文化产生于小农自然经济、封建宗法社会和专制王权基础之上，在历史形态上属于"前现代"，不可避免地具有封建社会的特定思想内涵和时代烙印。[1] 其蕴含的思想观念在当时的历史条件下对社会发展起到了一定的积极作用，却在一定程度上与当代语境产生背离，既包含鄙陋的传统，也包含优秀的传统。因此，即使那些在现代看来仍然具有极高价值的成分也需要在现代语境中重新进

---

[1]　贾松青：《国学现代化与当代中国文化建设》，《社会科学研究》2006年第6期。

行诠释与挖掘。这便是文化的二元性——兼具时代性和普适性双重属性,即有体现历史的局限性的一面,也有体现时代先进性的一面。一方面,中国优秀传统文化中的许多道德规范是跨越时代的、人们共同的道德价值底线与行为准则,蕴含放之四海而皆准、置之万世而不移的普适性价值。人类共同的生存环境和生存方式生成了文化的普适性价值,这种普适性价值根源于人类世世代代对超越自然、实现人性的不懈追求。另一方面,中国传统文化中更多的价值理念兼具时代性和普适性双重属性,需剔除其中不合时宜的、特定历史背景下的具体内涵,通过调整与转化才能与现代社会相契合、相适应。

因此,对于具有普适性的文化,教科书需保存与延续,对于普适性与时代性交织的文化,教科书需调整和超越。这便决定了教科书对优秀传统文化道德形象的价值传承要在继承的基础上实现超越。

## 二　教科书的文化本质

教科书的文化本质决定其在传统文化道德形象价值传承中的角色与作用。第一,教科书是文化脉络的载体。教科书作为教师教学实践的基本工具,是一种具有体系性、有序性、目的性的文化传承载体,具有文化积淀与传承作用。优秀的人类经验以教科书为媒介积淀到个体身上,形成其后天习得素质的基础。这使得经验的主体从个体扩大到群体,为获取正确的经验,人们不必如前人一般从零开始亲自去探索、体验与发现,而是站在巨人的肩膀上,以"历代祖先的经验的结果"[①] 代替个体的经验。教科书对文化的传承使文化的发展摆脱个体生命界限,跨越时空局限,实现广泛的文化选择与文化传播。

第二,教科书是时代需求的回应。教科书具有文化选择性,有限的教科书不可能包含无限的前人文化遗产,因此有选择地进行文

---

[①] 《马克思恩格斯全集》第 3 卷,人民出版社 1960 年版,第 564—565 页。

化积淀与传承是教科书应有的职能。教科书从可获得、可利用的社会知识体系中进行挑选与组织、糅合与整理,这意味着一部分文化被强调与保存,另一部分文化被删减、淡化或改造。教科书具有文化创新性,教科书对文化的积淀与传递并非一成不变的复刻,还包括在传承过程中剔除消极传统,并在肯定积极传统的基础上创造新传统,从而"使课程文化的发展适应时代和课程变革的要求"[①]。

第三,教科书不仅是文化的载体,也是一种具有自身文化特征的文化形式。它并非纯粹的、毫无自主性的文化传承工具,而是在保存、传递、选择与创新人类文化的同时,彰显着自己的文化品格。教科书与社会文化也并非简单的部分与整体的关系,教科书不是从文化中生硬地切割、"拿来"的一部分,也不是挑挑拣拣之后拼凑出的一部分。将教科书仅视为文化传承的工具偏离了其作为文化的本质内涵,教科书本身就是一种文化,它有自己的文化本性。教科书通过目标制定、内容选择与编制等过程不断地建构文化,教科书与文化双向整合,进行能量的持续交换。教科书对人类优秀文化遗产的传承过程就是在负载"他文化"的同时,彰显"我文化"的过程。

因此,教科书不仅面向过去,承担着文化积淀与传承的任务;还面向未来,引领面向发展前沿的文化创新;同时还在文化传承中体现自身的文化品格。这表明,教科书对优秀传统文化道德形象的价值传承绝非简单复刻,而是在继承的基础上实现超越。

### 三 社会发展的推动

教科书的价值传承受到社会发展的影响,包括生产方式的进步消解"天"作为道德本体的神秘性;经济制度的转变凸显"人"在道德中的主体性;社会结构转型催生个体道德的公共性三方面。

---

① 金志远:《课程文化:实质、属性与特征》,《内蒙古师范大学学报》(教育科学版)2005年第11期。

## （一）生产方式的进步消解"天"作为道德本体的神秘性

教科书在刻画优秀传统文化道德形象的过程中，强调学生的道德主体地位，注重阐释道德的合法性，凸显学生"自主认同"的重要意义。其原因在于生产方式的进步消解了"天"作为道德本体的神秘性，"道"源自"天"的权威性也随之消减，因而教科书需要通过各种形式引导学生自觉认同道德的价值。中国传统社会的小农经济中的生产对象：种子、土壤、肥料都是大自然的直接产物，且科学技术的制约和生产方式的落后导致生产收益完全取决于阳光、雨水、气候等自然条件的优劣。由此，天成为能主宰生灵万物、不以人的主观意志为转移、非人力可抗拒的神秘力量。人们将生活生产生存都归于天的恩赐，对其感恩戴德，甚至敬畏盲从。在中国的传统哲学中，也将天视为创造万物、主宰万物的本体，与世俗生活休戚相关的道德价值源头被抽象为超验的"天道"。传统道德中的仁、义、孝、慈等诸多品性皆被认为出自"天"，例如《礼记》中记有"礼必本于大一"的思想，意为"天"是所有道德规范与礼仪制度的根源所在。天不变，道亦不变，天道本体的唯一性给道德赋予绝对的、永恒的意义。道德成为权力上层集团利用天的权威建立等级制度、维护统治的手段，在天的威慑力中，人们将纲常礼教视为永恒不变的道德规范加以信奉，进行严苛的自我检讨和约束，养成顺从、牺牲、不求个人权利的圣人之德。然而随着科学技术的发展与生产方式的变革，机器工业生产代替手工劳动，"天"被物化为一种特殊物质形式，人可以通过自己的知识与技能有效地影响与利用自然为自身服务，而不再被动地依赖天的赐予。天不再是绝对的超越本体，而成为一种经验对象和感性的客观存在，① 天作为道德本体和道德价值依据的神圣性早已被消解。由"天道"到"人道"的转变，意味着把人从神圣天理的绝对控制中解放出来，使人摆脱天

---

① 张怀承：《天人之变：中国传统伦理道德的近代转型》，湖南教育出版社 1998 年版，第 75 页。

理的束缚而获得人作为主体存在的独立、自由、自主。[①] 天的神秘性与权威性衰落，人的主体性得到凸显，从尊天到崇人是人的权威与自信觉醒与发展的过程，在教科书中则表现为对"道德主体自觉体认道德价值"的重视。

（二）经济制度的转变凸显"人"在道德中的主体性

无论从教科书中的德目内容来看，还是从教科书中的德目呈现形式来看，都彰显了人在道德中的主体性，而这种主体性缘于经济制度的转变。道德作为时代精神的体现，在一定程度上反映了经济制度的变迁。在原始社会，由于科学技术的限制，孱弱的人类个体脱离集体的保护无法单打独斗与大自然抗衡。因此，必须依靠集体的力量弥补个体能力的不足。无论是当时的生活方式还是人际关系都带有浓郁的自然色彩，生存规则和道德也体现出与自然抗争的生存意识和集体精神。氏族单位以内的所有成员都被视为"自己"，氏族单位以外的人则被视为"别人"，氏族单位以内的事物被认为是"自己的"，氏族单位以外的事物则被视为"别人的""一切'自己'和'自己的'都意味着善良和亲近，一切'别人'和'别人的'都意味着邪恶与敌对"[②]。正是由于氏族内不分彼此的帮助、分享与协作，人才能在大自然的重重考验下改变生存环境，拓展生存空间，完成种族的繁衍生息。在此阶段，受制于自然界的主宰，道德主体不可能有真正的自主意志和行为选择的自由。原始社会中人人平等、互帮互助的社会风尚并非源于内心的自主选择，而是"在极端低下的社会生产力制约下人类维持种族延续与物质需求的被动选择"[③]。

在奴隶社会，农业是主要的经济产业，以国有为名的贵族土地所有制废除了原始社会中人人平等的关系，产生了剥削与被剥削、

---

[①] 刘铁芳:《从规训到引导：试论传统道德教化过程的现代性转向》，《湖南师范大学教育科学学报》2003年第6期，第8—14页。
[②] 唐凯麟:《伦理学教程》，湖南师范大学出版社1992年版，第132页。
[③] 姚小玲、陈萌:《中国传统伦理思想——社会主义核心价值体系建构的文化底蕴》，人民出版社2015年版，第14页。

压迫与被压迫的阶级关系，个人私欲的高涨是道德的退步。但是此阶段的道德已上升为一种较为自觉的道德意识，体现了人在道德中主体性的提升。在封建社会中的道德是小农自然经济生活的反映。当时的中国是自给自足的农业社会，75%以上的人都居住在农村，以家庭为基本生产单位，自耕自食、代代相因。这时奴隶社会的人身依附关系被废除，尽管等级制度仍然存在，但血缘与社会身份不再具有绝对的一致性。[①] 此时的道德伦理在一定程度上呈现出一种自我冲突与矛盾的张力：既讲究三纲五常、尊卑有序，表现出对奴隶社会中等级制度的维护与支持，又承认"人人皆可为尧舜"的德性伊始上的平等性，继承了原始社会中的平等观念。虽然这种平等并非原始社会的现实平等，但也推翻了人与人之间不可逾越的界限，承认人的基本尊严与本性上的道德平等是实现现实平等的前提，从而为个体主体性的发挥提供了可能。

随着科技的发展和社会的进步，人对自然的依赖性逐渐减弱，在社会生活与道德追求中越来越彰显出主体能动性。尤其市场经济确立以来，人们对利益追求的正视更彰显了人在追求存在价值、个体利益、能力彰显等各方面有了更多的自觉。人的自主性由封建社会的道德自主衍生到社会生活中的自主，人的平等性由封建社会中的本性平等拓展至政治、经济各方面的平等。工业化、科技化、信息化的时代发展改变着人类的生活方式，随之而来的就是适宜时代发展需求的道德观念的更新。传统伦理道德以小农自然经济为基础，随着经济形式的转变，除去其中具有客观性与必然性的普适性价值值得被充分保存与发扬之外，具有时代烙印的部分必然经历历史性解体或现代性转化，新的价值标准和伦理道德必然随着新的经济体制和生产方式的产生而产生，在与传统道德观念的不断斗争和融合中被建立起来。因此可以说，经济制度的发展是道德转型的重要影

---

[①] 张怀承：《天人之变：中国传统伦理道德的近代转型》，湖南教育出版社1998年版，第54页。

响因素，而经济制度发展引发的人在道德中的主体性的提升必然反映于当下的教科书中。

（三）社会结构转型催生个体道德的公共性

教科书中的德目范畴相较于传统文化中的德目范畴更具公共性，这缘于社会结构的转型。我国古代社会以自然经济为基础，人们依靠土地的耕作几乎能满足所有生产生活资料需求，除了进行简单的商品交换之外几乎很少与外界发生联系。"靠土地维生的人们世世代代生活在一起，发展起中国的家族制度。"① 由于传统社会公共生活的匮乏，个体主要生活、生产在以血脉为纽带、以家庭为基础单元的社会结构中。家庭成为一切社会、经济、教育、政治，乃至宗教的基本单元，是维系整个社会凝结的基本力量。② "几乎所有的社会关系均以血缘和地缘为纽带相互联系，因而不需要发展血缘伦理之上的公共生活设置。"③ 而在家族之外并未真正形成作为"公共领域"的大社会，连最具有公共性的政治生活也并不以国家与人民的整体利益为导向，而是强调对君主的服从与忠诚，这些仅有的公共空间由于可以套用私人领域的人际规则而变为延伸意义上的私人领域。正如黄建中先生所指出的："中土以农立国，国基于乡，民多聚族而居，不轻易离其家而远其族，故道德以家庭为本位。"④ 个体在这种私人性的社会结构中获得自身特定的身份与地位，与此同时，也根据他人在自己特定人伦圈中的血缘、利益、情感位置划定相互之间的亲疏关系，形成差序性的关系网，以一种内外有别、亲疏有异的态度履行道德行为，给予尊重和关爱。这种"情境中心的处世态度"致使个人在践行道德规范时的标准以自我为起点，向家人、

---

① 冯友兰：《中国哲学简史》，北京大学出版社1996年版，第18页。
② 金耀基：《从传统到现代》，中国人民大学出版社1999年版，第24页。
③ 张晓东：《中国现代化进程中的道德重建》，贵州人民出版社2002年版，第61页。
④ 黄建中：《中西文化异同论》，生活·读书·新知三联书店1989年版，第172页。

熟人、家族衍生，形成"亲亲大也"(《中庸》)、"亲亲而仁民"(《孟子·尽心上》))的等差伦理。这便是中国传统文化中的道德形象表现出私德浓厚而公德薄弱特点的历史必然性。

自19世纪60年代自强运动以来，中国由传统"农业"社会向现代"工商"社会转型，①"利益"观念打破"差序格局"的封闭和孤立状态，使得人挣脱狭隘的地缘、血缘关系网，把社会成员联系起来，扩大了人们的活动和交往范围，形成新的人际关系。市场经济中的法治与契约概念有益于公民责任心与义务感的培养，同时，市场经济所倡导的平等与自由使个体之独立人格与主体意识高涨，使人跳出血缘、地缘的圈囿，将个体的命运与国家甚至世界联系起来，滋养公共精神的萌发。人与他人、人与社会、人与自然之间的交往内容持续丰富，活动范围不断扩展，伦理道德的内容也不断丰富与发展，从而对个体公共道德观念提出了更高要求。② 从传统文化道德形象注重个体的自我修养和对规则的恪守，到当下教科书强调民主公正之意识与创新进取之精神，体现出从强调私德到关注公德的转变，也体现了社会结构转型引发的差序伦理向公共伦理的转换脉络。

**四 观念转换的引领**

教科书的价值传承受到观念转换的引领，包括跨越以天为本的道德本体论思想；超越传统利义、群己相斥的价值取向；涤荡传统宗法利益关系达至普遍真理几方面。

（一）跨越以天为本的道德本体论思想

在当下的教科书中，不管是对学生的道德要求，还是促进学生

---

① 朱贻庭：《中国传统伦理思想史》，华东师范大学出版社2009年版，第384页。

② 周蓉、陈正良：《传统伦理道德的现代转变》，《中共山西省委党校学报》2010年第4期。

道德价值认同的方式都具有多元、开放的特点,这与传统文化道德的一元化倾向不同,两者的差异源于对以天为本的道德本体论思想的消解。由前所述,正因为在中国传统文化中,协调一切人际关系的道德准则都被抽象为独立于人存在之外的观念,上升到以天为本体。因此天道本体的唯一性给人类社会的道德准则赋予了超越性和绝对性。纲常名教都是宇宙本体伦理精神的展现,道德原则都是天之旨意的现实表露,无论是尊卑贵贱的差序准则,还是三纲五常的道德律令,都是天意的彰显。这种思维模式是将善恶价值观对立分割的二分法,表现出僵化性的特点。[①] 例如"人之所以异于禽兽者几希;庶民去之,君子存之"(《孟子·离娄下》),"君子喻于义,小人喻于利"(《论语·里仁》) 将君子与小人、利与义二分。"人心惟危,道心惟微,惟精惟一,允执厥中"(《尚书·大禹谟》) 认为人欲是恶的源头,人欲不加节制便会引发人心危殆,道心隐而不显需要依靠人的觉悟与努力才能彰显。且"天理人欲,不容并立"(《孟子集注·卷五》),道心、人心此长彼落,二者不容并立,因此要"存天理灭人欲",即要昭显道心,必须遏制人心。可见,传统文化中的价值二元论将道德上的善恶演绎成君子与小人之间的对立,以善恶划分人类社会的等级关系,在价值观上将利与义、天理与人欲对立起来。这种道德思维具有鲜明的价值立场,同时也走向严重的禁欲主义。天不变,道亦不变,道德的绝对性与僵化性将人变成道德价值的符号,以道德理性的名义扼杀人的感性。

随着天的神秘性在科学技术与生产方式的发展变革下逐渐消解,以人为本的道德思维模式打破了传统道德的绝对合理性,确立了人的道德价值本源地位。传统文化境域中的道德人格范型是具有依附性、模具化、定势化等特质的"臣民人格",随着我国社会由同质性形态向异质性形态过渡,"显性人格"逐步得到彰显,呈现出道德格

---

[①] 张怀承:《天人之变:中国传统伦理道德的近代转型》,湖南教育出版社1998年版,第117页。

局的多元化、道德认知的理性化、道德判断的空间性等特征。① 因此，道德思维以人为出发点和目的，将人的利益需求作为价值衡量标准。人的多元性、主观性使道德破除绝对主义色彩，被赋予相对主义特点。但这种相对主义又是有底线的，"虽然当下的道德教育强调道德的多元化，可是道德作为社会行为规范并非以个别性为基础，而是以无数个别性中所蕴含的共性为基础"②，只是这种共性不具有外在于人的绝对性，而是人对自身本质的共同认识。因此，随着以天为本的道德本体论思想的消解，社会道德准则不再是外在于人的先验性、绝对化天理，而是社会成员共同约定的公理。

这反映在教科书中则表现为道德价值及其判断标准的相对性，和人在道德中的主体性的凸显两个方面。TPD7s5《交友的智慧》中明确指出当朋友背叛了自己，或做出伤害友谊的举动时，我们"可以选择宽容对方，也可以选择结束这段友谊"。教科书不再将"宽容"作为面对背叛与伤害的唯一道德举措，"和平的结束友谊关系"也成为道德主体可以选择的方式之一，并在教科书中被认为与宽容处于同一地位，"两者都需要勇气，也需要智慧"。教科书跳出一元道德的束缚，给学生提供了依据具体情景进行道德选择的余地，与此同时又给出基本的准则底线，虽然"我们不可能和所有人都成为朋友"，但是我们要"同多数人和睦相处，对所有人以诚相待"。在这个案例中，一方面，教科书认可道德价值及其判断标准的相对性。与自然学科中真理价值的是非判断不同，道德的善恶判断是人们对评判对象的相对认识，道德价值判断不具有至上性和绝对性，会因道德情景与道德主体不同而有差异。另一方面，教科书中反映的道德思维并非将人视为关系网中的纽结，而是突出人在道德中的主体地位。教科书将个体视为核心，强调个体在道德生活中的独立自主，

---

① 孙泊：《道德榜样论》，博士学位论文，苏州大学，2016年，第184页。
② 张怀承：《天人之变：中国传统伦理道德的近代转型》，湖南教育出版社1998年版，第289页。

倡导通过道德判断表达主体对自身愿望、意欲和追求的认识。但与此同时，教科书仍然规定了个体道德选择的限度。

(二) 超越传统利义、群己相斥的价值取向

教科书通过鼓励个体追求合理利益、实现自我价值表现出对传统文化"重义轻利"倾向的超越，这源于现代社会在发展进程中形成了新的利义观与公私观。虽然中国传统文化各个时期的利义观都有所不同，但"重义轻利"的道德价值取向一直占主流地位。尤其在宋代，义利关系成为决定其他道德问题的前提，这使尚义观念绝对化，个人功利心的正当性被否定，强调利义的不可统一性，滑向"存义去礼""存理灭欲"的极端。[1] 由于传统文化语境下公私与义利具有等价性，因此公私关系几乎是义利关系的逻辑结果，二者也表现为从对立到互渗的过程。早期的思想家将"公"与"私"的关系视为天理与人欲的对立。总的来说，由于封建社会阶级的对立，传统文化中倡导的所谓整体价值和公义只能流于理论的虚构，变为统治阶级利益的代名词。当时的道德是典型的以维护封建统治阶级利益为目的的道义主义道德，具体表现在两个层面，第一，将公视为道义，将私规定为道义的对立面，一者至公至正，一者极私极邪，公与私、群与己、义与利，都被置于二元对立中。以整体价值，即义作为唯一的绝对价值，只有符合整体价值的行为思想才具有善性。因此，所有为私、为利、为己的言行都被否定，个体价值与利益消解于集体之中。第二，在这样的思想观念下个体丧失其独立性。整体并非由多个个体组成，而是一种天道本体规定的先验性绝对关系，个体便是这关系网中的纽结，其地位、身份与价值都先于个体的存在而被绝对化的关系所规定，个人只能依从先附角色，不能自由创造个体价值。

随着政治、经济、文化的发展，自由、独立、开放等理念不断

---

[1] 王正平：《中国传统道德微探》，上海三联书店2004年版，第35页。

更新，道德生活中的个体需要和个体利益的重要意义逐渐凸显。[①] 新的道德价值标准衍生出新的道德基本原则，在新的道德语境下，个体不再是绝对关系网上的纽结，个体存在的独特道德价值得到彰显，个体存在的意义由以复归天道意义为旨趣，转变为以自我发展和生活幸福为目的。社会结构与思想认识的变化启迪了新的公私观，一方面，利义关系呈现合和的局面。现代道德观以自然人性论为基础，肯定人作为感性存在拥有自然欲望与物质利益等感性需要的合理性与必然性，承认这些利益和需要的满足是人生存的基础，并具有道德价值。只有在物质利益被满足的基础上才有可能追求精神价值，所谓"仓廪实而知礼节，衣食足而知荣辱"（《史记·管晏列传》）。对"义"的理解从道义之"义"走向功利之"义"，认识到义不能脱离利孤立地存在。[②] 明确道德只是促使人获得幸福的手段与工具，绝不是终极价值，其目的在于满足人的需要。另一方面，公私关系呈现合和局面。当下的道德关系并不认为公私利益之间有不可调和的矛盾，"私"作为人之本性的正当性得到肯定，个人利益、他人利益与社会利益之间的互促性得到正视。借助个人对自我发展和幸福生活的追求也可"得人心、展人性，激发人的责任感，推动社会发展进步"[③]。这种利与义、公与私的和合观反映到当下的教科书中，教科书则引导学生认识为他人付出的道德需要、为集体奉献的道德需要，同自身归属和爱的需要、尊重的需要是相辅相成的。换而言之，只有个体对他人付诸关爱，对集体勇担责任，才能赢得他人与集体的尊重和爱。个体道德需要与他人道德需要、社会道德需要存

---

[①] 张怀承：《天人之变：中国传统伦理道德的近代转型》，湖南教育出版社1998年版，第297页。

[②] 李承贵：《德性源流——中国传统道德转型研究》，江西教育出版社2004年版，第191页。

[③] 李承贵、赖虹：《中国传统伦理思想中的"公""私"关系论》，《江西师范大学学报》（哲学社会科学版）2007年第5期。

在一致性。① 由此提升个体对社会道德关系的认识，进一步实现利与义、公与私的整合。

（三）涤荡传统宗法利益关系达至普遍真理

教科书中传递的道德精神跳出传统的层级性圈囿，以公理取代绝对化的天理成为社会生活的普遍价值观念。鼓励个体将德性的温暖播撒到除了亲友熟人群体之外的更广阔的社会性群体中。这一改变源于社会在发展中逐渐摒弃了传统文化中的宗法思想。中国传统伦理思想建立在宗法亲缘关系之上，个体以"我"为中心形成差序性道德关系，依据他人与自己的亲疏关系确定对之承担的道德义务，由此形成由近及远逐渐减弱的同心圆式的道德义务关系。对于"同心圆"范围之外的人和事物往往不具有任何道德义务。从个体自身的人际圈出发确立的差序结构道德关系导致人们对公共事物关注的缺失，而只关注建立在宗法关系之上的狭隘的亲缘之爱。这种血亲之爱是人与生俱来的本性之爱，是对他人及社会之爱的根基，但当"爱有等差"成为个人遵循的最高乃至唯一原则时，极端个人主义、利己主义的滋长蔓延就成为必然。"一人得道，鸡犬升天"便是当时社会"爱有等差"思想最直接生动的写照。甚至"仁爱"的人道精神也完全屈从于上下、尊卑、亲疏的宗法等级关系，成为维护封建统治秩序的工具。所谓"爱亲之为仁"（《国语·晋语一》），其中"仁"最初就是对基于宗法血缘关系的亲子之爱的概括。② 孔子的"君子笃于亲，则民兴于仁"（《论语·泰伯》），孟子的"亲亲，仁也"（《孟子·尽心上》），"仁之实，事亲是也"（《孟子·离娄上》），表明血缘亲子之爱仍然是"仁"最深沉的心理基础，这实际上是以狭隘的"亲亲"之爱为圆心，如同石子在水中激起的涟漪一样，亲疏、卑贱、主从泾渭分明，并未脱离宗族关系的圈囿。以至于"泛爱众"和推己及人的忠恕之道中所蕴含的对人的普遍尊重都

---

① 陈长生：《论个体道德需要的层次》，《唯实》2009年第9期。
② 朱贻庭：《中国传统伦理思想史》，华东师范大学出版社2009年版，第39页。

被"爱有等差"的血亲优先抵消了。① 总体而言，封建社会的"伦理道德是形成稳定有序社会的纲领，而这些纲领都建立在'差序格局'的基础上，强调尊卑有序，差序有等"②。一方面，"爱有等差"思想成为封建等级制度的理论依据，另一方面，封建等级制度赋予了尊卑贵贱、亲疏远近以合法性，因而这一思想在传统文化中愈发根深蒂固。传统社会中亲亲、尊尊，明尊卑、别贵贱的思想将以"礼"为内核的社会规范伦理，以及以"仁"为内核的个人德性伦理都打上了深深的不平等烙印。

随着社会的发展，稳定、封闭和狭隘的自然农耕经济形态逐渐衰落，持续萌芽与蓬勃发展的商品经济与新型生产关系同传统的天理格格不入。等级制度与等价交换原则相冲突，等差之爱的道德关系与商品经济中不断扩大的人际交往相悖，禁欲主义与经济社会追逐个人利益的准则不符。于是近代思想家在对传统文化伦理思想批判的基础上，将仁义礼智信的天理改造为公理，将外乎于人类社会存在的客观绝对原则转换为人类自身的普遍准则。③ 因此，教科书从时代发展的需要出发，摒弃传统的纲常名教、差序之爱，将自由、民主、平等和博爱等公理确立为德育的本质内容。教科书突破宗法关系和封建等级制度，将自由与平等视为每个人的权利。其中诠释的自由与平等不仅表现在人格本质范畴上，还体现在各项社会生活中每个人都享有独立自主之权利。教科书中的博爱不同于宗法等级道德制约之下的差别之爱，是建立在自由平等、独立自主基础上的人与人之间的真正的博爱。总之，由于传统宗法利益关系的弱化，教科书剥除道德的差序性，倡导社会生活的普遍道德原则和价值观念。

---

① 邹兴明：《和谐社会：走出"爱有等差"之困境》，《学理论》2008 年第 2 期。

② 燕良轼等：《差序公正与差序关怀：论中国人道德取向中的集体偏见》，《心理科学》2013 年第 5 期。

③ 张怀承：《天人之变：中国传统伦理道德的近代转型》，湖南教育出版社 1998 年版，第 220 页。

# 第 六 章

## 教科书中优秀传统文化道德形象的价值传承关键

前文总结了教科书中道德形象的价值传承特征及其成因，本章旨在以此为基础，提炼出教科书中优秀传统文化道德形象的价值传承关键，具体包括：确立优秀传统道德精神的取舍与转化标准，营造优秀传统道德精神呈现的现代性语境，把握优秀传统道德精神传承的三组关系。

### 第一节　教科书需确立优秀传统道德精神的取舍与转化标准

根据中国现实的经济、政治、社会结构及其变革趋势，以及由此生成的现代伦理体系的建构需要，对传统文化中的道德形象进行检视、筛选和改造是教科书实现价值传承的关键。因此，教科书在进行优秀传统文化道德形象的价值传承时，需从以下三个方面确立优秀传统道德精神的取舍与转化标准。

#### 一　延续：继承传统道德精神的精髓，弘扬优秀价值观

文化的普适性价值是人类为推进文化演进，在战胜自然、追求

人性的艰苦卓绝的斗争中，不断反思、主动体认的价值要求，是具有客观性与必然性的时代价值精神。在如今全球化、多元化背景中，"普适性价值就是为摆脱严重冲突与对立、建构和谐发展道路所寻求的一种具有普遍有效性的价值精神"①，建立普适性价值体系并增强其普遍认同是促进人类和谐发展的必然之举。

中国传统文化博大精深、源远流长，伦理道德作为传统文化的主要组成部分，在国家、社会、个人三个层次蕴含许多具有普适性价值的道德思想，在国家层面倡导"国家兴亡，匹夫有责"的爱国情怀，"舍生取义"的正义担当，"修齐治平"的责任意识；在社会层面强调"克己奉公"的社会使命，"仁者爱人"的忠恕之道，"入则孝，出则悌，谨而信，泛爱众，而亲仁"的社会伦理；在个人层面推崇"见利思义"的正直持节之志，"富贵不能淫，贫贱不能移，威武不能屈"的修身功夫，"言而有信"的诚信之道，"勤劳勇敢、自强不息"的奋进精神。对于此类具有普适性价值的伦理思想，教科书应当积极传承、发扬光大。例如教科书中积极传承的"取譬于己、推己及人"的仁爱精神是中国传统文化道德思想的价值内核，具有弥合经济社会中人与人之间关系、处理种族歧视问题、缓解国家间冲突矛盾的价值；教科书中传递的"己所不欲，勿施于人"的忠恕精神有益于建立将心比心、换位思考的道德思维模式；教科书中推崇的"和而不同、共生共处"的和平、和谐观是各国之间开展文明对话、人与自然友好相处的不可或缺的基本原则；教科书中强调的积极进取、探索创新等有为精神是社会现代化的内在动力，有益于国家乃至全人类文明的发展。

总之，作为文化的载体，教科书在继承中国传统文化道德精神时，要注意观照文化的内在价值，恪守其中具有普适性价值的部分，发扬知耻、持节的主体自律精神，孝慈、仁爱的立身之道和宽恕、诚信、感恩的人性光辉，继承爱国、公忠等家国一体的责任担当，

---

① 高兆明：《道德文化：从传统到现代》，人民出版社2015年版，第104页。

以及和睦、团结等和谐统一的政治立场，具有体系性、有序性、目的性地保存与光大先辈馈赠的文化遗产。

## 二 新释：挖掘传统道德精神的"潜现代性"，与现代汇通

中国传统文化的道德形象中包含的一些潜在的现代性思想要素，需要在时代标准下进行转化，才能与现代性同构契合、融合会通。伦理学家唐凯麟将传统文化分为三个层面，第一层面是为统治阶级利益服务的部分，这是在继承传统文化的过程中需去除的糟粕；第二层面是从历史上沿袭至今的人类公共生活规则，这些风俗习惯和道德传统是千百年来维系人类社会的基本原则，也就是上文中提到的具有普适性的基本法则；第三层面是传统文化从其所处的特定时代背景发出的对宇宙、社会、人生的认识成果，其在历史形态上属于"前现代"，但蕴含潜在的现代性价值，不同时代从不同视角可以对其有不同解释。① 我们此处所讲的挖掘优秀传统文化道德形象的"潜现代性"就是针对第三层面内容。

中国传统文化中存在许多兼具普适性和时代性的道德伦理，其中内含可与现代性对接会通的思想，例如传统文化中"仁、义、礼、智、信"的伦理规范。对于此类思想，教科书应剥除其中蕴含的宗法等级观念，结合时代需求凸显其普遍价值，与其他文明中的价值精髓融会贯通。教科书将"仁"作为处理人际关系的情感基础，"义"作为价值标准，"礼"作为行为模式，"智"作为理性原则，"信"作为精神纽带，引导和规范人类生活。再如，儒学中的民本思想包含了"天下非一人之天下，天下人之天下"的民有观念、"民之所好好之，民之所恶恶之"的民享观念。虽然不是现代民主思想，但两者都承认民众是国家政权之基础，人民的利益是社会和国家的价值主体，明确统治者的权力只有在得到人民拥戴维护时才能稳固。传统民本思想无疑为现代民主精神的发展贡献了"本土"思想资源。

---

① 唐凯麟、曹刚：《重释传统》，华东师范大学出版社2000年版，第121页。

因此，当教科书中涉及传统文化中的民本思想时，应注意引导学生将之与现代的民主思想作对比，从而挖掘其中的精髓，并认清其中的局限性。

总之，出于对时代底色的呼应，教科书应对兼具普适性价值和时代性价值的传统道德思想进行现代化解读。这不是对原义的简单复写与再现，而是通过主动界定与描述使之呈现出合乎时代需求的意义，从而将传统与现代性会通。这一过程体现了人类对传统的创造性阐释，是人类精神的自我反思。

### 三 超越：提升传统道德精神的"类后现代性"，与未来接轨

20世纪之后，西方启蒙思潮鼓吹的物质主义、人类中心主义、个人本位主义引发了一系列政治、环境、军事，乃至人类的精神危机，自然生态失衡、物质与精神相分裂、个人与群体关系紧张、工具理性高涨造成价值理性式微，这一切昭示着西方文化危机的到来。在后工业社会为背景的历史语境下，福柯（Michel Foucault）等一批思想家对由启蒙思潮嬗变而来的现代性展开深刻的反思与批判，提出了后现代主义思想。然而这种后现代性在理论形态与思想精神等方面都与我国传统文化表现出一定程度的暗合与近似。后现代主义思想家海德格尔（Martin Heidegger）的许多观点从中国古老哲学中获益匪浅。[①] 霍伊教授在《后现代主义辞典》一书的序言中写道："在中国人看来，后现代主义是由西方传入中国的新思潮。而在西方观点看来，中国反而被视为后现代主义的来源。"[②] 1988年，诺贝尔奖获得者汉尼斯·阿尔文（Hannes Alfven）发出"人类若要在21世纪生存下去，必须汲取2500多年前孔子的智慧"的倡导。中国传统文化对西方社会种种文化危机有一定的补救功能，富含后现代主义

---

[①] 贾廷秀、周从标：《西方后现代主义与中国传统文化》，《理论月刊》2003年第2期。

[②] 李连科：《儒家传统与后现代主义》，《人民日报》2001年6月23日第6版。

思想的精神养料。

中国传统文化与后现代主义在反中心主义上殊途同归。例如中国传统文化中"海纳百川""有容乃大""万物并育而不相害,道并行而不相悖"等思想反映的是具有包容性和整体性的多元决定论。中国传统文化尤其在反对"人类中心主义"的立场上与后现代主义思想相一致,[1]"人与天地参""天人不相胜"等思想认识始终强调人与天的和谐关系。"后现代主义思想倡导由'征服自然转变为保护自然,由我保护自然转变为自然保护我'是受到'天人合一'思想的启示。"[2] 两者"反中心主义"的一致性还表现在"反自我中心主义"上,中国传统文化中的道德伦理历来主张"不争之德""不敢为天下先",反对"自以为是",虽然被诟病削弱了竞争精神,但在维护谦让、仁爱、理解和互惠的人际关系上有积极意义。中国传统文化与后现代主义在建立多元、民主、宽容的文化氛围的愿景上具有一致性。但是,后现代主义中的"宽容"只看到"差异",看不到"同一",容易滋生相对主义、主观主义和虚无主义。中国传统文化的"宽容"之德有"中和"之意,讲究"以他平他",指多种要素互相交融,达成有差别的统一。"万物并育而不相害,道并行而不相悖"(《中庸》),通过正视差异而追求和谐,为了追求和谐而产生宽容,这种差异中求同一的宽容是深广的宽容。中国传统的宽容思想并非放弃价值标准的任意多元,为弥补后现代主义抛弃"同一性"讲差异的缺陷,以辩证的思维求同存异提供了启迪。除此之外,中国传统文化中的理欲观能缓解物质社会中加剧的精神空虚,它虽被诟病压制人性,但对不受道德约束的追求物质利益的行为具有警示效用。传统道德精神中重人生功名,轻物质功利的"见利思义"思想有益于缓解工具理性主导的价值倾向,维持"工具"与"价值"

---

[1] 贾廷秀、周从标:《西方后现代主义与中国传统文化》,《理论月刊》2003年第2期。

[2] 李连科:《儒家传统与后现代主义》,《人民日报》2001年6月23日第6版。

的平衡。"协和万邦"的大同理想,"兼爱互利"的共赢观念,"民胞物与"的博爱情怀,"天下为公"的世界主义,有益于缓解后现代社会中不同民族与国家间的冲突与战争,树立人类偕同发展原则、建立未来人类社会的理想境界。

总之,传统文化中的道德思想有大量可供开掘的"类后现代主义"观念。教科书需引导学生挖掘其中的价值精髓,解决现实社会中的道德问题。教科书对这些"类后现代主义"因素的开发利用,是对发生、发展于"前现代"社会的道德思想的挖掘与激活。这一创造性阐释过程,是教科书对人类精神的反思与创造性转化,使之抹去历史尘埃,剥除保守与封闭的时代烙印,促进传统伦理与现代伦理从隔阂对立走向理解和沟通,并在与后现代思想的呼应中再次彰显光彩。

## 第二节 教科书需营造优秀传统道德精神呈现的现代性语境

一方面,为了恰当地刻画优秀传统文化的道德形象,实现合理的价值传承,另一方面,为了更好地实现优秀传统道德精神的德育功能,教科书需营造优秀传统道德精神呈现的现代性语境,搭建传统与现代沟通的桥梁和纽带,从而促进优秀传统道德精神在现代场域中的价值彰显。

### 一 通过开放的德目呈现形式引领学生的道德主体性

从传统到现代,从为了"生存"而遵守规则到为了发展而倡导"道德"(见第三章),人在道德中的主体性逐渐提升。而当下教科书中的道德教育是否有效,也要看它是否能引导学生从内心主动认可道德价值,并自觉外化为道德行为。因此,提高"人"在道德认知与道德实践中的主体性既是在现代语境下传承优秀传统道德精神的必然选择，也是加强道德教育有效性的关键。祛说教与训诫、重引导与感召、重自主体认已成为当下教科书中德目呈现方式的主流。通过前文分析发现，各科教科书都倾向于通过故事、活动、体验、案例、史实负载道德精神，从"口号化"的生硬灌输到柔性引领，期望实现潜移默化的渗透。例如：教科书中要求学生分组探究诚信的传统意义和现代意涵，展开"引经据典话诚信""环顾身边思诚信""班级演讲说诚信"等以"信"为主题的活动，① 从而引导学生在活动中认识"诚信"的价值，并身体力行；教科书中设置调查"身边人们的文明素养"活动，② 使学生在亲身调研过程中发现不文明现象，从而警示自己；教科书通过阐述格林尼亚从游手好闲的花花公子到诺贝尔化学奖得主的蜕变故事，③ 引导学生认识名人成功之路的坎坷，增强榜样人物的亲切性与现实性。

总之，为引领学生的道德主体性，教科书不能局限于静态、单向、僵化的道德条目呈现形式，应当选择具有生活化特征的德目呈现形式，使德目呈现符合学生的心理发展水平和发展需要，遵循学习者的成长逻辑与规律；将传统德目与学生的实际生活紧密联系起来，以学生的现实生活为来源，选择学生熟悉的学校生活、家庭生活等作为德目呈现的素材；遵循具体性、真实性和有效性原则选择德目呈现的情景，设置主题活动、情境假设、角色扮演、小组学习、讨论等形式，引导学生通过德目情景解锁其中蕴含的理性智慧与情感体验，将道德要求与个体的具体生活相联系。

## 二 在德目诠释过程中加深传统与现代的联结

有选择地继承、创造性地转化与发展是教科书对待优秀传统文

---

① 教育部：《语文》（八年级上册），人民教育出版社2016年版，第47页。
② 课程教材研究所：《品德与社会》（六年级上册），人民教育出版社2010年版，第8页。
③ 课程教材研究所：《思想品德》（七年级下册），人民教育出版社2008年版，第6页。

化道德精神的合理态度。教科书是学校教育传承中国优秀传统文化道德思想的实体，担负着传递符合当今时代背景的价值观念的使命，是文化演进、创生的结果。具体而言，教科书在刻画传统文化道德形象的过程中应实现两个融合。

第一，在纵向时间上实现过去与现代的融合。教科书既要充分吸收传统文化道德思想的精髓，以保障思想与行为发展的前进方向。又需在坚持批判继承的原则前提下，把握时代脉搏对之进行返本开新以破除其时代局限性，使其适应现代社会发展和道德教育的需要。尤其要注重传统文化道德思想与社会主义核心价值观的融合。社会主义核心价值观是在传承和弘扬中华优秀传统文化的基础上，结合时代需求与社会发展要求总结提炼出来的价值理念，[1] 是对中国优秀传统文化精髓的继承、转化与超越。教科书需积极引导学生追溯社会主义核心价值观的道德思想渊源，在对传统文化道德思想充分认识与理解的基础上进一步弘扬与践行社会主义核心价值观。具体而言，一方面，在道德教育时应注意对道德精神的溯源分析，无论是对德目概念的解读，还是对思想精神的诠释，都应注重对其历史渊源的阐明。只有在对中国传统文化道德精神深入了解的基础上才能实现其与现代道德思想的衔接与创新。另一方面，注重将传统文化道德思想与现代社会道德生活相联系，以彰显传统美德的现代价值。例如，涉及传统文化的民本思想时，注意阐释其与现代民主思想的联系与差异。除此之外，教科书需留有空间，引导学生对传统文化道德精神与现代道德观念进行比较与鉴别，从而实现对传统文化道德思想的去粗取精、去伪存真，促进其在现代社会的转化。

第二，在横向空间上实现中国传统文化道德思想与西方伦理价值的融合。各民族在其漫长的历史发展过程中都积累了丰富的道德资源，教科书以开放的胸襟充分汲取西方道德文明精髓，有益于其

---

[1] 刘芳:《中华优秀传统文化：社会主义核心价值观的精神滋养》，《思想理论教育》2015 年第 1 期。

在坚守中华民族文化特色的基础上，反映人类文明的共同性价值，也有益于本国传统文化的丰富与发展。

由此，教科书实现了古今、中外道德思想的全面融合。在此过程中，教科书既要加强道德概念阐释、思想观点解读的文化溯源，向学生阐明其历史背景，深入挖掘现代道德规范的思想历史渊源，促进传统道德与现代道德的有效承接，同时也要给予学生向外比较与鉴别的机会，通过对传统文化的去粗取精实现真正的道德认同。

## 第三节　教科书需把握优秀传统道德精神传承的三组关系

传统与现代毕竟存在时间的隔阂和文化的差异，如何更好地实现优秀传统道德精神的传承，并使之为当下的道德教育助力，实现传统与现代的融合是关键。因此，教科书在对优秀传统道德精神的传承中需把握以下三组关系，以使传统道德精神更好适应现代道德教育需求。

### 一　让"传统"生发于"现在"以滋养道德文化土壤

当今时代，经济全球化迅速推进，多元文化蓬勃发展，社会知识化、信息网络化趋势势不可挡。这些社会巨变必然改变人们的生存方式与思维方式。人们对人与自然、人与社会、人与他人关系的认识以及对人自身的认识也随之改变。随着20世纪80年代以来我国社会逐渐开放，西方的文化价值观逐渐向我国渗透，传统的价值标准受到冲击，人们的言行举止失去绝对价值标准，呈现出价值混乱和道德失序的现象。这种道德危机的产生源于"一个国家在现代化进程中抛弃传统道德资源，社会因失去绝对价值标准约束而引发的必然后果"①。由此可见，传统与现代内在关联、不可分割。

一方面，现代文化的发展离不开传统文化的积淀。传统文化是现代文化的基础，现代文化是传统文化在现实条件下的存在、继续和演进，是创新和发展了的传统。任何事物的现在都是对过去的延续，任何事物的生长都以"过去"的事态为客观材料。② 观今宜鉴古，无古不成今。当今社会的种种困境都能从传统文化中找到应对之策。例如，个体人格建构、利义关系、群己关系、人我关系等社会生活中的根本道德议题，在传统文化中都有思想精髓值得提取。传统与现代之间的血肉联系无法割断，教科书在对道德教育内容的选择与编制中，只有立足传统，才能面向现在与未来，脱离了对现代道德精神源头的体认，道德教育只能成为无源之水、无本之木。

另一方面，传统的生存与发展以现代为依托。传统是活在现在的过去，传统只有以现在为目标进行适应与转化，才能作为活的传统而存在。道德价值观念根植于特定的历史文化时期，不可避免地被打上时代的烙印，受到社会制度的制约，具有一定局限性。2014年2月，习近平总书记在中共中央政治局第十三次集体学习时的讲话中指出："对历史文化特别是先人传承下来的价值理念和道德规范，要坚持古为今用、推陈出新，有鉴别地加以对待，有扬弃地予以继承，努力用中华民族创造的一切精神财富来以文化人、以文育人。"因此，教科书在选择与编制中既要看到优秀传统文化道德精神的永恒性，又要把握其变动性，既不能罔顾传统，将当代道德体系建成失根的空中楼阁，又不能照搬传统，将旧的内容一成不变地嵌套进现代社会中。

## 二 寻找"道德自由"与"道德价值共识"的辩证统一

传统社会中人们尊崇一元道德与价值要求，这种一元的道德标

---

① 张香兰：《传统道德资源与现代道德教育》，《当代教育科学》2007年第1期。
② 张香兰：《传统道德资源与现代道德教育》，《当代教育科学》2007年第1期。

准享有至高的权威，社会成员的言行都被限制在这些道德准则规定的有序生活之中。但随着全球化中，多元文化的发展导致传统伦理思想在社会文化中的地位步步式微，终极道德价值被逐步消解。正如尼采（Friedrich Wilhelm Nietzsche）提出的"上帝死了"的口号，中国现代社会进入一个绝对价值被颠覆的时代。然而，绝对价值的丧失、一元价值的解构意味着人们可以根据自己的道德标准、道德规范与道德信念建构多元化的道德准则。多元文化社会中自由理念的高涨催生出价值个体主义。不同于传统社会确立共同体道德价值作为道德判断的准绳，价值个体主义赋予个体自由与独立的权利，价值的获得以个体的实际经验为基础，任何道德价值在价值个体主义视域中都不具有普适性，这在一定程度上造成道德价值共识的落寞。道德主体在进行道德选择时缺少统一的、客观的、普遍的基本标准，消解了道德判断之间的好与坏、善与恶、正义与不正义之分。各种相对的道德原则和标准各行其是，无法统一，所有人的标准都是对的、合理的、好的，也就等于没有了标准，整个社会缺乏可以规约的普遍道德准则。[1] 因此，个体感觉自身处于一个没有限制与约束的开放、无限的空间中，导致道德虚无现象的滋生。

一个缺少道德价值共识的社会不可能走向德性生活，[2] 而且道德教育必须有明确的引导性和明确的选择、判断标准，否则会催生道德教育的"价值相对主义"和"价值中立主义"，[3] 导致"严肃的道德判断成了个人好恶的表达"，从而使"文化道德缺少了公共性，缺少了正当性"。[4] 正如鲁洁指出："在当代中国，我们致力于培养的

---

[1] 张香兰：《传统道德资源与现代道德教育》，《当代教育科学》2007年第1期。

[2] 石寅：《价值个体主义背景下道德价值共识的重建——兼对社会主义核心价值观出场的哲学解读》，《云南社会科学》2016年第1期。

[3] 李清聚、范迎春：《后传统社会道德教育的困境及其出路》，《教育探索》2010年第5期。

[4] ［德］乌尔里希·贝克等：《自反性现代化》，赵文华译，商务印书馆2001年版，第697页。

绝非单子式的独立人格,而是共生性的独立人格。"这意味着他是能独立思考、批判、选择生活方式与价值取向的独立性存在,而非顺服、委归于各种关系的依附性存在;这种共生性不是传统依附性关系的回归,而是它的否定之否定。它一方面内涵个体价值的独特性、多样性,另一方面凸显现代社会人与人之间价值的普遍相关性。[1] 由此可见,现代社会需要的"个体价值自由"不是"单子式"的绝对自由,是"道德价值共识"基础上的自由价值选择。

因此,教科书中优秀传统文化道德形象的价值传承关键在于:在保障个体自由的前提下重建现代社会的道德价值共识。通过教科书树立在社会中起主导与核心作用的价值观,并引导学生对之建立普遍认同与尊重,是缓解价值混乱状况的核心。教科书需在"尊重差异、包容多样"的思想前提下,重申道德价值取向的"共识性",确立德性修养的价值标杆。同时又需注重引导学生通过价值"多元"的交往与辩论达成"一元",这种"一元"与传统文化中的一元道德不同,其目的在于借助公共讨论摆脱社会道德价值多元、差异的自然状态,在尊重独立人格与个体自由的基础上树立社会道德价值的标杆。由此,教科书作为价值引领的中介,既要尊重个体的道德自主空间,给个体的德性发展提供可供选择的、开阔的伦理和智识空间。与此同时又创造积极的公共空间,为社会成员提供基本的最低限度的道德标准,让社会成员有可供依凭的基本伦理规范。[2] 在传统文化"一元道德"与现代社会"多元价值"的冲突对立中,寻找"个人自由"与"道德价值共识"的辩证统一。

## 三 在尊重"个体道德选择"的基础上引领"超义务"道德

传统文化强调个体超越功利、无私利他、自我牺牲的道德至善

---

[1] 鲁洁:《转型期中国(大陆)道德教育所面临的选择》,载刘国强、谢均才《变革中的两岸德育与公民教育》,香港中文大学出版社 2004 年版,第 77—87 页。

[2] 刘铁芳:《从规训到引导:试论传统道德教化过程的现代性转向》,《湖南师范大学教育科学学报》2003 年第 6 期。

之境，将人人都视为"道德人"，以最高德性做普遍要求，违背了人性和社会发展规律。① 中小学阶段学生的身心尚处于发展阶段，发展进度的差异，以及个体身处的具体情境、个人角色职责及能力水平等相关因素都会影响个体的道德水平，使道德主体的思想层次、价值取向呈现多样化趋势，不应当以千篇一律的高层次道德水平要求所有人。因此，现代教科书对传统文化道德形象的建构需关注道德的层次性，避免过高、过大、过空的道德要求。具体而言，可将道德分为义务道德与超义务道德两个层次。义务道德是对所有学生的普遍要求，无论个人意愿如何，义务道德是必须坚守的道德底线。一旦违背会给他人与社会带来危害，同时自身也会遭遇道德谴责。超义务道德是道德主体基于自身情况，作出的超越义务范畴的自愿选择。② 这类道德不是普遍性要求，而属于受人称颂的高尚情操，属于道德的卓越追求。基于这两类道德层次，教科书应秉持两点原则，一方面，义务的道德是道德教育的起点，只有在守住底线的基础上才能进一步寻求更高层次的道德追求。另一方面，义务的道德是道德教育的起点，但德育的脚步决不能只止步于义务道德。因为倘若人人都只坚守义务道德标准，社会将变得冷漠与自私。社会的温度源于人们对超义务道德的追求与践行，超义务道德是道德教育不断追寻的目标。

为引导学生追求超义务道德要求，教科书需给学生提供完整的道德故事和多层次的道德冲突情景，培养学生的道德鉴别、判断、选择能力，从而基于情境作出自愿的超义务选择，将外在的约束转化为自身的自主行动。超义务道德的形成建立在学生对"道德有益于个体发展和社会进步""个体与集体利益相一致性"等道德价值与道德观念的充分认同的基础上。因为，德育的目的"并非使学生

---

① 郑航：《平民化的自由人格：当代道德教育的目标取向》，《华南师范大学学报》（社会科学版）2003 年第 2 期。

② 郭淑豪、程亮：《从义务的道德到超义务的道德——重审学校德育的层次性》，《中国教育学刊》2017 年第 2 期。

达成统一或共识的标准,而是引导他们发展主体性道德素质,使之成为具有社会批判能力和具有道德宽容品质的社会公民"[1]。所以,教科书引领学生向更高道德层次迈进需尊重个体期望与选择,在义务道德标准基础上循序渐进式推进,避免强制拔高道德要求将道德主体架空到超义务道德层面。换而言之,教科书的编制需认识到大公无私、舍己救人等道德价值的超前性,崇尚但不将超义务道德作为对每个学生的绝对要求和个人毕生追求的最终旨趣,"而是一种鼓励与期望的个人道德选择,为学生的道德生活提供更宽广与合理的空间"[2]。由此,教科书的道德目标引领以崇高的道德理想为发展方向,同时又树立道德层次,形成阶梯式的道德价值体系。

---

[1] 刘华杰:《论道德教育的历史演进与发展趋向——以知识型为视角》,《湖南师范大学教育科学学报》2008年第5期。
[2] 郭淑豪、程亮:《从义务的道德到超义务的道德——重审学校德育的层次性》,《中国教育学刊》2017年第2期。

# 第七章

# 教科书中优秀传统文化道德形象的价值传承展望

本章结合上一章总结的教科书中优秀传统文化道德形象的价值传承关键，并针对当下教科书刻画传统文化道德形象过程中存在的问题，从内容和形式两个层面提出优化策略。

## 第一节 教科书中优秀传统文化道德形象的价值传承内容优化

教科书传承优秀传统道德精神需结合社会需求与学生特征建构优秀传统道德精神体系，保障内容的整体性与层次性，加强其合法性建设。

### 一 结合社会需求与学生特征建构优秀传统道德精神体系

对学生的研究、对当代社会生活的研究、学科专家的建议被泰勒（Ralph W. Tyler）视为课程目标的三大来源。[1] 教科书的内容选

---

[1] [美]泰勒：《课程与教学的基本原理》，施良方译，人民教育出版社1994年版，第3页。

择自然也应建立在学生身心发展特点和社会现实需要的基础之上。就学生的身心发展特点而言，中小学阶段是学生形成良好品性、建立价值准则的关键期，基本的个人层面优秀品性的形成能为养成更高层次的社会层面道德、国家层面道德打下基础。但通过前文分析发现，中小学教科书较为忽略谦虚、知耻、节制、勤劳、礼让、宽恕、感恩等个体层面的德目。对于中小学生来说，社会关怀和国家情怀层面道德品质形成的基础是个人优秀品性的养成。换言之，人在个体道德层面应秉持的价值规约与道德准则是其实现社会层面道德与国家层面道德的本初根基，个体的人格在很大程度上影响着其对自我与社会、与国家价值关系的认识，影响着正确思想态度和行为方式的塑造。因此，在中小学阶段强调勤劳、知耻、诚信、宽恕、节制等体现民族特色的基本人伦道德、心理定式、情感意向，能够为中小学生进一步形成高尚道德品性打下基础。

　　就社会的现实需要而言，竞争化的现代社会需要倡导积极开拓的精神品质，因此教科书顺应时代需求突出创新精神、探索精神，以中和传统文化中内求保守的文化性格。但与此同时，物欲高涨的现代社会仍然需要传统文化中的克己修身思想。然而目前教科书中对克己内求的德性思想强调不多，其数量占比远低于外拓性德性。因此，在选择教科书中的德目内容时，需考虑到传统文化中追求圣贤人格的道德取向，这对避免现代经济社会人趋于"物化"，构筑个体"安身立命"的精神栖息地具有不可替代的重要价值。[①] 回应社会发展的需要，合理优化教科书中的克己内求德性内容，有益于引导学生在物质社会形成具有物质超越意义的"心性世界"与"精神家园"。除此之外，教科书中关于民主、富强、自由、法治、公平等社会主义核心价值观德目的篇目较少。这些德目是在多元价值社会中根植于人民群众中的价值共识，是和谐社会建构的精神支柱，属

---

[①] 陈思敏：《通识教育：传统道德文化资源的良好载体》，《中共银川市委党校学报》2008 年第 1 期。

于现代社会的主流道德精神。但是教科书中的此类德目多集中体现在品德教科书的显性表述中,在语文、历史教科书中的隐性诠释较少。

2014 年教育部印发的《完善中华优秀传统文化教育指导纲要》规定从家国情怀、社会关爱和人格修养三部分进行中华优秀传统文化教育。① 其中,家国情怀教育以国家认同、责任担当和民族自信为主要内容,社会关爱教育以仁爱共济、立己达人为关注重点,人格修养教育以正心笃志、崇德弘毅为核心。这三个部分体现了优秀传统文化道德形象的完整内容结构。在当下的教科书中,个人层面道德强调积极进取的有为人格,社会层面道德强调仁爱、友善与责任,国家层面道德强调爱国、公忠与奉献,主要在和谐相处、服务社会、报效国家等方面形成了许多启人心智、润人心田、催人奋进的道德理念,总体上表现出以家国情怀为主的德育倾向。教科书在协调这三个层面的德目比例时,以及各层面下属的具体德目比例,需要紧密结合社会需求与学生特征,做出更为合理的安排与架构,形成以爱国主义为核心,人格修养和处世品德为两翼的优秀传统道德精神体系。

## 二 保障教科书中优秀传统道德精神的整体性与层次性

当下教科书中的德育内容存在缺乏整体性与层次性的问题。第一,内容体系整体布局意识弱,存在内容断裂现象。教科书中的德育内容作为一个体系需具有整体性,这意味着教科书要在系统原则指导下,整体建构内容体系以确保道德教育内容的完整性。② 但就现实而言,当下教科书中的道德教育内容缺乏整体性。例如,义务教

---

① 教育部:《关于印发〈完善中华优秀传统文化教育指导纲要〉的通知》(2014年4月1日),中国政府网,http://www.gov.cn/xinwen/2014 - 04/01/content_2651154.htm,2015年4月27日。

② 郑敬斌:《学校德育课程内容衔接问题与治理路径》,《思想理论教育》2015年第1期。

育阶段的道德教育内容理应形成完整体系，因为不可否认一部分学生在接受完义务教育之后便会直接走入社会。因此，中学阶段有必要涉及中国传统文化中强调的恪尽职守等职业道德素质，以确保培养符合社会需要的劳动力人才。但目前中小学阶段只有少数德育内容与敬业有关，即使涉及敬业的课文也只集中讨论学生的敬业——好学之德，敬业爱岗等职业道德内容匮乏，且缺失劳动者权利与义务等职业法制相关教育。第二，内容体系的层次性欠缺，存在内容倒置问题。道德教育的层次性要求根据学生身心发展的特点编排教科书内容，以保障内容的螺旋上升。但目前看来，虽然一系列的改革加强了教科书内容编制的层次化意识，但是仍然存在内容倒置问题。例如，小学一年级上册《品德与生活》中的第二单元《祖国妈妈，我爱您》在第一单元《我上学了》之后直接开始爱国主义教育的内容，一年级下册《品德与生活》中的《我的家人与伙伴》又才涉及父母亲情、朋友之爱。爱国主义教育与情亲友爱的教育前后倒置，使爱国主义教育缺乏铺垫。对于低年级儿童来说，爱国主义教育应当以爱家、爱校、爱社区、爱集体层层递进的方式展开。过早且突兀地插入低年级学生难以切身体会的道德概念，只能使学生记住抽象的概念，却无法理解其深层次内涵。

因此，在教科书内容的编排过程中需注意整体规划，避免片面追求本学科、本学段德育内容的完整性，而是从整体着眼，注重横向各学科、纵向各学段之间的衔接，避免单一重复、欠缺层次性和脱节遗漏等问题。针对不同年龄阶段学生生理与心理的发展规律与特征，将教科书的内容深度与广度逐渐拓展、层层递进。即使是同样的道德思想也应在不同阶段、不同科目的教科书作出不同的内容编排，以体现年龄特征和层次水平。这需要一个系统的逻辑框架设计，可以立国、处世、为人三大主范畴为基本框架，框架下分的具体德目虽不必，也不可能包罗万象，但一定是现代道德教育最需要，也是相对全面与周延的内容体系。

## 三 加强教科书中优秀传统道德精神的合法性建设

在传统社会中,"传统的守护者"被视为因果力量的代表,[①] 其具有的神秘知识无法被圈外人知晓,因此其权威具有终极性且不容侵犯。而在现代社会中,权威被赋予具有"专门知识"的普通人,从理论上而言任何人都有可能获得这些专门知识与技能,[②] 现代社会的终极权威由此而消失。传统社会中"顺从"是人的常态,[③] 而现代社会"质疑"才是常态。在现代社会,传统社会中绝对令人信任与服从的道德权威不复存在,自由意识的高涨和对权威的质疑使得社会信任度降低,因此负载在权威人物身上的道德价值并不总被认可与遵从。正是因为传统与现代的种种区别,伴随着现代性的不断推进和全球化进程的深入,人们原本的价值标准和道德准则受到挑战,道德教育的权威性被弱化。

一切被纳入质疑的范围之中,一旦教科书无法证明传统道德的合法性,就无法获得被教育者的信任,其权威性就会被大大削弱。例如,在现代经济社会中,竞争机制的引入使人们更注重实现个体利益的最大化。然而在传统文化的道德教育中,总是以强调集体利益和无私奉献为主,将每个人都视为纯粹的"道德人",因此现代市场经济中的"经济人"与传统文化中的"道德人"产生了矛盾,这是普适道德要求与个体的相对道德需要之间的矛盾,是利己与利他之间的矛盾。因此,教科书在对优秀传统文化道德精神的继承与转化中,应该正视这种客观事实,注意维护与肯定学生的个人合法利益,注意引导学生平衡集体利益与个人利益之间的关系,把个人利

---

[①] [德] 乌尔里希·贝克等:《自反性现代化》,赵文华译,商务印书馆2001年版,第83页。

[②] [德] 乌尔里希·贝克等:《自反性现代化》,赵文华译,商务印书馆2001年版,第83页。

[③] [德] 乌尔里希·贝克等:《自反性现代化》,赵文华译,商务印书馆2001年版,第108页。

益的实现与集体利益的实现结合起来,将"利"与"义"相统一,既承认个体利益,又鼓励个体为追寻更高层次的国家与社会利益让渡个体利益。

总之,社会转型时期价值观的多元化,使得人们的思想观念急剧变迁。传统一元价值观被多元价值观冲击,学生对教科书中传递的主流价值观的接受度被削弱。不同于传统社会凭借封建帝王政治地位树立伦理规范的合法性,教科书在刻画优秀传统文化道德形象的过程中,需关注学生的接受度和理解能力,在德性有益于个体幸福生活与自我实现的基础上建构道德的合法性,使学生自觉认同、践行道德准则,形成道德的自主判断能力和选择能力,在多元价值环境中把握正确的道德方向。

## 第二节 教科书中优秀传统文化道德形象的价值传承形式优化

教科书中优秀传统文化道德形象的价值传承形式优化需变革优秀传统道德精神的负载方式激发学生道德主体性,需多门学科协同共建保障优秀传统道德精神的立体化阐释,需建立教科书中优秀传统道德精神资源的多方链接。

### 一 变革优秀传统道德精神的负载方式激发学生道德主体性

优化教科书中优秀传统道德精神负载形式的关键在于提升学生的道德主体性,教科书需通过榜样、故事、史实、活动引导学生进行道德价值澄清,主动建构并认可自身的道德价值体系,从而自觉外化为道德行为。具体而言可从合理树立道德榜样、积极开展道德活动、强化对话性的道德价值引领方式三方面展开。

第一,合理树立道德榜样。通过道德榜样传递道德精神的关键在于榜样身份的设定,在道德榜样的选取上应注意与学生生活实际和身份特点紧密相连。当下教科书中对道德榜样的选取上有成人化、精英化取向，伟人、名人的榜样占比明显高于普通榜样，成人榜样明显多于儿童榜样，表现出道德目标导向的完人化特点。虽然教科书同时试图通过道德榜样选取的自致性、多样化和榜样行为的完整性阐释调和这种过大、过全的道德形象，将道德修养融入世俗生活，鼓励学习者通过自身后天的不断努力修炼道德品性、达成道德境界，但是仍然需要考虑道德榜样身份的选取，加大与学生年龄相仿、社会角色一致的普通榜样的比例，通过加强榜样人物与学生生活联系的紧密性、思维方式的一致性使榜样的形象更具感染力和可模仿性，使学生更易认可，并不由自主地心生钦佩与向往之情，继而引发其心悦诚服、自觉效仿的心理和行为。

　　第二，积极开展道德活动。通过道德活动传递道德精神的关键在于与学生的实际经验建立联系。目前教科书中的道德活动以认知性活动为主，包括阅读、思考、讨论、扮演等形式，多通过"设想"建构道德情境，想象与领悟表达者的处境和感受。而将道德主体置于一定的关系世界和生活情境中的亲验性活动较少。两类活动有各自的优点，前者能提供超出个体经验的、丰富的道德情境，而后者则使学生在亲身参与过程中更加真切地感受和理解道德，从而形成深刻的道德认知。因此，需协调教科书中想验性活动与亲验性活动的比例。考虑到亲验性活动开展的可行性，教科书可引导学生通过课后实践、课中讨论的形式开展。

　　第三，强化对话性的道德价值引领方式。如前所述，"号召性"的道德表述方式在当下教科书中仍然占很大比例。语文与品德教科书中的道德价值引领仍较多采用陈述性句式、祈使句式，直接阐明是非对错，单向传递信息，没有给学生留下思考、发散、诘问的空间。而历史教科书中则大多通过名人名言传递道德价值导向，但是由于缺少指示性、引导性语句，不能激发学生就名言警句展开追问与思考，结合当下的时代语境认识与解读其中的道德价值，使名言警句流于形式。因此，教科书应增加对话性的道德价值引领方式，给学生提供与文本对话的机会，使学生在对故事、历史事件、榜样人物的解读中，自主理解与归纳其中蕴含的道德精神，反思自身的道德认知。

## 二 多门学科协同共建保障优秀传统道德精神的立体化阐释

由于不同学科学科性质的差异，其传承传统文化道德精神的方式不同，诠释道德精神的层次和重点也有差异。当下教科书需将多门学科统整起来，保障同一德目在不同科目教科书中的全方位、层次化阐释。

在横向上，协同不同科目的教科书对同一德目进行全方位阐释。以爱国精神为例，语文教科书主要通过故事渗透、人物塑造、寓言典故、经典篇目、借景抒情诠释爱国之情，爱国的内涵在语文教科书中表现为欣赏与热爱祖国的大好河山，对优秀文化的民族自豪感，忧国忧民、献身祖国建设的责任感。品德教科书主要通过道德故事、活动体验、讨论思考、权威指导等形式渗透爱国精神。爱国的内涵在品德教科书中更具体，表现为爱家乡、爱人民，拥护共产党和社会主义制度，关注并积极参与社会问题和国家事务，等等。历史教科书则通过讲述英雄人物事迹和呈现历史事件等形式渗透爱国精神，爱国的内涵在历史教科书中更为理性与深沉。历史教科书将爱国精神置于更广阔的时空背景下去诠释，引导学生站在历史的长河中，回望祖国发展的苦难历程，深刻认识自身的历史责任；引导学生以人类文明的视角，理解与认同祖国发展进程中积累的璀璨文化，为此感到由衷的骄傲与自豪。由此，不同科目的教科书对爱国精神的诠释侧重点不同，使得爱国精神得到全方位阐释。

在纵向上，协同不同科目的教科书对同一德目进行多层次阐释。以谦让之德为例，语文教科书中 TYW3x6《陶罐和铁罐》的寓言故事引导学生秉承谦虚之心，正视自己的短处，承认并欣赏他人的优点与贡献。品德教科书中 TPD3x2《不一样的你我他》要求学生在看到自己短处的同时，更要认识到自己的长处，并积极肯定与展示自己，鼓励开展正当竞争，避免过度自谦甚至自贬。由此，不同科目教科书对谦虚作出不同层次的解读，使得传统谦虚之德的内涵更加丰富、更加与时代接轨。总之，只有将各科教科书结合起来，才能对同一德目实现全方位、多层次的立体化阐释。

### 三 建立教科书中优秀传统道德精神资源的多方链接

建立教科书中优秀传统道德精神资源的多方链接，就是要打通教科书中优秀传统道德精神资源向外拓展的脉络，引导学生跳出"一本教材"的禁锢，从更广阔的生活、网络、他国文化中挖掘与认识我国优秀传统道德精神。

第一，与生活资源链接。道德资源从本质上而言源于生活，教科书需引导学生在生活中挖掘、汲取优秀传统道德精神。例如，教科书可通过活动的形式启发学生从当地的民风民俗中挖掘优秀的传统道德精神，并鼓励学生将传统道德精神置于现实生活中进行考量与提炼。教科书还可设置思考、辩论、报告等形式，指引学生参与对社会道德问题的调查与探究，并从传统文化道德资源中寻找当代社会道德问题的改善策略。总之，生活中的鲜活事例、公益活动、社会事件，都可作为教科书引导学生挖掘与体认优秀传统道德精神的载体。教科书需打破自身的限囿，用引导的方式帮助学生在文本以外更加宽广与多元的文化世界中寻找优秀传统道德精神。

第二，与网络资源链接。教科书需充分利用网络资源，注意随时把新信息纳入教科书中，解决教科书的静态性、滞后性问题。例如，教科书可建立相应的优秀传统道德资料库，不断更新与教科书内容相关的道德故事、历史典故、社会事件等资源。教科书还可以引导学生利用网络自主查找资料，探明现代道德精神的历史根源，并进一步对比该道德精神在传统与现代语境下的差别，从而更深刻地理解传承优秀传统道德精神的实质。

第三，与外国优秀道德资源链接。教科书需注重将优秀传统道德精神与其他各国的优秀道德精神相联系。通过问题设置、提供相应的参考资料等方式引导学生在比较与辨析中洞察中外道德文化的利弊优缺，而择其善者而继承之、借鉴之、融合之，察其莠弊而摒弃之。

# 结　　语

"问渠那得清如许，为有源头活水来。"历史难以割舍，传统不可荒弃。中华民族有着上下五千年灿烂辉煌的历史，这悠久历史中的思想精髓如同珍珠一般熠熠生辉。他们滥觞于开辟洪荒的原始荒原，闪耀在神秘遥远的青铜时代，璀璨在金戈铁马的封建王朝，贯穿于风云激荡的变革年代，迎来了日新月异的崭新中国。其中不乏哲人智者对人类自身，人与他人，与社会，与自然，与国家之间关系的本质、原则的探讨，这些思考和探讨形成了中华优秀传统文化中的道德思想。随着时间的积淀，中华传统文化中建构起一条博大恢宏的道德思想支脉，在世界文化之林独树一帜、广为传颂。道德思想是千百年来人们言行的立足点与出发点，历经岁月涤荡成为中华民族的文化心理和屹立之魂。无论对于维系历史，还是滋养当代都有其自身的独特价值。文化传承的内在需求和教科书的价值诉求要求教科书必须承担起弘扬和传承中华优秀传统文化中的道德精髓的责任。

然而，随着人类进入全球化与信息化时代，现代中国与当今世界都身处变革的洪流中，技术飞快发展与信息急速传播，在对经济体制、社会结构、生活方式产生巨大影响的同时，人们的思想也发生着深刻的变化，崭新的思维方式、价值观念、理想人格、国民品性、审美情趣日渐形成。在过去的历史长河中，优秀传统文化中的道德形象是既成的、静态的，但当下对其的解读与继承却是随着不同时期社会政治、经济、文化结构的转变而动态发展的。教科书是学校传递道德文化的载体，其中蕴含的道德价值取向随时代变化而变化，传承传统的目的不是复古，而是以古鉴今、古为今用。教科书如何结合时代需求，在刻画优秀传统文化道德形象的过程中实现继承与超越是本书的研究旨趣所在。

本书首先厘清优秀传统文化、传统文化道德形象、价值传承等相关概念，以便为后续研究提供理论基础。然后梳理了传统文化中道德的层次、维度、道德条目及其特点，勾画出中国传统文化中的道德形象。在概括性把握优秀传统文化道德形象的基础上，进一步探究教科书在传承过程中究竟做了怎样的内容选择和内容呈现。接着总结教科书通过刻画传统文化道德形象体现出的价值传承特点，即对传统文化中的道德形象实现了哪些继承与超越，并分析其深层动因。在上述分析的基础上，提炼教科书对优秀传统文化道德形象进行价值传承的关键点。最后，结合教科书中优秀传统文化道德形象的价值传承关键，并针对当下教科书刻画传统文化道德形象时存在的问题，从内容和形式两个层面提出了优化策略。

行文至此，笔者常常感到自身知识积淀的匮乏和理论素养的局限。一方面，中国传统文化博大精深，其中的道德思想也是孕大含深，而"形象"一词又显得抽象。笔者在研究之初就面临着如何界定优秀传统文化、优秀传统文化的道德形象等问题，这不仅影响概念界定的清晰与否，更涉及后续文本分析的理论框架建构。虽然笔者试图通过对优秀传统文化的时间节点、判断标准、内容进行梳理，对传统文化中道德思想的层次、维度、内容、特点进行分析，作出尽可能准确的界定与建构。但是"优秀传统文化""优秀传统文化的道德形象"等概念内涵的抽象性、复杂性与丰富性，导致笔者的阐释也只能是一孔之见。另一方面，文化传承本就是一个宏大命题，教科书中优秀传统文化道德精神的价值传承并不仅仅是课程领域的问题，还与社会变迁、观念革新背景下的文化选择相关联。由于笔者在文化学、社会学领域的知识积淀不足，在这方面的研究不够深入，片面之处不可避免。

教科书对优秀传统文化道德形象价值传承的本质是在继承中超越。根据中国现实的经济、政治、社会结构及其发展趋势，以及由此生成的现代伦理建构的需要，对传统文化道德精神进行检视和筛选，是教科书实现道德传承的第一步。这需要课程论与伦理学领域的研究者与实践者携手制定出指导性纲领，为教科书的传统道德内容选择与编制提供理论指导。从而在教科书中呈现既蕴含深广的文化根基，又紧扣时代脉搏的道德教育内容，在传承与创新中孕育兼具民族特色与时代精神的社会主义道德文化。

# 附录一

# 人民教育出版社小学语文教科书德目统计

| 人民教育出版社小学语文教科书德目统计 ||
|---|---|
| YW1s3 在家里 | 尊敬父母 |
| YW1s5 爷爷和小树 | 爱护树木 |
| YW1s13 平平搭积木 | 关心他人 |
| YW1s11 我多想去看看 | 热爱祖国 |
| YW1s14 自己去吧 | 自立 |
| YW1s18 借生日 | 孝心 |
| YW1s19 雪孩子 | 无私帮助他人 |
| YW1s20 小熊住山洞 | 保护环境 |
| YW1s 语文园地三这样做不好 | 社会规则 |
| YW1s 语文园地四我会拼图 | 合作精神 |
| YW1s 语文园地六小兔运南瓜 | 创新意识 |
| YW1x3 邓小平爷爷植树 | 保护环境 |
| YW1x 识字2 | 孝敬父母 |
| YW1x6 胖乎乎的小手 | 尊敬长辈 |
| YW1x7 棉鞋里的阳光 | 体贴长辈 |
| YW1x8 月亮的心愿 | 体贴、照顾父母 |
| YW1x9 两只鸟蛋 | 爱护动物 |
| YW1x10 松鼠和松果 | 保护环境 |

续表

| 人民教育出版社小学语文教科书德目统计 ||
|---|---|
| YW1x11 美丽的小路 | 爱护环境 |
| YW1x12 失物招领 | 爱护环境 |
| YW1x19 乌鸦喝水 | 仔细观察、认真思考 |
| YW1x20 司马光 | 勇敢、机智 |
| YW1x21 称象 | 爱动脑筋、善于观察 |
| YW1x22 吃水不忘挖井人 | 饮水思源 |
| YW1x23 王二小 | 机智勇敢 |
| YW1x24 画家乡 | 热爱我们的祖国 |
| YW1x26 小白兔和小灰兔 | 爱劳动 |
| YW1x27 两只小狮子 | 勤劳、自立 |
| YW1x28 小伙伴 | 帮助他人 |
| YW1x29 手捧空花盆的孩子 | 诚实 |
| YW1x34 小蝌蚪找妈妈 | 积极战胜困难 |
| YW2s1 秋天的图画 | 勤劳 |
| YW2s6 我选我 | 自信 |
| YW2s7 一分钟 | 珍惜时间 |
| YW2s8 难忘的一天 | 责任与理想 |
| YW2s9 欢庆 | 热爱祖国 |
| YW2s10 北京 | 热爱祖国 |
| YW2s11 我们成功了 | 民族自尊心和自豪感 |
| YW2s12 看雪 | 盼望台湾回归、实现祖国统一 |
| YW2s13 坐井观天 | 明智 |
| YW2s21 从现在开始 | 尊重别人 |
| YW2s23 假如 | 关爱他人、关爱环境 |
| YW2s25 古诗两首 | 热爱家乡 |
| YW2s26 "红领巾"真好 | 爱鸟护鸟 |
| YW2s27 清澈的湖水 | 保护环境、自我控制 |
| YW2s28 浅水洼里的小鱼 | 保护小动物、珍惜生命 |
| YW2s29 父亲和鸟 | 人与自然 |
| YW2s 识字2 | 热爱生活 |
| YW2s 识字3 | 热爱祖国、勤劳勇敢、团结奋斗、开拓创新 |

续表

| 人民教育出版社小学语文教科书德目统计 | |
|---|---|
| YW2s 识字 5 | 团结 |
| YW2s 识字 6 | 明辨是非、奉献 |
| YW2s 识字 7 | 责任 |
| YW2s33 活化石 | 保护动物 |
| YW2x1 找春天 | 热爱自然 |
| YW2x2 古诗两首《草》 | 顽强的生命力 |
| YW2x2 古诗两首《宿新市徐公店》 | 热爱生活 |
| YW2x3 笋芽儿 | 奋发向上 |
| YW2x4 小鹿的玫瑰花 | 奉献 |
| YW2x5 泉水 | 奉献、乐观 |
| YW2x6 雷锋叔叔，你在哪里 | 奉献爱心、乐于助人 |
| YW2x7 我不是最弱小的 | 保护弱小、自信 |
| YW2x8 卡罗尔和她的小猫 | 善良 |
| YW2x9 日月潭 | 盼望祖国统一 |
| YW2x13 动手做做看 | 追求真理的科学精神 |
| YW2x14 邮票齿孔的故事 | 探索精神、创新意识 |
| YW2x15 画风 | 创新、协作、探索精神 |
| YW2x16 充气雨衣 | 创新、探索精神 |
| YW2x17 古诗两首 | 热爱自然 |
| YW2x21 画家和牧童 | 挑战权威、谦虚、知耻、正直 |
| YW2x22 我为你骄傲 | 正直、承担责任、学会宽容 |
| YW2x23 三个儿子 | 孝敬父母 |
| YW2x24 玩具柜台前的孩子 | 关爱父母、关爱他人 |
| YW2x25 玲玲的画 | 创新 |
| YW2x26 蜜蜂引路 | 善于观察和思考 |
| YW2x28 丑小鸭 | 善待他人、互相尊重、乐观 |
| YW2x29 数星星的孩子 | 善于观察和思考 |
| YW2x30 爱迪生救妈妈 | 聪明可爱、有多动脑、多动手、善发现 |
| YW3s1 我们的民族小学 | 民族团结 |
| YW3s2 金色的草地 | 热爱大自然 |
| YW3s3 爬天都峰 | 战胜困难 |

续表

| 人民教育出版社小学语文教科书德目统计 ||
|---|---|
| YW3s4 槐乡的孩子 | 热爱劳动 |
| YW3s5 灰雀 | 保护动物、诚实、关爱他人 |
| YW3s6 小摄影师 | 关爱他人 |
| YW3s7 奇怪的大石头 | 勤于思考、善于动脑、执着求索 |
| YW3s8 我不能失信 | 诚实守信 |
| YW3s13 花钟 | 善于观察 |
| YW3s14 蜜蜂 | 探索精神、科学精神 |
| YW3s15 玩出了名堂 | 好奇心和求知欲、创新精神 |
| YW3s17 孔子拜师 | 求知、谦虚 |
| YW3s18 盘古开天地 | 奉献 |
| YW3s19 赵州桥 | 民族自豪 |
| YW3s20 一幅名扬中外的画 | 民族自豪 |
| YW3s21 古诗两首《望天门山》 | 热爱祖国山河 |
| YW3s21 古诗两首《饮湖上初晴后雨》 | 热爱祖国山河 |
| YW3s22 富饶的西沙群岛 | 热爱祖国 |
| YW3s23 美丽的小兴安岭 | 热爱祖国 |
| YW3s24 香港、璀璨的明珠 | 热爱祖国 |
| YW3s27 陶罐和铁罐 | 相互尊重、谦虚、明智、礼让 |
| YW3s29 掌声 | 关心、鼓励别人、乐观 |
| YW3s30 一次成功的实验 | 合作 |
| YW3s31 给予树 | 关爱他人 |
| YW3s32 好汉查理 | 理解和尊重他人 |
| YW3x1 燕子 | 热爱大自然 |
| YW3x2 古诗两首 | 热爱大自然 |
| YW3x3 荷花 | 热爱大自然 |
| YW3x4 珍珠泉 | 热爱大自然、热爱家乡 |
| YW3x5 翠鸟 | 保护动物、与动物和谐相处 |
| YW3x6 燕子专列 | 保护环境 |
| YW3x7 一个小村庄的故事 | 爱护树木、保护环境、维护生态平衡 |
| YW3x8 路旁的橡树 | 自觉保护生态环境 |
| YW3x9 寓言两则《亡羊补牢》 | 改过 |

续表

## 人民教育出版社小学语文教科书德目统计

| | |
|---|---|
| YW3x12 想别人没想到的 | 创新意识 |
| YW3x13 和时间赛跑 | 珍惜时间 |
| YW3x14 检阅 | 平等、自尊、自强 |
| YW3x15 争吵 | 宽容、和睦 |
| YW3x16 绝招 | 努力学习本领、刻苦求知 |
| YW3x17 可贵的沉默 | 关心父母 |
| YW3x18 她是我的朋友 | 帮助他人 |
| YW3x19 七颗钻石 | 关心别人 |
| YW3x25 太阳是大家的 | 和睦 |
| YW3x26 一面五星红旗 | 热爱祖国、国际理解意识 |
| YW3x27 卖木雕的少年 | 国际友谊 |
| YW3x28 中国国际救援队，真棒！ | 人道主义精神 |
| YW3x31 女娲补天 | 甘于奉献、抗争自然 |
| YW3x32 夸父追日 | 奉献精神和牺牲精神 |
| YW4s1 观潮 | 热爱自然 |
| YW4s2 雅鲁藏布大峡谷 | 热爱大自然 |
| YW4s3 鸟的天堂 | 热爱大自然 |
| YW4s6 爬山虎的脚 | 探索精神 |
| YW4s8 世界地图引出的发现 | 勇于探索 |
| YW4s9 巨人的花园 | 分享 |
| YW4s10 幸福是什么 | 勤劳、助人 |
| YW4s11 去年的树 | 信守诺言、保护环境 |
| YW4s17 长城 | 民族自豪、勤劳 |
| YW4s19 秦兵马俑 | 民族自豪感 |
| YW4s21 搭石 | 无私奉献、礼让 |
| YW4s22 跨越海峡的生命桥 | 为他人着想 |
| YW4s23 卡罗纳 | 关爱他人、帮助他人 |
| YW4s24 给予是快乐的 | 助人为乐、无私奉献 |
| YW4s25 为中华之崛起而读书 | 国家责任感 |
| YW4s27 乌塔 | 独立生活、自强自立、热爱生活 |
| YW4s28 尺有所短寸有所长 | 正确地看待自己和他人（明智） |

续表

| 人民教育出版社小学语文教科书德目统计 ||
|---|---|
| YW4s31 飞向蓝天的恐龙 | 探索求知 |
| YW4x2 桂林山水 | 热爱祖国大好河山、热爱大自然 |
| YW4x5 中彩那天 | 诚信 |
| YW4x6 万年牢 | 认真、实在、正直 |
| YW4x7 尊严 | 自爱、自尊 |
| YW4x8 将心比心 | 己所不欲、勿施于人 |
| YW4x9 自然之道 | 遵循自然规律 |
| YW4x10 黄河是怎样变化的 | 环保意识 |
| YW4x13 夜莺的歌声 | 爱国主义 |
| YW4x14 *小英雄雨来 | 热爱祖国、勇敢机智、持节 |
| YW4x15 一个中国孩子的呼声 | 热爱和平、维护和平 |
| YW4x16 和我们一样享受春天 | 热爱和平 |
| YW4x17 触摸春天 | 热爱生活、珍惜自我生命、乐观 |
| YW4x18 永生的眼睛 | 关爱他人、帮助他人、无私奉献 |
| YW4x19 生命生命 | 珍爱自我生命、积极进取 |
| YW4x20 花的勇气 | 树立无所畏惧的勇气和信心 |
| YW4x25 两个铁球同时着地 | 求实求真的科学精神 |
| YW4x26 全神贯注 | 专注 |
| YW4x27 鱼游到了纸上 | 勤奋、专注 |
| YW4x28 父亲的菜园 | 勤劳、刚健有为 |
| YW4x29 寓言两则《扁鹊治病》 | 虚心 |
| YW4x29 寓言两则《纪昌学射》 | 刚健有为 |
| YW4x30 文成公主进藏 | 民族团结 |
| YW4x31 普罗米修斯 | 勇敢和献身精神 |
| YW4x32 渔夫的故事 | 智慧与勇敢 |
| YW4x23 古诗三首《四时田园杂兴》 | 勤劳 |
| YW4x23 古诗三首《乡村四月》 | 勤劳 |
| YW5s1 窃读记 | 好学 |
| YW5s2 小苗与大树的对话 | 孝慈 |
| YW5s3 走遍天下书为侣 | 好学 |
| YW5s4 *我的"长生果" | 好学 |

续表

| 人民教育出版社小学语文教科书德目统计 ||
| --- | --- |
| YW5s6 梅花魂 | 爱国情 |
| YW5s9 鲸 | 热爱大自然 |
| YW5s10＊松鼠 | 热爱自然、保护动物 |
| YW5s11 新型玻璃 | 爱科学、学科学 |
| YW5s13 钓鱼的启示 | 正直、守规 |
| YW5s14 通往广场的路不止一条 | 不怕困难、积极向上 |
| YW5s15 落花生 | 不求虚名、默默奉献 |
| YW5s16 珍珠鸟 | 爱护动物、善待生命 |
| YW5s17 地震中的父与子 | 承诺、孝慈、坚持不懈 |
| YW5s18 慈母情深 | 孝慈 |
| YW5s19 "精彩极了"和"糟糕透了" | 孝慈 |
| YW5s20 学会看病 | 孝慈、独立 |
| YW5s21 圆明园的毁灭 | 热爱祖国、振兴中华的责任感和使命感 |
| YW5s22 狼牙山五壮士 | 为祖国为人民勇于献身的精神 |
| YW5s23 难忘的一课 | 热爱祖国的深厚感情和强烈的民族精神 |
| YW5s24 最后一分钟 | 热爱祖国 |
| YW5s25 七律·长征 | 大无畏的革命精神和英勇豪迈的气概、乐观 |
| YW5s26 开国大典 | 爱国主义、民族自豪感 |
| YW5s27 青山处处埋忠骨 | 国际主义精神 |
| YW5x1 草原 | 民族团结 |
| YW5x3 白杨 | 无私奉献、建设祖国 |
| YW5x4＊把铁路修到拉萨去 | 刚健有为、乐观 |
| YW5x7 祖父的园子 | 自由 |
| YW5x8 童年的发现 | 求知欲望、探究精神和大胆的想象 |
| YW5x11 晏子使楚 | 维护国家尊严、持节、自尊自信 |
| YW5x12 半截蜡烛 | 机智勇敢、热爱祖国 |
| YW5x14 再见了、亲人 | 国际主义 |
| YW5x15 金色的鱼钩 | 忠于革命、舍己为人 |
| YW5x16 桥 | 无私无畏、不徇私情、英勇献身 |
| YW5x17 梦想的力量 | 善良、坚定执着 |
| YW5x18 将相和 | 爱国思想、抗争精神、勇敢机智 |

续表

| 人民教育出版社小学语文教科书德目统计 ||
|---|---|
| YW5x20 景阳冈 | 勇敢、机智 |
| YW5x24 金钱的魔力 | 平等待人 |
| YW5x25 自己的花是让别人看的 | 互利 |
| YW6s2 山雨 | 热爱自然、亲近自然 |
| YW6s4 索溪峪的"野" | 对大自然的热爱之情 |
| YW6s5 詹天佑 | 热爱祖国、立志为祖国作贡献 |
| YW6s6 怀念母亲 | 爱国 |
| YW6s7 彩色的翅膀 | 热爱祖国、建设祖国 |
| YW6s8 中华少年 | 爱国、刚健有为、自尊自信 |
| YW6s9 穷人 | 损己利人 |
| YW6s10 别饿坏了那匹马 | 乐于助人 |
| YW6s13 只有一个地球 | 珍惜资源、保护环境、节制 |
| YW6s15 这片土地是神圣的 | 环保意识 |
| YW6s16 青山不老 | 保护自然 |
| YW6s18 我的伯父鲁迅先生 | 先人后己、尊重他人、正义 |
| YW6s19 一面 | 教化后代 |
| YW6s20 有的人 | 无私奉献、正义 |
| YW6s21 老人与海鸥 | 保护动物 |
| YW6s23 最后一头战象 | 对祖国的忠诚、报国 |
| YW6s24 金色的脚印 | 与地球上所有生命和谐相处 |
| YW6s26 月光曲 | 乐观 |
| YW6s28 我的舞台 | 勇气和毅力、乐观 |
| YW6x1 文言文两则《学弈》 | 专心致志 |
| YW6x1 文言文两则《两小儿辩日》 | 善于观察 |
| YW6x2 匆匆 | 时间宝贵、树立珍惜时间的意识 |
| YW6x3 桃花心木 | 自强 |
| YW6x4 顶碗少年 | 失败乃成功之母 |
| YW6x5 手指 | 团结 |

续表

| 人民教育出版社小学语文教科书德目统计 ||
|---|---|
| YW6x9 和田的维吾尔 | 勤劳质朴、豁达乐观 |
| YW6x10 十六年前的回忆 | 忠于革命事业的伟大精神和面对敌人坚贞不屈、正义 |
| YW6x11 灯光 | 无私奉献精神 |
| YW6x12 为人民服务 | 为人民服务 |
| YW6x13 一夜的工作 | 为人民服务、节俭 |
| YW6x16 鲁滨孙漂流记 | 不怕困难、顽强生存、积极乐观的人生态度 |
| YW6x17 汤姆·索亚历险记 | 追求自由 |
| YW6x18 跨越百年的美丽 | 为科学献身的精神、刚健有为、探索精神 |
| YW6x19 千年梦圆在今朝 | 团结合作、默默奉献、勇于探索、锲而不舍、民族自豪感 |
| YW6x20 真理诞生于一百个问号之后 | 独立思考、锲而不舍、不断探索 |
| YW6x21 我最好的老师 | 独立思考和科学的怀疑精神、孝慈 |

# 附 录 二

# 人民教育出版社小学品德与生活/品德与社会教科书德目统计

人民教育出版社小学品德与生活/品德与社会教科书德目统计

| | |
|---|---|
| PD1s2 校园铃声 | 遵守规则与纪律 |
| PD1s4 平安回家 | 交通规则 |
| PD1s5 我们的国庆节 | 爱国 |
| PD1s6 祖国妈妈在我心中 | 尊重国旗国徽 |
| PD1s7 和钟姐姐交朋友 | 守时 |
| PD1s8 我很整洁 | 个人卫生 |
| PD1s10 我自己会整理 | 关爱长辈、良好习惯 |
| PD1s13 欢欢喜喜过春节 | 文明礼貌 |
| PD1x1 我的一家人 | 敬爱家人 |
| PD1x2 家人的爱 | 友好相处、相互协商 |
| PD1x3 我为家人添欢乐 | 家庭责任 |
| PD1x4 我和小伙伴 | 感恩 |
| PD1x6 小苗快快长 | 认真、负责、坚持 |
| PD1x7 我们和太阳做游戏 | 兴趣与好奇心 |
| PD2s1 我升入了二年级 | 朝目标努力 |
| PD2s2 我们班里故事多 | 团结、感恩、和睦 |
| PD2s3 让我们的教室更清洁 | 责任、分工合作、服务集体 |

续表

| 人民教育出版社小学品德与生活/品德与社会教科书德目统计 ||
|---|---|
| PD2s4 好书大家看 | 分享、文明礼貌 |
| PD2s6 秋天的收获 | 爱劳动、珍惜劳动成果 |
| PD2s7 秋游去 | 守秩序、爱护环境 |
| PD2s8 中秋与重阳 | 尊敬与关心老人 |
| PD2s9 我棒你也棒 | 自信、明智、谦虚 |
| PD2s10 学做"小雄鹰" | 勇敢、坚强、 |
| PD2s11 做个"快乐鸟" | 关心他人 |
| PD2x1 我爱家乡山和水 | 热爱家乡 |
| PD2x2 家乡的物产多又多 | 热爱家乡 |
| PD2x3 我家门前新事多 | 热爱家乡、富强 |
| PD2x4 我们的大地妈妈 | 环保 |
| PD2x5 美化家园 | 利废 |
| PD2x6 花草树木点头笑 | 环保、合作 |
| PD2x7 我和动物交朋友 | 保护动物 |
| PD2x8 鲜艳的红领巾 | 对祖国的忠诚与热爱 |
| PD2x9 红领巾胸前飘 | 积极勇敢、诚实守信、互相帮助、上进 |
| PD2x10 快乐的"六一" | 同情心 |
| PD2x11 我们长大了 | 关心他人、自信 |
| PD2x12 暑假生活我安排 | 持之有恒 |
| PD3s1-1 我爱我的家 | 爱家 |
| PD3s1-2 我们的学校 | 爱学校 |
| PD3s1-3 我生活的社区 | 爱社区、爱护公共设施、和睦、富强 |
| PD3s2-1 我学会了 | 自信心 |
| PD3s2-2 向"谁"学 | 虚心、好学 |
| PD3s2-3 做学习的主人 | 克服困难、好学 |
| PD3s2-4 大家都在学 | 好学 |
| PD3s3-1 规则在哪里 | 守规 |
| PD3s3-2 规则有什么用 | 守规 |
| PD3s3-3 我们给自己定规则 | 守规 |
| PD3s4-1 我是谁 | 责任 |
| PD3s4-2 我的责任 | 责任 |

续表

| 人民教育出版社小学品德与生活/品德与社会教科书德目统计 | |
|---|---|
| PD3s4-3 我能做好 | 责任 |
| PD3x1-1 家人的爱 | 关心、体谅家人、感恩 |
| PD3x1-2 读懂爸爸妈妈的心 | 体谅父母、感恩 |
| PD3x1-3 来自社会的爱 | 感恩 |
| PD3x2-1 不一样的你我他 | 尊重他人、明智、谦虚、和睦 |
| PD3x2-2 换个角度想一想 | 换位思考、欣赏他人、宽容、乐观、和睦 |
| PD3x2-3 分享的快乐 | 分享、关爱、互助 |
| PD3x3-1 我们的生活需要谁 | 尊重、感恩、互助 |
| PD3x3-2 阿姨叔叔辛苦了 | 尊重、感恩 |
| PD3x3-3 说声"谢谢" | 尊重、感恩 |
| PD3x4-3 出行的学问 | 礼仪 |
| PD3x4-4 马路不是游戏场 | 守规则 |
| PD4s1-1 美丽的生命 | 保护动植物、珍爱生命 |
| PD4s1-2 我们的生命 | 珍惜生命 |
| PD4s1-3 呵护我们的身体 | 珍爱自我生命、维护公共卫生 |
| PD4s2-2 公共场所拒绝危险 | 遵守规则 |
| PD4s2-3 当危险发生的时候 | 机智勇敢 |
| PD4s3-1 家庭小账本 | 节俭、惜物 |
| PD4s3-2 钱该怎样花 | 节制、家庭责任 |
| PD4s3-4 做个聪明的消费者 | 节制 |
| PD4s4-1 让爷爷奶奶高兴 | 尊老 |
| PD4s4-2 伸出爱的手 | 帮助他人 |
| PD4s4-3 我的邻里乡亲 | 宽容理解、和睦 |
| PD4s4-4 大家的事情大家做 | 服务社会（奉献） |
| PD4x1-2 家乡的美景家乡的人 | 热爱家乡、奉献家乡 |
| PD4x1-3 浓浓乡土情 | 热爱家乡 |
| PD4x2-1 吃穿用哪里来 | 勤劳、节约 |
| PD4x2-3 生活中的各行各业 | 分工合作、平等 |
| PD4x3-4 交通问题带来的思考 | 环保、社会责任感、探索精神 |
| PD4x4-1 通信连万家 | 遵守规则 |
| PD5s1-1 请你相信我 | 诚信 |

续表

| 人民教育出版社小学品德与生活/品德与社会教科书德目统计 | |
|---|---|
| PD5s1-2 诚信是金 | 诚信 |
| PD5s1-3 社会呼唤诚信 | 诚信 |
| PD5s2-1 我们的班队干部选举 | 民主、公平、平等 |
| PD5s2-2 集体的事谁说了算 | 民主、尊重他人、平等 |
| PD5s2-3 我是参与者 | 奉献、民主 |
| PD5s2-4 社会生活中的民主 | 关心社会、关注国家大事、民主 |
| PD5s3-1 我的祖国多辽阔 | 热爱祖国 |
| PD5s3-2 江山多娇 | 热爱祖国、保护环境 |
| PD5s3-3 祖国的宝岛台湾 | 维护祖国统一的责任感 |
| PD5s3-4 祖国江山的保卫者 | 奉献精神、国防意识 |
| PD5s4-1 五十六个民族五十六朵花 | 民族团结 |
| PD5s4-2 各族儿女手拉手 | 民族团结、国家安定 |
| PD5s4-3 生活在世界各地的华人 | 民族认同 |
| PD5x1-1 生活中的快乐 | 积极乐观、勤奋、努力、助人 |
| PD5x1-2 拥有好心情 | 积极乐观 |
| PD5x1-3 尝尝苦滋味 | 不惧失败 |
| PD5x2-1 吃穿住话古今（一） | 民族自豪 |
| PD5x2-2 吃穿住话古今（二） | 民族自豪 |
| PD5x2-3 火焰中的文化：陶与青铜 | 民族自豪 |
| PD5x2-4 汉字和书的故事 | 民族自豪 |
| PD5x3-1 伟大的先人 | 民族自豪 |
| PD5x3-2 我国的国宝 | 保护文物的责任感、民族自豪 |
| PD5x3-3 我们的国粹 | 民族自豪 |
| PD5x4-1 蔚蓝色的地球 | 探索精神 |
| PD5x4-2 我们的地球村 | 环保、责任 |
| PD5x4-3 生活在地球村的人们 | 平等、和平 |
| PD6s1-2 社会文明大家谈 | 规则 |
| PD6s1-3 健康文明的休闲生活 | 明辨是非 |
| PD6s1-4 学会拒绝 | 明辨是非（明智）、持节、节制 |
| PD6s2-1 不能忘记的屈辱 | 民族责任感、刚健有为 |
| PD6s2-2 起来、不愿做奴隶的人们 | 民族责任感、刚健有为 |

续表

| 人民教育出版社小学品德与生活/品德与社会教科书德目统计 ||
|---|---|
| PD6s2-3 为了中华民族的崛起 | 民族责任感、刚健有为 |
| PD6s3-1 站起来的中国人 | 爱党、民族自豪感、责任感 |
| PD6s3-2 日益富强的祖国 | 爱党、民族自豪感、责任感 |
| PD6s3-3 告别贫困奔小康 | 爱党、民族自豪感、责任感 |
| PD6s3-4 打开国门走向世界 | 爱党、民族自豪感、责任感 |
| PD6s4-1 到周边去看看 | 国际意识、多元文化 |
| PD6s4-2 环球旅行去 | 国际意识、多元文化 |
| PD6s4-3 文化采风 | 国际意识、多元文化 |
| PD6x1-1. 男生和女生 | 友善、欣赏他人 |
| PD6x1-2 朋友之间 | 友善 |
| PD6x1-3 学会和谐相处 | 友善、和睦 |
| PD6x2-1 只有一个地球 | 关爱地球、保护环境 |
| PD6x2-2 我们能为地球做什么 | 保护环境、社会责任感 |
| PD6x2-3 当灾害降临的时候 | 团结互助 |
| PD6x3-1 战争风云下的苦难 | 维护和平 |
| PD6x3-2 放飞和平鸽 | 保卫祖国、维护和平 |
| PD6x3-3 我们手拉手 | 维护和平、国际意识 |

# 附录三

# 人民教育出版社中学语文教科书德目统计

| 人民教育出版社中学语文教科书德目统计 ||
| --- | --- |
| YW7s1 在山的那边 | 百折不挠、追求理想 |
| YW7s2 走一步,再走一步 | 战胜困难 |
| YW7s3 生命生命 | 珍爱自我生命、坚毅勇敢 |
| YW7s4 紫藤萝瀑布 | 乐观 |
| YW7s6 理想 | 胸怀理想、为理想而奋斗 |
| YW7s7 短文两篇《行道树》 | 奉献 |
| YW7s7 短文两篇《第一次真好》 | 勇于尝试 |
| YW7s8 人生寓言(节选)《白兔和月亮》 | 中和、节制 |
| YW7s8 人生寓言(节选)《落难的王子》 | 勇毅、自强 |
| YW7s9 我的信念 | 科学精神、刚健有为 |
| YW7s10《论语》十则 | 谦虚 |
| YW7s16 化石吟 | 探索精神、科学精神 |
| YW7s18 绿色蝈蝈 | 探索精神、创新精神 |
| YW7s19 月亮上的足迹 | 探索精神、创新精神、抗争自然 |
| YW7s21 风筝 | 严于自省 |
| YW7s22 羚羊木雕 | 协商(父母子女平等关系) |
| YW7s23 散步 | 敬老、礼让 |
| YW7s25《世说新语》两则《陈太丘与友期》 | 正直不阿、诚信、尊重他人 |

续表

| 人民教育出版社中学语文教科书德目统计 ||
|---|---|
| YW7s26 皇帝的新装 | 诚实正直 |
| YW7s27 郭沫若诗两首《天上的街市》 | 乐观 |
| YW7s28 女娲造人 | 珍爱生命 |
| YW7s29 盲孩子和他的影子 | 互利 |
| YW7s30 寓言四则《蚊子和狮子》 | 明智、谦虚 |
| YW7s30 寓言四则《赫耳墨斯和雕像者》 | 谦虚 |
| YW7x3 丑小鸭 | 不断奋进精神 |
| YW7x4 诗两首《假如生活欺骗了你》 | 坚强乐观 |
| YW7x4 诗两首《未选择的路》 | 乐观、独立自主 |
| YW7x5 伤仲永 | 不断学习与进步、明智 |
| YW7x6 黄河颂 | 积极抗争精神 |
| YW7x7 最后一课 | 爱国 |
| YW7x8 艰难的国运与雄健的国民 | 开拓抗争精神、爱国主义 |
| YW7x9 土地的誓言 | 爱国主义 |
| YW7x10 木兰诗 | 勇毅 |
| YW7x11 邓稼先 | 奉献精神 |
| YW7x12 闻一多先生的说和做 | 革命精神、英雄气概 |
| YW7x15 孙权劝学 | 好学 |
| YW7x17 安塞腰鼓 | 冲破束缚的力量 |
| YW7x21 伟大的悲剧 | 开拓探索精神、集体主义精神、无私的爱 |
| YW7x22 在沙漠中心 | 勇毅、刚健有为、乐观、责任 |
| YW7x23 登上地球之巅 | 团结协作、勇毅、战胜困难、征服自然 |
| YW7x24 真正的英雄 | 探索精神、勇毅、抗争自然 |
| YW7x25 短文两篇《夸父追日》 | 刚健有为、抗争自然 |
| YW7x25 短文两篇《共工怒触不周山》 | 抗争精神 |
| YW7x26 猫 | 悲悯 |
| YW7x27 斑羚飞渡 | 奉献精神、团队合作 |
| YW7x28 华南虎 | 对精神自由、人格独立的渴望 |
| YW7x29 马 | 对自由、独立的渴望 |
| YW7x30 狼 | 勇敢机智、斗争精神 |

续表

| 人民教育出版社中学语文教科书德目统计 ||
|---|---|
| YW8s1 新闻两则《人民解放军百万大军横渡长江》 | 刚健有为、抗争精神 |
| YW8s1 新闻两则《中原我军解放南阳》 | 抗争精神、刚健有为 |
| YW8s2 芦花荡 | 勇毅 |
| YW8s3 蜡烛 | 向往和平、国际主义精神 |
| YW8s4 就英法联军远征中国致布特勒上尉的信 | 正义、公平公正、全球视野 |
| YW8s5 亲爱的爸爸妈妈 | 向往和平 |
| YW8s6 阿长与《山海经》 | 善良、质朴 |
| YW8s7 背影 | 尊老 |
| YW8s8 台阶 | 不懈努力的精神 |
| YW8s9 老王 | 平等、人道主义精神、尊重人格 |
| YW8s10 信客 | 诚信无私、宽容、奉献 |
| YW8s11 中国石拱桥 | 勤劳、智慧、民族自豪 |
| YW8s16 大自然的语言 | 科学精神 |
| YW8s17 奇妙的克隆 | 科学精神 |
| YW8s22 短文两篇《爱莲说》 | 持节、正义、知耻 |
| YW8s22 短文两篇《陋室铭》 | 持节、知耻 |
| YW8s25 杜甫诗三首《春望》 | 忧国忧民（公忠） |
| YW8s25 杜甫诗三首《石壕吏》 | 奉献、公忠 |
| YW8s30 诗四首《归园田居》 | 坚持自我、乐观 |
| YW8x1 藤野先生 | 公正、全球视野 |
| YW8x2 我的母亲 | 宽容隐忍、仁慈温和、持节、礼让 |
| YW8x5 再塑生命 | 好学敏思、坚韧不拔、热爱生活 |
| YW8x6 雪 | 独立与张扬的个性、精神 |
| YW8x7 雷电颂 | 正义、公忠、抗争精神 |
| YW8x8 短文两篇《日》 | 对理想的追求、坚韧不拔 |
| YW8x8 短文两篇《月》 | 对理想的追求、坚韧不拔 |
| YW8x9 海燕 | 勇毅、革命精神 |
| YW8x10 组歌（节选）《雨之歌》 | 博爱、奉献 |
| YW8x11 敬畏自然 | 敬畏自然 |
| YW8x12 罗布泊，消逝的仙湖 | 保护环境 |

续表

| 人民教育出版社中学语文教科书德目统计 | |
|---|---|
| YW8x13 旅鼠之谜 | 顺应自然、节制 |
| YW8x15 喂——出来 | 保护环境 |
| YW8x17 端午的鸭蛋 | 热爱生活 |
| YW8x21 与朱元思书 | 淡泊名利、高洁志趣 |
| YW8x22 五柳先生传 | 安贫乐道 |
| YW8x24 送东阳马生序（节选） | 好学 |
| YW8x25 诗词曲五首《酬乐天扬州初逢席上见证》 | 坚定的意志和乐观精神 |
| YW8x25 诗词曲五首《过零丁洋》 | 忧国忧民 |
| YW8x25 诗词曲五首《水调歌头》 | 乐观旷达 |
| YW8x25 诗词曲五首《山坡羊潼关怀古》 | 忧国忧民 |
| YW8x27 岳阳楼记 | 忧国忧民 |
| YW8x28 醉翁亭记 | 仁爱精神、乐观旷达 |
| YW8x30 诗五首《茅屋为秋风所破歌》 | 忧国忧民 |
| YW8x30 诗五首《白雪歌送武判官归京》 | 积极乐观 |
| YW8x30 诗五首《己亥杂诗》 | 公忠、抗争精神 |
| YW9s1 《沁园春雪》 | 伟大抱负和坚定信心 |
| YW9s2 雨说 | 积极乐观 |
| YW9s3 星星变奏曲 | 对理想的坚定追求 |
| YW9s5 敬业与乐业 | 敬业 |
| YW9s6 纪念伏尔泰逝世一百周年的演说 | 正义、奉献、博爱、自由、平等 |
| YW9s7 傅雷家书两则 | 谦虚、刚健有为、明智 |
| YW9s10 孤独之旅 | 奋进的信念 |
| YW9s12 心声 | 仁爱、平等 |
| YW9s13 事物的正确答案不止一个 | 创造性思维、探索精神 |
| YW9s14 应有格物致知精神 | 科学精神 |
| YW9s15 短文两篇《谈读书》 | 好学 |
| YW9s16 中国人失掉自信力了吗 | 民族自尊 |
| YW9s17 智取生辰纲 | 忠义、反抗斗争 |
| YW9s20 香菱学诗 | 好学、追求目标 |
| YW9s21 陈涉世家 | 抗争精神 |
| YW9s22 唐雎不辱使命 | 不畏强暴、敢于斗争 |

续表

## 人民教育出版社中学语文教科书德目统计

| | |
|---|---|
| YW9s25 词五首《渔家傲秋思》 | 忧国忧民 |
| YW9s25 词五首《江城子密州出猎》 | 关怀国家命运的爱国精神 |
| YW9x1 诗两首《我爱这土地》 | 忧国忧民 |
| YW9x1 诗两首《乡愁》 | 心系祖国 |
| YW9x2 我用残损的手掌 | 心系祖国、公忠 |
| YW9x3 祖国啊，我亲爱的祖国 | 心系祖国 |
| YW9x4 外国诗两首《祖国》 | 心系祖国 |
| YW9x4 外国诗两首《黑人谈河流》 | 民族自豪 |
| YW9x5 孔乙己 | 平等 |
| YW9x7 变色龙 | 尊重他人、平等待人 |
| YW9x6 蒲柳人家（节选） | 正义、仁爱、慷慨 |
| YW9x8 热爱生命（节选） | 顽强的求生意志、抗争精神 |
| YW9x9 谈生命 | 刚健有为和乐观的精神、珍爱生命 |
| YW9x10 那树 | 珍爱生命、保护环境 |
| YW9x11 地下森林断想 | 不屈服的时代精神 |
| YW9x12 人生 | 珍爱生命、顽强奋斗 |
| YW9x13 威尼斯商人（节选） | 仁爱、（民族）平等 |
| YW9x14 变脸（节选） | （男女）平等 |
| YW9x16 音乐之声（节选） | 热爱祖国 |
| YW9x18《孟子》两章《得道多助失道寡助》 | 和睦、正义 |
| YW9x18《孟子》两章《生于安乐死于忧患》 | 奋发有为 |
| YW9x19 鱼我所欲也 | 舍生取义 |
| YW9x23 愚公移山 | 刚健有为、抗争自然 |

# 附录四

# 人民教育出版社中学思想品德教科书德目统计

| 人民教育出版社中学思想品德教科书德目统计 ||
|---|---|
| PD7s1 珍惜新起点 | 热情开朗、自信、团结 |
| PD7s2 把握学习新节奏 | 积极向上 |
| PD7s3 珍爱生命 | 真爱生命、奉献社会 |
| PD7s4 欢快的青春节拍 | 认识自我 |
| PD7s5 自我新期待 | 认识自我、树立理想 |
| PD7s6 做情绪的主人 | 积极乐观、尊重他人、换位思考 |
| PD7s7 品味生活 | 积极向上 |
| PD7s8 学会拒绝 | 节制、知耻、持节、明智 |
| PD7x1 珍惜无价的自尊 | 自尊、知耻、尊重他人、认识自我 |
| PD7x2 扬起自信的风帆 | 认识自我、自信、乐观 |
| PD7x3 走向自立人生 | 明确法治社会权利与义务、自立自强 |
| PD7x4 人生当自强 | 开拓进取精神、自强 |
| PD7x5 让挫折丰富我们的人生 | 积极向上、不畏挫折 |
| PD7x6 为坚强喝彩 | 坚强的意志 |
| PD7x7 感受法律的尊严 | 尊重规则、守法 |
| PD7x8 法律护我成长 | 敢于斗争、利用法律维护利益 |
| PD8s1 爱在屋檐下 | 孝敬父母 |
| PD8s2 我与父母交朋友 | 孝敬父母、平等、和睦 |

续表

## 人民教育出版社中学思想品德教科书德目统计

| | |
|---|---|
| PD8s3 同侪携手共进 | 平等、宽容、诚信、友善、和睦 |
| PD8s4 老师伴我成长 | 敬业、和睦 |
| PD8s5 多元文化"地球村" | 国际意识、平等、民族自豪 |
| PD8s6 网络交往新空间 | 崇尚科学、守规 |
| PD8s7 友好交往礼为先 | 礼仪 |
| PD8s8 竞争合作求双赢 | 合作、奉献、谦让 |
| PD8s9 心有他人天地宽 | 宽容、平等、友善 |
| PD8s10 诚信做人到永远 | 诚信 |
| PD8x1 国家的主人，广泛的权利 | 心系祖国、守法、民主 |
| PD8x2 我们应尽的义务 | 责任 |
| PD8x3 生命健康权与我同在 | 珍爱自我生命、依法维权、正义 |
| PD8x4 维护我们的人格尊严 | 自尊、依法维权、正义 |
| PD8x5 隐私受保护 | 自强、自尊、正义 |
| PD8x6 终身受益的权利 | 依法维权 |
| PD8x7 拥有财产的权利 | 依法维权 |
| PD8x8 消费者的权益 | 依法维权 |
| PD8x9 我们崇尚公平 | 公平、合作互利 |
| PD8x10 我们维护正义 | 守法、正义、守规 |
| PD9-1 责任与角色同在 | 责任、奉献 |
| PD9-2 在承担责任中成长 | 责任、奉献 |
| PD9-3 认清基本国情 | 心系祖国、报效祖国 |
| PD9-4 了解基本国策与发展战略 | 世界眼光、积极抗争精神、开拓创新、保护环境、报效祖国 |
| PD9-5 中华文化与民族精神 | 心系祖国 |
| PD9-6 参与政治生活 | 责任、维护祖国安全、民主 |
| PD9-7 关注经济发展 | 绿色消费意识（节制）、富强 |
| PD9-8 投身于精神文明建设 | 知耻、廉洁 |
| PD9-9 实现我们的共同理想 | 艰苦奋斗、开拓创新、心系祖国 |
| PD9-10 选择希望人生 | 追求理想、责任、创新精神 |

# 附 录 五

# 人民教育出版社中学历史教科书德目统计

| 人民教育出版社中学历史教科书德目统计 ||
|---|---|
| LS7s1 祖国境内的远古居民 | 珍视文化遗产 |
| LS7s2 原始的农耕生活 | 民族认同 |
| LS7s3 华夏之祖 | 爱国、民族意识 |
| LS7s5 灿烂的青铜文明 | 民族自豪 |
| LS7s6 春秋战国的纷争 | 坚韧不拔 |
| LS7s7 大变革的时代 | 变革创新 |
| LS7s8 中华文化的勃兴（一） | 民族自豪 |
| LS7s10 "秦王扫六合" | 和睦、统一 |
| LS7s11 "伐无道、诛暴秦" | 民主 |
| LS7s13 两汉经济的发展 | 民族自豪、富强 |
| LS7s12 大一统的汉朝 | 统一和睦 |
| LS7s14 匈奴的兴起及与汉朝的和战 | （民族）团结、和睦 |
| LS7s15 汉通西域和丝绸之路 | 开拓抗争精神、为祖国做贡献的爱国思想 |
| LS7s16 昌盛的秦汉文化（一） | 民族自豪的爱国主义 |
| LS7s17 昌盛的秦汉文化（二） | 民族自豪的爱国主义、追求真理 |
| LS7s19 江南地区的开发 | 勇于抗争、团结、民族交流 |
| LS7s20 北方民族大融合 | 和睦、团结、民族交流 |
| LS7s21 承上启下的魏晋南北朝文化（一） | 创新精神、民族自豪 |

续表

## 人民教育出版社中学历史教科书德目统计

| | |
|---|---|
| LS7s22 承上启下的魏晋南北朝文化（二） | 民族自豪 |
| LS7x1 繁盛一时的隋朝 | 和睦、团结 |
| LS7x3 "开元盛世" | 民族自豪 |
| LS7x5 "和同为一家" | 和睦、团结 |
| LS7x6 对外友好往来 | 国际视野、刚健有为、民族自豪 |
| LS7x7 辉煌的隋唐文化（一） | 民族自豪的爱国主义 |
| LS7x8 辉煌的隋唐文化（二） | 民族自豪的爱国主义 |
| LS7x9 民族政权并立的时代 | 正义、民族平等 |
| LS7x10 经济重心的南移 | 民族自豪 |
| LS7x12 蒙古的兴起和元朝的建立 | 抗争精神 |
| LS7x13 灿烂的宋元文化（一） | 坚持不懈、勇于创新、民族自豪 |
| LS7x14 灿烂的宋元文化（二） | 严谨的治学态度 |
| LS7x16 中外的交往与冲突 | 民族自豪、刚健有为 |
| LS7x20 明清经济的发展与"闭关锁国" | 国际视野 |
| LS7x18 收复台湾和抗击沙俄 | 捍卫国家领土主权和民族利益英勇斗争 |
| LS7x19 统一多民族国家的巩固 | 和睦 |
| LS7x21 时代特点鲜明的明清文化（一） | 世界眼光、好学勤思、开拓进取 |
| LS8s1 鸦片战争 | 保卫祖国爱国主义精神、民族复兴的责任 |
| LS8s2 第二次鸦片战争期间列强侵华罪行 | 振兴中华的爱国主义、反抗侵略的爱国主义、责任 |
| LS8s3 收复新疆 | 捍卫国家主权、反侵略 |
| LS8s4 甲午中日战争 | 反侵略斗争的爱国主义 |
| LS8s5 八国联军侵华战争 | 不屈不挠的斗争精神 |
| LS8s6 洋务运动 | 世界眼光、变法革新 |
| LS8s7 戊戌变法 | 爱国、责任、变革 |
| LS8s8 辛亥革命 | 不屈斗争精神 |
| LS8s9 新文化运动 | 民主、科学、抗争精神 |
| LS8s10 五四爱国运动和中国共产党的成立 | （斗争精神、爱党）的爱国主义精神 |
| LS8s11 北伐战争 | 团结合作、爱党 |
| LS8s13 红军不怕远征难 | 战胜艰难困苦、勇往直前的革命英雄主义精神、爱党爱人民军队 |

续表

| 人民教育出版社中学历史教科书德目统计 ||
|---|---|
| LS8s14 难忘九一八 | 反抗的爱国主义精神、热爱共产党、责任担当 |
| LS8s15 "宁为战死鬼，不作亡国奴" | 和平、民主、公忠、奉献 |
| LS8s16 血肉筑长城 | 公忠、奉献、爱党爱军 |
| LS8s17 内战烽火 | 和平、民主、公忠、刚健有为 |
| LS8s18 战略大决战 | 责任感 |
| LS8s19 中国近代民族工业的发展 | 建设祖国的爱国主义 |
| LS8s21 科学技术与思想文化（一） | 富强、建设祖国的爱国主义 |
| LS8s22 科学技术与思想文化（二） | 科学、民主 |
| LS8x1 中国人民站起来了 | 自立自强、和平 |
| LS8x2 最可爱的人 | 英勇顽强的抗争精神、刚健有为、国际主义精神 |
| LS8x6 探索建设社会主义的道路 | 奉献精神 |
| LS8x3 土地改革 | 热爱党、热爱社会主义祖国、民主 |
| LS8x7 "文化大革命"的十年 | 抗争精神 |
| LS8x9 改革开放 | 国际意识 |
| LS8x10 建设有中国特色的社会主义 | 建设祖国的爱国主义、奉献 |
| LS8x11 民族团结 | 责任、积极进取精神、奉献 |
| LS8x12 香港和澳门的回归 | 祖国统一、责任感 |
| LS8x13 海峡两岸的交往 | 责任感、和睦统一 |
| LS8x14 钢铁长城 | 为中国的国防建设贡献力量的责任感、民族自豪 |
| LS8x15 独立自主的和平外交 | 自立自强、和平 |
| LS8x16 外交事业的发展 | 自立自强、世界眼光 |
| LS8x17 科学技术的成就（一） | 奋发图强、民族自豪、建设祖国的爱国主义 |
| LS8x18 科学技术的成就（二） | 奉献、富强 |
| LS8x19 改革发展中的教育 | 民族自豪、建设祖国 |
| LS9s3 西方文明之源 | 改革 |
| LS9s4 亚洲封建国家的建立 | 革新 |
| LS9s5 中古欧洲社会 | 开放交流 |
| LS9s6 古代世界的战争与征服 | 和平 |
| LS9s7 东西方文化交流的使者 | 国际交流与合作意识、探究意识 |

续表

| 人民教育出版社中学历史教科书德目统计 ||
|---|---|
| LS9s9 古代科技与思想文化（二） | 探究精神、建设祖国的爱国 |
| LS9s10 资本主义时代的曙光 | 科学精神、创新精神、刚健有为 |
| LS9s12 美国的诞生 | 抗争精神、自强自立 |
| LS9s13 法国大革命和拿破仑帝国 | 正义 |
| LS9s14 "蒸汽时代"的到来 | 探索精神、刚健有为、刻苦钻研 |
| LS9s16 殖民地人民的抗争 | 发愤图强 |
| LS9s17 国际工人运动与马克思主义的诞生 | 抗争精神、奉献精神 |
| LS9s18 美国南北战争 | 民主、平等 |
| LS9s20 人类迈入"电气时代" | 探索、勇于创新 |
| LS9s21 第一次世界大战 | 和平 |
| LS9s22 科学和思想的力量 | 科学精神、奉献、敬业 |
| LS9s23 世界的文化杰作 | 自强不息、国际意识 |
| LS9x1 俄国十月革命 | 首创精神（革新精神） |
| LS9x6 第二次世界大战的爆发 | 团结、正义、和平 |
| LS9x7 世界反法西斯战争的胜利 | 国际意识、团结合作、和平 |
| LS9x8 美国经济的发展 | 富强 |
| LS9x9 西欧和日本经济的发展 | 科学精神、创新精神、建设祖国 |
| LS9x14 冷战中的对峙 | 和平 |
| LS9x15 世界政治格局的多极化趋势 | 和平 |
| LS9x16 世界经济的"全球化" | 世界眼光、和平发展、责任 |
| LS9x17 第三次科技革命 | 发奋图强、责任 |
| LS9x18 现代文学和美术 | 社会责任 |
| LS9x19 课现代音乐和电影 | 社会责任 |

# 附录六

# 统编版小学语文教科书德目统计

| 统编版小学语文教科书德目统计 ||
|---|---|
| TYW1s8 小书包 | 爱物 |
| TYW1s9 日月明 | 团结 |
| TYW1s10 升国旗 | 爱国 |
| TYW1s11 项链 | 热爱生活之美 |
| TYW1s13 乌鸦喝水 | 克服困难、机智 |
| TYW1x 识字 3 小青蛙 | 保护动物 |
| TYW1x1 吃水不忘挖井人 | 热爱毛主席、感恩 |
| TYW1x2 我多想去看看 | 热爱北京（热爱祖国） |
| TYW1x4 四个太阳 | 仁爱 |
| TYW1x5 小公鸡和小鸭子 | 团结友爱、互助 |
| TYW1x6 树和喜鹊 | 友善 |
| TYW1x7 怎么都快乐 | 积极乐观 |
| TYW1x8 静夜思 | 热爱故乡 |
| TYW1x9 夜色 | 克服困难 |
| TYW1x10 端午粽 | 热爱祖国传统文化 |
| TYW1x11 彩虹 | 关爱家人 |
| TYW1x15 文具的家 | 爱物 |
| TYW1x16 一分钟 | 守时 |
| TYW1x18 小猴子下山 | 知足 |
| TYW1x20 咕咚 | 讲事实、不盲从 |

续表

| 统编版小学语文教科书德目统计 ||
|---|---|
| TYW2s1 小蝌蚪找妈妈 | 战胜困难 |
| TYW2s2 我是什么 | 探究自然 |
| TYW2s3 植物妈妈有办法 | 探索精神 |
| TYW2s3 拍手歌 | 爱护动物 |
| TYW2s4 田家四季歌 | 勤劳 |
| TYW2s4 曹冲称象 | 善于观察、机智 |
| TYW2s5 玲玲的画 | 乐观、机智 |
| TYW2s6 一封信 | 乐观 |
| TYW2s7 妈妈睡了 | 孝慈 |
| TYW2s8 古诗两首《登鹳雀楼》 | 积极向上 |
| TYW2s8 古诗两首《望庐山瀑布》 | 热爱自然 |
| TYW2s10 日月潭 | 祖国统一 |
| TYW2s12 坐井观天 | 目光长远（明智） |
| TYW2s13 寒号鸟 | 勤劳、长远目光 |
| TYW2s14 我要的是葫芦 | 知耻、联系思维（明智） |
| TYW2s15 大禹治水 | 无私奉献 |
| TYW2s16 朱德的扁担 | 同甘共苦的团结精神 |
| TYW2s17 难忘的泼水节 | 爱人民、敬总理（爱国政治性与道德性的统一） |
| TYW2s21 狐假虎威 | 看到事物本质（明智） |
| TYW2x1-3 开满鲜花的小路 | 仁爱 |
| TYW2x1-4 邓小平爷爷植树 | 勤劳 |
| TYW2x2-5 雷锋叔叔，你在哪 | 关爱他人、乐于奉献 |
| TYW2x2-6 千人糕 | 爱物 |
| TYW2x2-7 一匹出色的马 | 孝慈 |
| TYW2x3-1 神州谣 | 和睦 |
| TYW2x3-2 传统节日 | 家国情怀 |
| TYW2x3-4 中国美食 | 爱国 |
| TYW2x4-8 彩色的梦 | 热爱自然 |
| TYW2x4-9 枫树上的喜鹊 | 热爱自然 |
| TYW2x4-11 我是一只小虫子 | 热爱生活 |

续表

| 统编版小学语文教科书德目统计 ||
|---|---|
| TYW2x5-12 寓言两则《亡羊补牢》 | 明智 |
| TYW2x5-12 寓言两则《揠苗助长》 | 明智 |
| TYW2x5-13 画杨桃 | 明智 |
| TYW2x5-14 小马过河 | 明智 |
| TYW2x6-17 要是你在野外迷了路 | 探索自然 |
| TYW2x6-18 太空生活趣事多 | 探索自然 |
| TYW2x7-19 大象的耳朵 | 自信 |
| TYW2x7-20 蜘蛛开店 | 创新 |
| TYW2x7-21 卖泥塘 | 明智 |
| TYW2x7-22 小毛虫 | 进取 |
| TYW2x8-23 祖先的摇篮 | 保护自然 |
| TYW2x8-24 当世界年纪还小的时候 | 遵道 |
| TYW2x8-25 羿射九日 | 勇敢 |
| TYW3s1 大青树下的小学 | 和睦 |
| TYW3s2 花的学校 | 孝慈 |
| TYW3s3 不懂就要问 | 探索 |
| TYW3s5 铺满金黄巴掌的水泥道 | 热爱生活 |
| TYW3s8 去年的树 | 诚信 |
| TYW3s9 那一定会很好 | 乐观 |
| TYW3s11 一块奶酪 | 持节、友善 |
| TYW3s12 总也倒不了的老屋 | 友善 |
| TYW3s16 金色的草地 | 探究精神 |
| TYW3s18 富饶的西沙群岛 | 爱国 |
| TYW3s20 美丽的小兴安岭 | 爱国 |
| TYW3s21 大自然的声音 | 环保、探索自然 |
| TYW3s22 父亲 树林和鸟 | 环保 |
| TYW3s24 司马光 | 勇毅 |
| TYW3s25 掌声 | 友善 |
| TYW3s26 灰雀 | 诚信 |
| TYW3s27 手术台就是阵地 | 奉献 |
| TYW3x5 守株待兔 | 勤劳 |

续表

| 统编版小学语文教科书德目统计 ||
|---|---|
| TYW3x6 陶罐和铁罐 | 谦虚、明智 |
| TYW3x7 鹿角和鹿腿 | 明智 |
| TYW3x8 池子与河流 | 进取、奉献 |
| TYW3x10 纸的发明 | 爱国 |
| TYW3x11 赵州桥 | 勤劳、爱国 |
| TYW3x13 花钟 | 探索、自然 |
| TYW3x14 蜜蜂 | 求实 |
| TYW3x18 童年的水墨画 | 自由 |
| TYW3x20 肥皂泡 | 乐观 |
| TYW3x21 我不能失信 | 诚实 |
| TYW3x22 我们奇妙的世界 | 热爱生活 |
| TYW3x24 火烧云 | 热爱自然 |
| TYW3x26 方帽子店 | 创新 |
| TYW4s2 走月亮 | 孝慈 |
| TYW4s4 繁星 | 保护环境 |
| TYW4s5 一个豆荚里的五粒豆 | 仁爱 |
| TYW4s6 蝙蝠和雷达 | 探索、求实 |
| TYW4s7 呼风唤雨的世纪 | 探索、求实 |
| TYW4s8 蝴蝶的家 | 厚生 |
| TYW4s9 古诗三首《题西林壁》 | 明智 |
| TYW4s10 爬山虎的脚 | 探索、进取 |
| TYW4s11 蟋蟀的住宅 | 探索 |
| TYW4s12 盘古开天地 | 勇敢、仁爱、奉献 |
| TYW4s13 精卫填海 | 进取 |
| TYW4s14 普罗米修斯 | 勇敢、奉献、仁爱 |
| TYW4s15 女娲补天 | 勇敢、奉献、仁爱 |
| TYW4s16 麻雀 | 孝慈、勇敢 |
| TYW4s17 爬天都峰 | 进取 |
| TYW4s20 陀螺 | 进取、明智 |
| TYW4s21 古诗三首《出塞》 | 爱国、和睦 |
| TYW4s21 古诗三首《凉州词》 | 勇敢、奉献 |

续表

| 统编版小学语文教科书德目统计 ||
|---|---|
| TYW4s21 古诗三首《夏日绝句》 | 爱国、奉献 |
| TYW4s22 为中华之崛起而读书 | 爱国、进取、自立自强 |
| TYW4s23 梅兰芳蓄须 | 爱国、抗争 |
| TYW4s24 延安我把你追寻 | 自立自强、进取 |
| TYW4s25 王戎不取道旁李 | 自信 |
| TYW4s26 西门豹治邺 | 勇敢、求实 |
| TYW4s27 故事两则《扁鹊治病》 | 谦逊 |
| TYW4s27 故事两则《纪昌学射》 | 进取 |
| TYW4x2 乡下人家 | 热爱生活 |
| TYW4x3 天窗 | 热爱生活 |
| TYW4x6 飞向蓝天的恐龙 | 探究、探索自然 |
| TYW4x8 千年梦园在今朝 | 探索、进取、团结、爱国 |
| TYW4x9 短诗三首《繁星》 | 孝慈 |
| TYW4x11 白桦 | 保护自然 |
| TYW4x12 在天晴了的时候 | 热爱生活 |
| TYW4x13 猫 | 厚生 |
| TYW4x14 母鸡 | 孝慈 |
| TYW4x15 白鹅 | 厚生 |
| TYW4x16 海上日出 | 热爱自然 |
| TYW4x18 小英雄雨来 | 勇敢、抗争、爱国、奉献 |
| TYW4x19 我们家的男子汉 | 自立自强、进取 |
| TYW4x20 芦花鞋 | 自立自强、勤劳 |
| TYW4x21 古诗三首《芙蓉楼送辛渐》 | 持节 |
| TYW4x21 古诗三首《塞下曲》 | 英勇、抗争 |
| TYW4x21 古诗三首《墨梅》 | 持节 |
| TYW4x22 文言文两则《囊萤夜读》 | 进取、敬业 |
| TYW4x22 文言文两则《铁杵成针》 | 进取 |
| TYW4x23 诺曼底遇难记 | 敬业、奉献 |
| TYW4x24 黄继光 | 抗争、爱国、奉献 |
| TYW4x25 宝葫芦的秘密 | 自立自强、进取 |
| TYW4x26 巨人的花园 | 仁爱 |

续表

| 统编版小学语文教科书德目统计 ||
|---|---|
| TYW5s1 白鹭 | 厚生 |
| TYW5s2 落花生 | 奉献 |
| TYW5s4 珍珠鸟 | 厚生 |
| TYW5s5 搭石 | 奉献、仁爱、礼让 |
| TYW5s6 将相和 | 宽容、谦逊 |
| TYW5s8 冀中地道战 | 抗争 |
| TYW5s9 猎人海力布 | 仁爱、奉献 |
| TYW5s10 牛郎织女 1 | 勇敢、抗争 |
| TYW5s11 牛郎织女 2 | 勇敢、抗争 |
| TYW5s12 古诗三首《示儿》 | 爱国、和睦、公忠 |
| TYW5s12 古诗三首《题临安邸》 | 爱国 |
| TYW5s12 古诗三首《乙亥杂诗》 | 爱国、抗争 |
| TYW5s13 少年中国说 | 爱国、进取、富强 |
| TYW5s14 圆明园的毁灭 | 爱国、富强 |
| TYW5s15 小岛 | 爱国、公忠 |
| TYW5s17 松鼠 | 厚生 |
| TYW5s18 慈母情深 | 孝慈 |
| TYW5s19 父爱之舟 | 孝慈 |
| TYW5s20 精彩极了和糟糕透了 | 孝慈 |
| TYW5s22 四季之美 | 保护自然、热爱生活 |
| TYW5s23 鸟的天堂 | 厚生 |
| TYW5s24 月迹 | 探索 |
| TYW5s25 古人谈读书 | 敬业 |
| TYW5s26 忆读书 | 进取 |
| TYW5x1 古诗三首《四时田园杂兴》 | 勤劳 |
| TYW5x2 祖父的园子 | 孝慈 |
| TYW5x4 梅花魂 | 爱国、不屈 |
| TYW5x6 景阳冈 | 勇敢 |
| TYW5x9 古诗三首《从军行》 | 公忠 |
| TYW5x9 古诗三首《秋夜将晓出篱门迎凉》 | 爱国、公忠 |
| TYW5x9 古诗三首《闻官军收河南河北》 | 爱国 |

续表

| 统编版小学语文教科书德目统计 ||
|---|---|
| TYW5x10 青山处处埋忠骨 | 爱国、公忠、奉献 |
| TYW5x11 军神 | 勇敢、奉献 |
| TYW5x12 清贫 | 奉献、持节 |
| TYW5x15 自相矛盾 | 明智 |
| TYW5x16 田忌赛马 | 明智 |
| TYW5x17 跳水 | 勇敢 |
| TYW5x19 牧场之国 | 遵道 |
| TYW5x22 手指 | 团结 |
| TYW5x23 童年的发现 | 探索 |
| TYW6s1 草原 | 和睦 |
| TYW6s2 丁香结 | 乐观 |
| TYW6s4 花之歌 | 乐观、进取 |
| TYW6s5 七律长征 | 进取、乐观、公忠 |
| TYW6s6 狼牙山五壮士 | 公忠、奉献、抗争 |
| TYW6s7 开国大典 | 爱国 |
| TYW6s8 灯光 | 奉献 |
| TYW6s10 宇宙生命之谜 | 探索自然、遵道 |
| TYW6s11 故宫博物院 | 爱国 |
| TYW6s12 桥 | 公忠、奉献 |
| TYW6s13 穷人 | 仁爱 |
| TYW6s14 在柏林 | 和平 |
| TYW6s18 只有一个地球 | 环保、遵道 |
| TYW6s19 青山不老 | 环保、奉献 |
| TYW6s20 三黑和土地 | 平等 |
| TYW6s21 文言文两则《书戴嵩画牛》 | 谦虚 |
| TYW6s22 月光曲 | 仁爱 |
| TYW6s25 好的故事 | 忧国忧民 |
| TYW6s26 我的伯父鲁迅先生 | 仁爱 |
| TYW6s27 有的人 | 奉献 |
| TYW6x4 藏戏 | 和睦 |
| TYW6x5 鲁滨逊漂流记 | 乐观、进取 |

续表

| 统编版小学语文教科书德目统计 | |
|---|---|
| TYW6x6 骑鹅旅行记 | 勇敢、友善 |
| TYW6x7 汤姆·索亚历险记 | 创新、勇敢 |
| TYW6x10 古诗三首《马诗》 | 公忠、爱国 |
| TYW6x10 古诗三首《石灰吟》 | 持节、勇毅 |
| TYW6x10 古诗三首《竹石》 | 持节 |
| TYW6x11 十六年前的回忆 | 奉献、公忠 |
| TYW6x12 为人民服务 | 奉献、敬业、公忠 |
| TYW6x13 金色的鱼钩 | 奉献、公忠 |
| TYW6x14 文言文两则《两小儿辩日》 | 探索 |
| TYW6x14 文言文两则《学奕》 | 敬业 |
| TYW6x15 真理诞生于一百个问号之后 | 探索 |
| TYW6x16 表里的生物 | 探索 |

# 附 录 七

# 统编版小学道德与法治教科书德目统计

| 统编版小学道德与法治教科书德目统计 ||
| --- | --- |
| TPD1s2 拉拉手，交朋友 | 守规、友善 |
| TPD1s4 上学路上 | 守规 |
| TPD1s6 校园里的号令 | 守规 |
| TPD1s7 课间十分钟 | 守规 |
| TPD1s8 上课了 | 守规 |
| TPD1s15 快乐过新年 | 守秩序、爱护环境 |
| TPD1s16 新年的礼物 | 虚心、积极进取 |
| TPD1x3 我不拖拉 | 惜时 |
| TPD1x6 花儿草儿真美丽 | 爱护花草 |
| TPD1x7 可爱的动物 | 爱护动物 |
| TPD1x8 大自然，谢谢你 | 爱护自然 |
| TPD1x10 家人的爱 | 孝慈 |
| TPD1x11 让我自己来整理 | 自立自强 |
| TPD1x12 干点家务活 | 勤劳、自立、负责 |
| TPD1x13 我想和你们一起玩 | 合作、和睦 |
| TPD1x14 请帮一下我吧 | 互助、感恩 |
| TPD1x15 分享真快乐 | 分享、感恩 |
| TPD1x16 大家一起来 | 合作 |

续表

| 统编版小学道德与法治教科书德目统计 ||
|---|---|
| TPD2s2 周末巧安排 | 惜时 |
| TPD2s3 欢欢喜喜过国庆 | 热爱祖国 |
| TPD2s5 我爱我们班 | 团结友爱 |
| TPD2s6 班级生活有规则 | 守规 |
| TPD2s7 我是班级值日生 | 负责 |
| TPD2s8 装扮我们的教室 | 团结合作、创新 |
| TPD2s9 这些是大家的 | 爱护公物 |
| TPD2s10 我们不乱扔 | 保护环境 |
| TPD2s11 大家排好队 | 守规 |
| TPD2s12 我们小点儿声 | 礼仪规则 |
| TPD2s13 我爱家乡山和水 | 热爱家乡 |
| TPD2s14 家乡物产养育我 | 热爱家乡 |
| TPD2s15 可敬可爱的家乡人 | 责任、热爱家乡、感恩 |
| TPD2s16 家乡新变化 | 奉献、责任 |
| TPD2x1 挑战第一次 | 创新、进取 |
| TPD2x2 学做快乐鸟 | 乐观 |
| TPD2x3 学做开心果 | 乐观 |
| TPD2x4 试种一粒子 | 厚生 |
| TPD2x7 我们有新玩法 | 创新、探究 |
| TPD2x9 小水滴的叙说 | 环保 |
| TPD2x10 清新空气是个宝 | 环保 |
| TPD2x11 我是一张纸 | 爱物 |
| TPD2x12 我的环保小搭档 | 环保、创新 |
| TPD2x13 我能行 | 自尊自信、自立自强 |
| TPD2x14 学习有方法 | 进取 |
| TPD2x15 坚持才会有收获 | 进取 |
| TPD2x16 奖励一下自己 | 乐观 |
| TPD3s1 学习伴我成长 | 敬业 |
| TPD3s2 我学习我快乐 | 敬业 |
| TPD3s3 做学习的主人 | 敬业 |
| TPD3s5 走近我们的老师 | 感恩 |

续表

| 统编版小学道德与法治教科书德目统计 ||
| --- | --- |
| TPD3s6 让我们的学校更美好 | 责任、法治 |
| TPD3s7 生命最宝贵 | 感恩、厚生 |
| TPD3s8 安全记心上 | 守规 |
| TPD3s9 心中的110 | 法治、友善 |
| TPD3s10 父母多爱我 | 孝慈、感恩 |
| TPD3s11 爸爸妈妈在我身边 | 孝慈、感恩 |
| TPD3s12 家庭的记忆 | 孝慈 |
| TPD3x1 我是独特的 | 自信 |
| TPD3x2 不一样的你我他 | 宽容、友善 |
| TPD3x3 我很诚实 | 诚实守信 |
| TPD3x4 同学相伴 | 和睦、友善 |
| TPD3x5 我的家在这里 | 责任 |
| TPD3x6 我家的好邻居 | 规则、友善 |
| TPD3x8 大家的朋友 | 责任、法治 |
| TPD3x9 生活离不开规则 | 规则 |
| TPD3x10 爱心的传递者 | 友善、仁爱 |
| TPD3x13 万里一线牵 | 守规、法治 |
| TPD4s1 我们班四岁了 | 团结、友善、责任 |
| TPD4s2 我们的班规我们定 | 民主、规则、公平 |
| TPD4s3 我们班他们班 | 团结 |
| TPD4s4 少让父母为我担心 | 孝慈、感恩 |
| TPD4s5 这些事 我来做 | 责任、平等 |
| TPD4s6 我的家庭贡献与责任 | 责任 |
| TPD4s8 网络新世界 | 守规、节制 |
| TPD4s9 健康看电视 | 节制 |
| TPD4s10 我们所了解的环境污染 | 环保、法治 |
| TPD4s11 变废为宝有妙招 | 爱物、创新、节制 |
| TPD4s12 低碳生活每一天 | 环保、节制 |
| TPD4x1 我们的好朋友 | 友善、感恩 |
| TPD4x2 说话要算话 | 诚信 |
| TPD4x3 当冲突发生 | 正义、宽容 |

续表

| 统编版小学道德与法治教科书德目统计 ||
|---|---|
| TPD4x4 买东西的学问 | 法治 |
| TPD4x5 合理消费 | 节制 |
| TPD4x6 有多少浪费本可以避免 | 节制、环保 |
| TPD4x7 我们的衣食之源 | 感恩 |
| TPD4x8 这些东西哪里来 | 感恩、创新、爱国 |
| TPD4x9 我们的生活离不开他们 | 感恩、平等 |
| TPD4x11 多姿多彩的民间艺术 | 责任 |
| TPD4x12 家乡的喜与忧 | 责任 |
| TPD5s1 自主选择课余生活 | 守规、自立自强、自由 |
| TPD5s2 学会沟通交流 | 平等 |
| TPD5s3 主动拒绝烟酒与毒品 | 持节、知耻 |
| TPD5s4 选举产生班委会 | 民主、守规 |
| TPD5s5 协商决定班级事务 | 民主、平等 |
| TPD5s6 我们神圣的国土 | 爱国、团结 |
| TPD5s7 中华民族一家亲 | 和睦、团结 |
| TPD5s8 美丽文字民族瑰宝 | 爱国 |
| TPD5s9 古代科技耀我中华 | 爱国 |
| TPD5s10 传统美德源远流长 | 自强不息、仁爱、爱国、责任 |
| TPD5x1 读懂彼此的心 | 孝慈 |
| TPD5x2 让我们的家更美好 | 责任、自立自强、民主 |
| TPD5x3 弘扬优秀家风 | 规则、和睦 |
| TPD5x4 我们的公共生活 | 爱物、守规、责任 |
| TPD5x5 建立良好的公共秩序 | 守规 |
| TPD5x6 我参与 我奉献 | 平等、责任、奉献 |
| TPD5x7 不甘屈辱 奋勇抗争 | 抗争、自强不息 |
| TPD5x8 推翻帝制 民族觉醒 | 进取、抗争 |
| TPD5x9 中国有了共产党 | 进取 |
| TPD5x10 夺取抗日战争和人民解放战争的胜利 | 进取、抗争 |
| TPD5x11 屹立在世界的东方 | 进取、国际意识 |
| TPD5x12 富起来到强起来 | 富强、责任 |
| TPD6s1 感受生活中的法律 | 法治 |

续表

| 统编版小学道德与法治教科书德目统计 | |
|---|---|
| TPD6s2 宪法是根本保障 | 法治 |
| TPD6s3 公民意味着什么 | 民主、法治 |
| TPD6s4 公民的基本权利和义务 | 公平 |
| TPD6s6 人大代表为人民 | 民主、责任 |
| TPD6s7 权利受到制约与监督 | 法治 |
| TPD6s8 我们受特殊保护 | 法治 |
| TPD6s9 知法守法依法维权 | 法治 |
| TPD6x1 学会尊重 | 平等、友善 |
| TPD6x2 学会宽容 | 宽恕 |
| TPD6x3 学会反思 | 谦虚自省 |
| TPD6x4 地球——我们的家园 | 环保、责任 |
| TPD6x5 应对自然灾害 | 抗争、团结 |
| TPD6x7 多元文化多样魅力 | 国际意识 |
| TPD6x8 科技发展造福人类 | 探索、创造 |
| TPD6x9 日益重要的国际组织 | 国际意识 |
| TPD6x10 我们爱和平 | 和平 |

# 附 录 八

# 统编版中学语文教科书德目统计

| 统编版中学语文教科书德目统计 | |
|---|---|
| TYW7s2 济南的冬天 | 热爱生活、热爱祖国 |
| TYW7s5 秋天的怀念 | 孝慈 |
| TYW7s6 散步 | 敬老、礼让 |
| TYW7s7 散文诗两首《金色花》 | 孝慈 |
| TYW7s7 散文诗两首《荷叶母亲》 | 孝慈 |
| TYW7s8 世说新语二则《陈太丘与友期行》 | 正直不阿、诚信、尊重他人 |
| TYW7s10 再塑生命的人 | 好学敏思、坚韧不拔、热爱生活 |
| TYW7s11 窃读记 | 好学 |
| TYW7s13 纪念白求恩 | 奉献、国际主义精神 |
| TYW7s14 植树的牧羊人 | 奉献、坚持不懈 |
| TYW7s15 走一步再走一步 | 战胜困难 |
| TYW7s16 诫子书 | 勤学立志 |
| TYW7s18 鸟 | 自由 |
| TYW7s20 狼 | 勇毅 |
| TYW7s21 皇帝的新装 | 诚实正直 |
| TYW7s22 诗二首《天上的街市》 | 乐观向上 |
| TYW7s23 女娲造人 | 珍爱生命 |
| TYW7s24 寓言四则《蚊子和狮子》 | 明智、谦虚 |
| TYW7s24 寓言四则《赫耳墨斯和雕像者》 | 谦虚 |
| TYW7s24 寓言四则《杞人忧天》 | 乐观 |

续表

| 统编版中学语文教科书德目统计 | |
| --- | --- |
| TYW7x1 邓稼先 | 公忠、奉献、持节、正义、谦虚 |
| TYW7x2 说和做 | 革命精神、英雄气概 |
| TYW7x4 孙权劝学 | 好学 |
| TYW7x5 黄河颂 | 积极抗争精神 |
| TYW7x6 最后一课 | 爱国 |
| TYW7x7 土地的誓言 | 爱国 |
| TYW7x8 木兰诗 | 勇毅 |
| TYW7x9 阿长与《山海经》 | 善良、质朴 |
| TYW7x10 老王 | 平等、人道主义精神 |
| TYW7x11 台阶 | 不懈努力的精神 |
| TYW7x12 卖油翁 | 谦虚 |
| TYW7x13 叶圣陶先生二三事 | 宽容、律己 |
| TYW7x14 驿路梨花 | 助人 |
| TYW7x15 最苦与最乐 | 责任 |
| TYW7x16 短文两篇《爱莲说》 | 持节、正义、知耻 |
| TYW7x16 短文两篇《陋室铭》 | 持节、知耻 |
| TYW7x17 紫藤萝瀑布 | 乐观 |
| TYW7x18 一颗小桃树 | 战胜困难 |
| TYW7x19 外国诗两首《假如生活欺骗了你》 | 自立自强、刚健有为、乐观 |
| TYW7x19 外国诗两首《未选择的路》 | 乐观、独立自主 |
| TYW7x20 古代诗歌五首《登飞来峰》 | 远大理想 |
| TYW7x20 古代诗歌五首《己亥杂诗》 | 公忠、抗争精神 |
| TYW7x21 伟大的悲剧 | 开拓探索精神、集体主义精神、无私的爱 |
| TYW7x22 太空一日 | 探索精神、民族自豪、奉献 |
| TYW7x23 带上她的眼睛 | （为科学）奉献精神 |
| TYW7x24 河中石兽 | 求实的科学精神 |
| TYW8s1 消息二则《我三十万大军胜利南渡长江》 | 刚健有为、抗争精神 |
| TYW8s1 消息二则《人民解放军百万大军横渡长江》 | 刚健有为、抗争精神 |
| TYW8s3 飞天凌空 | 民族自豪 |

续表

| 统编版中学语文教科书德目统计 ||
|---|---|
| TYW8s4 一着惊海天 | 奉献祖国 |
| TYW8s5 藤野先生 | 公正、全球视野 |
| TYW8s6 回忆我的母亲 | 宽厚、勤劳、坚强 |
| TYW8s7 美丽的颜色 | 探索精神、刚健有为、奉献精神 |
| TYW8s9 三峡 | 热爱祖国 |
| TYW8s11 与朱元璋思书 | 淡泊名利、高洁志趣 |
| TYW8s13 背影 | 尊老 |
| TYW8s15 散文两篇《永久的生命》 | 乐观 |
| TYW8s15 散文两篇《我为什么而活》 | 仁爱 |
| TYW8s17 中国石拱桥 | 勤劳、智慧、民族自豪 |
| TYW8s18 苏州园林 | 热爱祖国 |
| TYW8s19 蝉 | 坚持不懈、探索精神 |
| TYW8s20 梦回繁华 | 民族自豪 |
| TYW8s21 孟子两章《富贵不能淫》 | 持节 |
| TYW8s21 孟子两章《生于安乐死于忧患》 | 奋发有为 |
| TYW8s22 愚公移山 | 刚健有为、抗争自然 |
| TYW8s23 周亚夫军细柳 | 守规、敬业 |
| TYW8s24 诗词五首《春望》 | 忧国忧民 |
| TYW8s24 诗词五首《饮酒》 | 持节 |
| TYW8s24 诗词五首《雁门太守行》 | 誓死报国的爱国精神 |
| TYW8s24 诗词五首《赤壁》 | 忧国忧民 |
| TYW8x1 社戏 | 和睦、友善 |
| TYW8x2 回延安 | 革命精神 |
| TYW8x3 安塞腰鼓 | 进取 |
| TYW8x4 灯笼 | 家国情怀 |
| TYW8x5 大自然的语言 | 探索自然 |
| TYW8x6 阿西莫夫短文两篇《恐龙无处不有》 | 探索精神 |
| TYW8x6 阿西莫夫短文两篇《被炒扁的沙子》 | 求实精神 |
| TYW8x7 大雁归来 | 厚生 |
| TYW8x8 时间的脚印 | 探索自然、探究 |
| TYW8x13 最后一次演讲 | 抗争、争议、持节 |

续表

| 统编版中学语文教科书德目统计 | |
| --- | --- |
| TYW8x14 应有格物致知的精神 | 探索求实 |
| TYW8x15 我一生中的重要选择 | 进取 |
| TYW8x16 庆祝奥林匹克运动复兴25周年 | 进取 |
| TYW8x17 壶口瀑布 | 爱国、进取 |
| TYW8x19 登勃朗峰 | 乐观、进取 |
| TYW8x23 马说 | 平等 |
| TYW8x24 唐诗三首《石壕吏》 | 忧国忧民（公忠） |
| TYW8x24 唐诗三首《茅屋为秋风所破歌》 | 忧国忧民（公忠） |
| TYW8x24 唐诗三首《卖炭翁》 | 公忠 |
| TYW9s2 我爱这土地 | 爱国 |
| TYW9s3 乡愁 | 家国情怀 |
| TYW9s6 敬业与乐业 | 敬业 |
| TYW9s7 就英法联军远征中国致布特勒上尉的信 | 正义、公平、全球视野 |
| TYW9s9 精神的三间小屋 | 明智 |
| TYW9s10 岳阳楼记 | 公忠 |
| TYW9s11 醉翁亭记 | 乐观 |
| TYW9s13 古诗三首《行路难》 | 进取 |
| TYW9s13 古诗三首《酬乐天扬州初逢席上见证》 | 乐观 |
| TYW9s13 古诗三首《水调歌头》 | 热爱生活 |
| TYW9s14 故乡 | 忧国忧民 |
| TYW9s15 我的叔叔于勒 | 持节 |
| TYW9s16 孤独之旅 | 勇毅、进取 |
| TYW9s17 中国人失掉自信力了吗 | 求实、抗争 |
| TYW9s18 怀疑与学问 | 求实 |
| TYW9s19 谈创造性思维 | 创新 |
| TYW9s20 创造宣言 | 创新 |
| TYW9s21 智取生辰纲 | 勇敢 |
| TYW9s23 三顾茅庐 | 谦逊 |
| TYW9x1 祖国啊，我亲爱的祖国 | 爱国、富强 |
| TYW9x2 梅岭三章 | 公忠 |

续表

| 统编版中学语文教科书德目统计 | |
|---|---|
| TYW9x3 短诗五首 月夜 | 忧国忧民 |
| TYW9x3 短诗五首 风雨吟 | 忧国忧民 |
| TYW9x4 海燕 | 勇毅、革命精神（抗争精神）、平等 |
| TYW9x5 孔乙己 | 平等 |
| TYW9x7 溜索 | 勇毅 |
| TYW9x8 蒲柳人家 | 正义、仁爱、慷慨（正义、仁爱） |
| TYW9x9 鱼我所欲也 | 舍生取义（奉献） |
| TYW9x10 唐雎不辱使命 | 不畏强暴、敢于斗争（持节、勇毅、抗争精神） |
| TYW9x11 送东阳马生序 | 敬业、进取 |
| TYW9x12 词四首《渔家傲秋思》 | 忧国忧民 |
| TYW9x12 词四首《江城子密州出猎》 | 公忠 |
| TYW9x12 词四首《破阵子为陈同甫赋壮词以寄之》 | 爱国 |
| TYW9x12 词四首《满江红》 | 抗争 |
| TYW9x13 短文两篇《谈读书》 | 敬业 |
| TYW9x17 屈原 | 公忠、抗争、奉献 |
| TYW9x19 枣儿 | 孝慈 |
| TYW9x21 邹忌讽齐王纳谏 | 谦逊、勇毅 |
| TYW9x22 陈涉世家 | 抗争 |
| TYW9x23 出师表 | 谦逊 |
| TYW9x24 诗词曲五首《南乡子登京口北固亭有怀》 | 忧国忧民 |
| TYW9x24 诗词曲五首《过零丁洋》 | 公忠 |
| TYW9x24 诗词曲五首《山坡羊潼关怀古》 | 公忠 |

# 附录九

# 统编版中学道德与法治教科书德目统计

| 统编版中学道德与法治教科书德目统计 | |
|---|---|
| TPD7s1 中学时代 | 挑战困难、追求理想 |
| TPD7s2 学习新天地 | 好学 |
| TPD7s3 发现自己 | 乐观、自信 |
| TPD7s5 交友的智慧 | 尊重、宽容、诚信、友善、守规 |
| TPD7s6 师生之间 | 彼此尊重 |
| TPD7s7 亲情之爱 | 孝慈 |
| TPD7s8 探问生命 | 珍爱生命 |
| TPD7s9 珍视生命 | 战胜挫折、追求精神财富 |
| TPD7s10 绽放生命之花 | 奉献、友善、责任 |
| TPD7x1 青春的邀约 | 批判精神、创新精神、虚心 |
| TPD7x3 青春的证明 | 自信、自强、知耻、追求至善 |
| TPD7x4 揭开情绪的面纱 | 积极乐观 |
| TPD7x6 "我"和"我们" | 团结协作、责任、包容 |
| TPD7x7 共奏和谐乐章 | 守规、责任 |
| TPD7x8 美好集体有我在 | 民主、公正、合作、责任 |
| TPD7x9 法律在我们身边 | 守法 |
| TPD7x10 法律伴我们成长 | 守法 |
| TPD8s1 丰富的社会生活 | 责任 |

续表

## 统编版中学道德与法治教科书德目统计

| | |
|---|---|
| TPD8s2 网络生活新空间 | 守规 |
| TPD8s3 社会生活离不开规则 | 守规 |
| TPD8s4 社会生活讲道德 | 尊重、平等、诚信、文明 |
| TPD8s5 做守法的公民 | 守法 |
| TPD8s6 责任与角色同在 | 责任 |
| TPD8s7 积极奉献社会 | 友善、奉献社会、爱岗敬业 |
| TPD8s8 国家利益至上 | 爱国、奉献 |
| TPD8s9 树立总体国家安全观 | 爱国（维护国家安全） |
| TPD8s10 建设美好祖国 | 爱国（建设祖国）、责任 |
| TPD8x1 维护宪法权威 | 法治、责任 |
| TPD8x2 保障宪法实施 | 法治、责任 |
| TPD8x3 公民权利 | 权利、法治 |
| TPD8x4 公民义务 | 责任 |
| TPD8x5 我国基本制度 | 团结、责任 |
| TPD8x6 我国国家机构 | 法治 |
| TPD8x7 尊重自由平等 | 自由、平等 |
| TPD8x8 维护公平正义 | 公平、正义 |
| TPD9s1 踏上强国之路 | 富强、创新 |
| TPD9s2 创新驱动发展 | 创新 |
| TPD9s3 追求民主价值 | 民主、责任 |
| TPD9s4 建设法治中国 | 法治 |
| TPD9s5 守望精神家园 | 爱国 |
| TPD9s6 建设美丽中国 | 遵道、爱物 |
| TPD9s7 中华一家亲 | 团结、和睦 |
| TPD9s8 中国人中国梦 | 责任、自信 |
| TPD9x1 同住地球村 | 国际意识、守规、和平 |
| TPD9x2 建立人类命运共同体 | 国际意识、和平、团结 |
| TPD9x3 与世界紧密相连 | 国际意识、责任 |
| TPD9x4 与世界共发展 | 国际意识、进取、团结合作 |

续表

| 统编版中学道德与法治教科书德目统计 ||
|---|---|
| TPD9x5 少年的担当 | 国际意识、责任、进取 |
| TPD9x6 我的毕业季 | 敬业、进取 |
| TPD9x7 从这里出发 | 创造、进取、自强、责任 |

# 附 录 十

# 统编版中学历史教科书德目统计

| 统编版中学历史教科书德目统计 ||
|---|---|
| TLs7s1 中国早期人类的代表——北京人 | 民族自豪 |
| TLs7s2 原始农耕生活 | 文化认同 |
| TLs7s3 远古的传说 | 爱国 |
| TLs7s4 早期国家的产生和发展 | 抗争精神、正义 |
| TLs7s5 青铜器与甲骨文 | 爱国（民族自豪） |
| TLs7s6 动荡的春秋时期 | 积极进取 |
| TLs7s7 战国时期的社会变化 | 创新与改革 |
| TLs7s8 百家争鸣 | 创新、探索、积极进取 |
| TLs7s9 秦统一中国 | 和睦统一 |
| TLs7s10 秦末农民大起义 | 民本、抗争 |
| TLs7s11 西汉建立和"文景之治" | 节制 |
| TLs7s12 汉武帝巩固大一统王朝 | 以民为本 |
| TLs7s13 东汉的兴亡 | 以民为本 |
| TLs7s14 沟通中外文明的"丝绸之路" | 世界意识、开拓进取、爱国 |
| TLs7s15 两汉的科技和文化 | 民族自豪 |
| TLs7s18 东晋南朝时期江南地区的开发 | 富强 |
| TLs7s19 北魏政治和北方民族大交融 | 民族融合 |
| TLs7s20 魏晋南北朝的科技与文明 | 科学精神、民族自豪 |
| TLS7x2 从"贞观之治"到"开元盛世" | 节制、虚心、民族自豪 |
| TLS7x3 盛唐气象 | 民族交往与交融、多元文化、民族自豪 |

续表

| 统编版中学历史教科书德目统计 ||
|---|---|
| TLS7x4 唐朝的中外文化交流 | 多元文化、积极进取 |
| TLS7x7 辽、西夏与北宋的并立 | 民族平等 |
| TLS7x9 宋代经济的发展 | 富强、民族自豪 |
| TLS7x11 元朝的统治 | 统一 |
| TLS7x12 宋元时期的都市和文化 | 富强、民族自豪 |
| TLS7x13 宋元时期的科技与中外交通 | 科学、文化交流、民族自豪 |
| TLS7x15 明朝的对外关系 | 文化交流、抗争精神 |
| TLS7x16 明朝的科技、建筑与文化 | 科学精神、民族自豪、积极进取 |
| TLS7x18 统一多民族国家的巩固与发展 | 统一 |
| TLS7x19 清朝前期社会经济的发展 | 富强 |
| TLS7x20 清朝君主专制的强化 | 文化交流（反例） |
| TLS7x21 清朝前期的文学艺术 | 民族自豪 |
| TLS8s1 鸦片战争 | 保卫祖国爱国主义精神、民族复兴的责任 |
| TLS8s2 第二次鸦片战争 | 振兴中华的爱国主义、反抗侵略的爱国主义、责任 |
| TLS8s3 太平天国运动 | 抗争精神、积极进取 |
| TLS8s4 洋务运动 | 自强、求富 |
| TLS8s5 甲午中日战争与瓜分中国狂潮 | 抗击侵略的爱国主义、统一、责任 |
| TLS8s6 戊戌变法 | 创新、积极进取 |
| TLS8s7 抗击八国联军 | 保卫祖国的爱国主义、抗争精神 |
| TLS8s8 革命先行者孙中山 | 民族复兴的责任感、积极进取、奉献 |
| TLS8s9 辛亥革命 | 积极进取、奉献 |
| TLS8s12 新文化运动 | 民主、科学 |
| TLS8s13 五四运动 | 民主、科学、责任、积极进取 |
| TLS8s14 中国共产党诞生 | 积极进取 |
| TLS8s15 北伐战争 | 合作、团结 |
| TLS8s16 毛泽东开辟井冈山道路 | 积极进取、奉献 |
| TLS8s17 中国工农红军长征 | 积极进取、责任 |
| TLS8s18 从九一八事变到七七事变 | 抗争精神、民主、责任、爱国 |
| TLS8s19 七七事变与全民族抗战 | 抗争精神、和平、团结、爱国主义、责任 |
| TLS8s20 正面战场的抗战 | 抗争精神、爱国、责任 |

续表

| 统编版中学历史教科书德目统计 ||
|---|---|
| TLS8s21 敌后战场的抗战 | 抗争精神、爱国、责任 |
| TLS8s22 抗日战争的胜利 | 爱国、责任、团结 |
| TLS8s23 内战爆发 | 和睦、民主、爱党 |
| TLS8s25 经济和社会生活的变化 | 富强 |
| TLS8x1 中华人民共和国成立 | 爱国、富强 |
| TLS8x2 抗美援朝 | 公忠、抗争、正义 |
| TLS8x3 土地改革 | 平等、责任 |
| TLS8x4 新中国工业化的起步和人民代表大会制度的确立 | 民主、富强 |
| TLS8x5 三大改造 | 探索、创新、责任 |
| TLS8x6 艰辛探索与建设成就 | 进取、奉献 |
| TLS8x7 伟大的历史转折 | 富强 |
| TLS8x8 经济体制改革 | 富强、责任 |
| TLS8x9 对外开放 | 富强、国际视野 |
| TLS8x10 建设中国特色社会主义 | 进取 |
| TLS8x11 为实现中国梦而努力奋斗 | 进取、责任 |
| TLS8x12 民族大团结 | 平等、团结 |
| TLS8x13 香港和澳门回归 | 和平、团结 |
| TLS8x14 海峡两岸的交往 | 团结 |
| TLS8x15 钢铁长城 | 自强不息、独立自主 |
| TLS8x16 独立自主的和平外交 | 自立自强、和平、国际意识 |
| TLS8x17 外交事业的发展 | 国际意识 |
| TLS8x18 科技文化成就 | 爱国、富强 |
| TLS8x19 社会生活的变迁 | 进取、富强 |
| TLS9s1 古代埃及 | 勤劳 |
| TLS9s3 古代印度 | 平等 |
| TLS9s4 希腊城邦和亚历山大帝国 | 民主 |
| TLS9s6 希腊罗马古典文化 | 创造、探究 |
| TLS9s9 中世界城市和大学的兴起 | 自由、平等 |
| TLS9s14 文艺复兴运动 | 自由、平等、进取、热爱生活 |
| TLS9s15 探寻新航路 | 进取、探索自然 |

续表

| 统编版中学历史教科书德目统计 ||
| --- | --- |
| TLS9s16 早期殖民掠夺 | 正义 |
| TLS9s17 君主立宪制的英国 | 国际意识 |
| TLS9s18 美国的独立 | 自由、平等 |
| TLS9s19 法国大革命和拿破仑帝国 | 进取 |
| TLS9s21 马克思主义的诞生和国际工人运动的兴起 | 抗争、进取 |
| TLS9x1 殖民地人民的反抗斗争 | 抗争、进取、正义 |
| TLS9x3 美国内战 | 进取 |
| TLS9x4 日本明治维新 | 革新 |
| TLS9x5 第二次工业革命 | 探索、创新 |
| TLS9x6 工业化国家的社会变化 | 遵道 |
| TLS9x7 近代科学与文化 | 进取、敬业 |
| TLS9x8 第一次世界大战 | 和平、正义 |
| TLS9x9 列宁与十月革命 | 抗争 |
| TLS9x10 《凡尔赛条约》和《九国公约》 | 公平、抗争 |
| TLS9x11 苏联的社会主义建设 | 创新、进取 |
| TLS9x12 亚非拉民族民主运动的高涨 | 民主、进取 |
| TLS9x13 罗斯福新政 | 革新 |
| TLS9x14 法西斯国家的侵略扩张 | 和平、正义 |
| TLS9x15 第二次世界大战 | 团结、和平、正义 |
| TLS9x16 冷战 | 和平 |
| TLS9x17 第二次世界大战后资本主义的新变化 | 富强 |
| TLS9x18 社会主义的发展与挫折 | 富强 |
| TLS9x19 亚非拉国家的新发展 | 家国情怀 |
| TLS9x20 联合国与世界贸易组织 | 和平、富强、全球视野、团结 |
| TLS9x21 冷战后的世界格局 | 和平、全球视野 |
| TLS9x22 不断发展的现代社会 | 环保、团结 |

# 附录十一

## 人教版三科教科书单项德目数量及占比统计表

| 个人层面 | 积极进取 | 探索精神 | 乐观精神 | 勇毅 | 创新精神 | 持节 | 自尊自信 | 求是精神 | 敬业 | 明智 | 谦虚 | 节制 | 勤劳 | 自立自强 | 知耻 | 热爱生活 | 共计 |
|---|---|---|---|---|---|---|---|---|---|---|---|---|---|---|---|---|---|
| 篇目 | 83 | 33 | 28 | 25 | 19 | 19 | 19 | 17 | 17 | 16 | 14 | 14 | 12 | 12 | 9 | 6 | 343 |
| 占比 | 8.13% | 3.23% | 2.74% | 2.45% | 1.86% | 1.86% | 1.86% | 1.67% | 1.67% | 1.57% | 1.37% | 1.37% | 1.18% | 1.17% | 0.88% | 0.59% | 33.60% |
| 社会层面 | 自然 | 责任 | 友善 | 孝慈 | 仁爱 | 守规 | 平等 | 诚信 | 法治 | 感恩 | 正义 | 宽恕 | 自由 | 礼让 | 公平 | | 共计 |
| 篇目 | 60 | 44 | 37 | 29 | 27 | 21 | 18 | 11 | 10 | 8 | 19 | 6 | 6 | 5 | 4 | | 305 |
| 占比 | 5.88% | 4.31% | 3.62% | 2.84% | 2.64% | 2.06% | 1.76% | 1.08% | 0.98% | 0.78% | 1.86% | 0.59% | 0.59% | 0.49% | 0.39% | | 29.87% |
| 国家层面 | 爱国 | 奉献 | 公忠 | 抗争精神 | 团结 | 利睦 | 国际视野 | 和平 | 民主 | 富强 | | | | | | | 共计 |
| 篇目 | 100 | 49 | 44 | 40 | 36 | 30 | 28 | 20 | 15 | 11 | | | | | | | 373 |
| 占比 | 9.79% | 4.80% | 4.31% | 3.92% | 3.53% | 2.94% | 2.74% | 1.96% | 1.47% | 1.08% | | | | | | | 36.54% |

# 附录十二

## 人教版三科教科书各层次德目数量及占比统计表

| 科目 层次 | 个人层面德目 | 社会层面德目 | 国家层面德目 | 总计 |
|---|---|---|---|---|
| 历史 | 38 | 24 | 127 | 189 |
| 语文 | 233 | 157 | 150 | 540 |
| 品德 | 72 | 124 | 96 | 292 |
| 总计 | 343 | 305 | 373 | 1021 |
| 比例 | 33.59% | 29.87% | 36.53% | 100% |

# 附录十三

## 统编版三科教科书单项德目数量及占比统计表

| 个人层面 | 积极进取 | 探索精神 | 乐观精神 | 勇毅 | 创新精神 | 持节 | 自尊自信 | 求是精神 | 敬业 | 明智 | 谦虚 | 节制 | 勤劳 | 自立自强 | 知耻 | 热爱生活 | 共计 |
|---|---|---|---|---|---|---|---|---|---|---|---|---|---|---|---|---|---|
| 篇目 | 66 | 27 | 24 | 29 | 27 | 19 | 7 | 10 | 21 | 18 | 16 | 12 | 12 | 19 | 5 | 11 | 323 |
| 占比 | 7.27% | 2.97% | 2.64% | 3.19% | 2.97% | 2.09% | 0.77% | 1.10% | 2.31% | 1.98% | 1.76% | 1.32% | 1.32% | 2.09% | 0.55% | 1.21% | 35.54% |
| 社会层面 | 自然 | 责任 | 友善 | 孝慈 | 仁爱 | 守规 | 平等 | 诚信 | 法治 | 感恩 | 正义 | 宽恕 | 自由 | 礼让 | 公平 | | 共计 |
| 篇目 | 66 | 39 | 23 | 25 | 17 | 28 | 19 | 8 | 20 | 12 | 15 | 8 | 7 | 2 | 6 | | 295 |
| 占比 | 7.26% | 4.30% | 2.53% | 2.75% | 1.87% | 3.08% | 2.09% | 0.88% | 2.20% | 1.32% | 1.65% | 0.88% | 0.77% | 0.22% | 0.66% | | 32.46% |
| 国家层面 | 爱国 | 奉献 | 公忠 | 抗争精神 | 团结 | 和睦 | 国际视野 | 和平 | 民主 | 富强 | | | | | | | 共计 |
| 篇目 | 61 | 43 | 30 | 37 | 29 | 17 | 21 | 14 | 19 | 19 | | | | | | | 290 |
| 占比 | 6.72% | 4.74% | 3.30% | 4.07% | 3.19% | 1.87% | 2.31% | 1.54% | 2.09% | 2.09% | | | | | | | 31.92% |

# 附录十四

# 统编版三科教科书各层次德目数量及占比统计表

| 科目\层次 | 个人层面德目 | 社会层面德目 | 国家层面德目 | 总计 |
|---|---|---|---|---|
| 历史 | 27 | 26 | 70 | 123 |
| 语文 | 228 | 109 | 155 | 492 |
| 品德 | 68 | 160 | 65 | 293 |
| 总计 | 323 | 295 | 290 | 908 |
| 比例 | 35.57% | 32.48% | 31.94% | 100% |

# 参考文献

## 一 学术著作

《蔡元培全集》第2卷，中华书局1984年版。
《马克思恩格斯全集》第3卷，人民出版社1960年版。
《马克思恩格斯全集》第42卷，人民出版社1997年版。
《列宁选集》第3卷，人民出版社2012年版。
陈桂蓉：《中国传统道德概论》，社会科学文献出版社2014年版。
陈剑旄：《蔡元培伦理思想研究》，北京大学出版社2009年版。
陈来：《古代思想文化的世界：春秋时代的宗教、伦理与社会》，生活·读书·新知三联书店2017年版。
陈少峰：《中国伦理学名著导读》，北京大学出版社2004年版。
陈瑛、文克勤：《中国伦理思想史》，贵州人民出版社1985年版。
丁锦宏：《品格教育论》，人民教育出版社2005年版。
樊浩：《中国伦理精神的历史建构》，江苏人民出版社1992年版。
方向东：《大学中庸译评》，凤凰出版社2006年版。
费孝通：《乡土中国·生育制度》，北京大学出版社1998年版。
丰子义：《现代化进程的矛盾与探求》，北京出版社1999年版。
冯契：《人的自由和真善美》，华东师范大学出版社1996年版。
冯友兰：《贞元六书》，华东师范大学出版社1996年版。
冯友兰：《中国哲学简史》，北京大学出版社1996年版。
冯曾俊：《教育人类学》，江苏教育出版社2004年版。
傅永聚：《〈中华伦理范畴〉丛书》，中国社会科学出版社2006

年版。

甘葆露:《伦理学概论》,高等教育出版社 1994 年版。

高兆明:《存在与自由:伦理学引论》,南京师范大学出版社 2004 年版。

高兆明:《道德文化:从传统到现代》,人民出版社 2015 年版。

葛晨虹:《中国特色的伦理文化》,河南人民出版社 2003 年版。

郭本禹:《道德认知发展与道德教育》,福建教育出版社 1999 年版。

胡适:《胡适学术文集·教育》,中华书局 1998 年版。

黄建中:《中西文化异同论》,生活·读书·新知三联书店 1989 年版。

黄朴民等:《中国传统道德文化历代文选》,中国人民大学出版社 2012 年版。

黄向阳:《德育原理》,华东师范大学出版社 2000 年版。

黄政杰:《教育理想的追求》,心理出版社 1988 年版。

金良年:《孟子译注》,上海古籍出版社 2004 年版。

金耀基:《从传统到现代》,中国人民大学出版社 1999 年版。

瞿振元、夏伟东:《中国传统道德讲义》,中国人民大学出版社 1997 年版。

李伯黍、岑国桢:《道德发展与德育模式》,华东师范大学出版社 1999 年版。

李承贵:《德性源流:中国传统道德转型研究》,江西教育出版社 2004 年版。

李春秋、毛蔚兰:《传统伦理的价值审视》,北京师范大学出版社 2003 年版。

李德顺:《价值学大辞典》,中国人民大学出版社 1995 年版。

李洪钧:《中华优秀传统文化简论》,辽宁大学出版社 1994 年版。

李申申等:《传承的使命——中华优秀文化传统教育问题研究》,人民出版社 2011 年版。

李中华:《中国文化概论》,华文出版社 1994 年版。

李宗桂：《中国文化概论》，中山大学出版社 1988 年版。

刘文典：《淮南鸿烈集解》，中华书局 1997 年版。

《陆九渊集》，钟哲点校，中华书局 1980 年版。

罗国杰：《建设与社会主义市场经济相适应的思想道德体系》，人民出版社 2011 年版。

罗国杰：《伦理学探索之路》，首都师范大学出版社 2011 年版。

《罗国杰自选集》，中国人民大学出版社 2007 年版。

罗国杰：《中国传统道德·德行卷》，中国人民大学出版社 1995 年版。

罗国杰：《中国传统道德·规范卷》，中国人民大学出版社 1995 年版。

罗国杰：《中国伦理思想史》，中国人民大学出版社 2008 年版。

马志政：《哲学价值论纲要》，杭州大学出版社 1991 年版。

欧用生：《课程与教学》，文景出版社 1987 年版。

彭绅明：《创新与教育》，南京师范大学出版社 2000 年版。

秦启文、周永康：《形象学导论》，社会科学文献出版社 2004 年版。

任剑涛：《道德理想主义与伦理中心主义——儒家伦理及其现代处境》，东方出版社 2004 年版。

汝信：《社会科学新辞典》，重庆出版社 1988 年版。

邵汉明：《中国文化研究二十年》，人民出版社 2006 年版。

沈善洪、王凤贤：《中国伦理思想史》（上），人民出版社 2005 年版。

宋志明：《中国传统哲学通论》，中国人民大学出版社 2004 年版。

唐凯麟、曹刚：《重释传统》，华东师范大学出版社 2000 年版。

唐凯麟：《伦理学教程》，湖南师大出版社 1992 年版。

陶东风：《社会转型与当代知识分子》，上海三联书店 1999 年版。

田广林：《中国传统文化概论》，高等教育出版社 1999 年版。

田亮等：《中国传统伦理概论》，西北工业大学出版社 2012 年版。

汪石满：《中国伦理道德》，安徽教育出版社 2003 年版。

王海明：《伦理学原理》，北京大学出版社2001年版。

王剑英等：《中国历史》（第2册），人民教育出版社1982年版。

王理：《中日价值哲学新论》，陕西人民出版社1995年版。

王立新、吴国春：《中国传统文化概论》，北京广播学院出版社1994年版。

王正平：《中国传统道德论探微》，上海三联书店2004年版。

韦政通：《中国哲学辞典大全》，世界图书出版公司1989年版。

吴铎：《德育课程与教学论》，江苏教育出版社2003年版。

吴永军：《课程社会学》，南京师范大学出版社1999年版。

吴远：《教育心理学——在大学教育中的理论与应用》，河海大学出版社2006年版。

徐复观：《中国人性论史》，华东师范大学出版社2005年版。

徐行言：《中西文化比较》，北京大学出版社2004年版。

徐仪明：《中国文化论纲》，河南大学出版社1992年版。

许嘉勘：《现代汉语模范字典》，中国社会科学出版社2000年版。

许亚非：《中国传统道德规范及其现代价值研究》，四川大学出版社2002年版。

杨伯峻：《春秋左传注》，中华书局1990年版。

姚小玲、陈萌：《中国传统伦理思想——社会主义核心价值体系建构的文化底蕴》，人民出版社2015年版。

余纪元：《德性之镜——孔子与亚里士多德的伦理学》，中国人民大学出版社2009年版。

袁贵仁：《价值学引论》，北京师范大学出版社1992年版。

曾国藩：《曾文正公全集·家训》（卷下），中国书店2011年版。

张岱年、程宜山：《中国文化精神》，北京大学出版社2015年版。

张岱年、方克立：《中国文化概论》，北京师范大学出版社2004年版。

张岱年：《中国伦理思想研究》，江苏教育出版社2005年版。

张岱年：《中国文化精神》，北京大学出版社2015年版。

张岱年：《中国哲学大纲》，商务印书馆2015年版。

张怀承：《天人之变：中国传统伦理道德的近代转型》，湖南教育出版社1998年版。

张继功等：《中国优秀传统文化概论》，陕西师范大学出版社1998年版。

张立文：《中华伦理范畴丛书》，中国社会科学出版社2006年版。

张岂之：《中华优秀传统文化核心理念读本》，学习出版社2012年版。

张锡勤：《中国传统道德举要》，黑龙江大学出版社2009年版。

张晓东：《中国现代化进程中的道德重建》，贵州人民出版社2002年版。

张应强：《文化视野中的高等教育》，南宁师范大学出版社1999年版。

朱熹：《四书章句集注》，上海古籍出版社1987年版。

朱贻庭：《中国传统伦理思想史》，华东师范大学出版社2009年版。

《爱因斯坦文集》第1卷，许良英、范岱年译，商务印书馆1978年版。

［德］黑格尔：《美学》第1卷，朱光潜译，商务印书馆1990年版。

［德］黑格尔：《哲学史讲演录》，贺麟、王太庆译，商务印书馆1978年版。

［德］康德：《实践理性批判》，邓晓芒译，人民出版社2004年版。

［德］马克斯·韦伯：《学术与政治》，冯克利译，生活·读书·新知三联书店1998年版。

［德］乌尔里希·贝克等：《自反性现代化》，赵文华译，商务印书馆2001年版。

［法］爱弥尔·涂尔干：《道德教育》，陈光金、沈杰、朱谐汉译，上海人民出版社2006年版。

［美］阿尔温·托夫勒：《第三次浪潮》，朱志焱、潘琪、张焱译，生活·读书·新知三联书店1984年版。

［美］埃德加·博登海默:《法理学——法律哲学与方法》,邓正来译,中国政法大学出版社1999年版。

［美］爱德华·希尔斯:《论传统》,傅铿、吕乐译,上海人民出版社1991年版。

［美］富勒:《法律的道德性》,郑戈译,商务印书馆2005年版。

［美］科恩:《论民主》,聂崇信、朱秀贤译,商务印书馆1988年版。

## 二 学位论文

藏霜:《小学语文教材中的传统文化建构——以现行人教版教材为例》,硕士学位论文,首都师范大学,2014年。

陈蔚:《义务教育阶段课程中的文化选择研究》,博士学位论文,上海师范大学,2015年。

邓斌:《中华优秀传统文化与社会主义核心价值观建设》,博士学位论文,东北师范大学,2016年。

洪晓雪:《台湾翰林版高中国文教材中的传统文化分析》,硕士学位论文,中央民族大学,2008年。

黄小娟:《高中语文教材中优秀传统文化内涵及其开发和利用》,硕士学位论文,兰州大学,2008年。

金铭:《台湾地区国小社会科中传统文化的继承》,硕士学位论文,陕西师范大学,2012年。

康海燕:《初中语文教科书的人生观研究》,博士学位论文,上海师范大学,2009年。

孔云:《文化视野中的地理教科书研究》,博士学位论文,华东师范大学,2008年。

李墨:《八套小学〈语文〉教科书中传统文化教育要素的比较研究》,硕士学位论文,浙江师范大学,2010年。

李祖祥:《控制与教化》,博士学位论文,湖南师范大学,2007年。

孟繁岩:《人教版初中语文教科书中传统美德教育内容分析与评价》,

硕士学位论文，东北师范大学，2006 年。

孟繁岩：《中韩语文教科书优秀传统文化体现方式的比较》，硕士学位论文，东北师范大学，2010 年。

饶丹：《中日中小学美术教育的比较研究——以传统文化的传承与创新为中心》，硕士学位论文，华东师范大学，2014 年。

邵丹：《八套小学语文教科书诚信要素研究》，硕士学位论文，浙江师范大学，2014 年。

孙泊：《道德榜样论》，博士学位论文，苏州大学，2016 年。

王琪：《小学语文教科书中德育价值取向研究》，硕士学位论文，沈阳师范大学，2017 年。

杨超越：《高中文言文教材中的传统文化研究》，硕士学位论文，辽宁师范大学，2015 年。

姚国宁：《日本传统文化教育对我国语文教育的启示——基于中日母语现行课标比较的维度》，硕士学位论文，湖南师范大学，2014 年。

余海燕：《中日小学语文教科书道德教育要素比较研究》，硕士学位论文，浙江师范大学，2015 年。

占素娇：《高中历史教学中的传统文化教育研究》，硕士学位论文，陕西师范大学，2014 年。

张祥欢：《初中物理教学引入传统文化的研究》，硕士学位论文，贵州师范大学，2016 年。

朱黎芬：《略论初中古诗文教学中的传统文化教育》，硕士学位论文，华东师范大学，2010 年。

竺欢：《〈开明国语课本〉对我国传统文化的传承与创新研究》，硕士学位论文，重庆师范大学，2014 年。

### 三 期刊论文

蔡仲德：《也谈"天人合一"——与季羡林先生商榷》，《传统文化与现代化》1994 年第 5 期。

陈谷嘉:《论中国古代伦理思想的三大特征》,《求索》1969 年第 5 期。

陈来:《梁启超的"私德"论及其儒学特质》,《清华大学学报》(哲学社会科学版) 2013 年第 1 期。

陈来:《中国文化传统的价值和地位》,《社科信息文荟》1994 年第 12 期。

陈思敏:《通识教育:传统道德文化资源的良好载体》,《中共银川市委党校学报》2008 年第 1 期。

陈先达:《历史进步中的传统与当代》,《求是》1996 年第 1 期。

陈瑛:《关于中国伦理思想史的几个问题》,《哲学研究》1983 年第 10 期。

陈泽环:《分离基础上的互补——再论当代社会的道德结构》,《学术月刊》2006 年第 8 期。

戴锐:《榜样教育的有效性与科学化》,《教育研究》2002 年第 8 期。

丁锦宏:《道德叙事:当代学校道德教育方式的一种走向》,《中国教育学刊》2003 年第 11 期。

范蔚:《小学语文教科书的基本结构及其教育功能负载》,《课程·教材·教法》2005 年第 7 期。

方克立:《"马魂、中体、西用":中国文化发展的现实道路》,《北京大学学报》(哲学社会科学版) 2010 年第 4 期。

方蕾蕾:《道德教育的使命:对人之依附性生存的超越》,《中国教育学刊》2017 年第 7 期。

方延明:《当代中国传统文化面临六个转变》,《南京大学学报》(哲学·人文·社会科学) 1989 年第 2 期。

傅淳华:《教科书中的学校制度生活呈现——基于对〈品德与生活〉〈品德与社会〉的分析》,《教育发展研究》2015 年第 4 期。

高国希:《中华优秀传统文化的现代阐释与教育路径》,《思想理论教育》2014 年第 5 期。

高兆明:《道德责任:规范维度与美德维度》,《南京师大学报》(社会科学版）2009 年第 1 期。

郭宝仙：《英语课程中的传统文化：中日教科书比较的视角》，《全球教育展望》2014 年第 1 期。

郭鲁兵、杜振吉：《论"仁"在儒家伦理思想中的地位及其意义》，《山东社会科学》2007 年第 11 期。

郭淑豪、程亮：《从义务的道德到超义务的道德——重审学校德育的层次性》，《中国教育学刊》2017 年第 2 期。

郝德永：《新课程改革中的文化学研究》，《课程·教材·教法》2004 年第 11 期。

胡金木：《变革中的小学德育课程的文本分析》，《教育研究与实验》2010 年第 2 期。

胡金生、黄希庭：《自谦：中国人一种重要的行事风格初探》，《心理学报》2009 年第 9 期。

胡勇、刘立夫：《从"本体—工夫"维度看中国传统道德理念的内在结构》，《道德与文明》2010 年第 1 期。

贾松青：《国学现代化与当代中国文化建设》，《社会科学研究》2006 年第 6 期。

江畅：《论德性的项目及其类型》，《哲学研究》2011 年第 5 期。

靳玉乐：《教科书选用的运作机制及其改进》，《课程·教材·教法》2014 年第 8 期。

靳玉乐：《潜在课程简论》，《课程·教材·教法》1993 年第 6 期。

靳玉乐、全晓洁：《"预期课程"框架下的学习机会探析》，《云南师范大学学报》（哲学社会科学版）2017 年第 1 期。

蓝维：《道德底线和道德信仰——关于青年道德教育的结构性缺失的反思》，《思想教育研究》2005 年第 11 期。

李承贵：《传统道德外倾之源的形成及其现代启示》，《求实》1999 年第 11 期。

李承贵、赖虹：《略论传统道德结构》，《上饶师专学报》2000 年第 1 期。

李承贵、赖虹：《中国传统伦理思想中的"公""私"关系论》，《江西师范大学学报》（哲学社会科学版）2007 年第 5 期。

李大钊：《东西文明根本之异点》，《言治》1918 年第 7 期。

李莉：《〈品德与生活〉教科书的特征分析与问题研究》，《课程·教材·教法》2011 年第 8 期。

李培超：《论中华民族爱国主义的现代逻辑演进》，《求索》2000 年第 5 期。

李学明：《公德私德化：解决"公德"与"私德"问题的切入点》，《求实》2009 年第 8 期。

李宗桂：《试论中国优秀传统文化的内涵》，《学术研究》2013 年第 11 期。

李宗桂：《优秀文化传统与民族凝聚力》，《哲学研究》1992 年第 3 期。

梁景萱：《"礼仪育人"德育特色的实践探索》，《中国教育学刊》2010 年第 6 期。

刘国彬、崔丽华：《论"中国先进文化"的内涵、特点和作用》，《广西民族学院学报》（哲学社会科学版）2004 年第 10 期。

刘华杰：《论道德教育的历史演进与发展趋向——以知识型为视角》，《湖南师范大学教育科学学报》2008 年第 5 期。

刘立夫、胡勇：《中国传统道德理念的内在结构》，《哲学研究》2010 年第 9 期。

刘立夫：《"天人合一"不能归约为"人与自然和谐相处"》，《哲学研究》2007 年第 2 期。

刘丽群：《"言"外之"意"——论教科书中的隐性课程》，《湖南师范大学教育科学学报》2007 年第 5 期。

刘铁芳：《从规训到引导：试论传统道德教化过程的现代性转向》，《湖南师范大学教育科学学报》2003 年第 6 期。

刘源：《近代以来中小学德育教科书中诚信知行的缺位》，《教育评论》2015 年第 3 期。

刘志山、李燕燕：《道德的三层涵义与得道的三重境界》，《伦理学研究》2001 年第 3 期。

龙兴海：《从传统道德到现代道德——道德转型论》，《湖南师范大学社会科学学报》1996 年第 4 期。

鲁洁：《关系中的人：当代道德教育的一种人学探寻》，《教育研究》2002 年第 1 期。

鲁洁：《试论德育之个体享用性功能》，《教育研究》1994 年第 6 期。

吕梦含：《润物无声 爱国有声——我国语文教科书"国家形象"的建构与实效》，《湖南师范大学教育科学学报》2016 年第 5 期。

罗生全：《基础教育课程文化研究的现状及其启示》，《天津师范大学学报》（基础教育版）2008 年第 1 期。

戚万学：《活动道德教育模式的理论构想》，《教育研究》1999 年第 6 期。

戚万学：《活动课程：道德教育的主导性课程》，《课程·教材·教法》2003 年第 8 期。

钱初熹：《亚洲地区中小学美术教科书中传统文化的比较研究》，《学校艺术教育》2013 年第 7 期。

钱初熹：《中国中小学美术教科书中的传统文化》，《全球教育展望》2015 年第 3 期。

权五铉：《韩国小学社会科教科书中的"传统文化"》，《全球教育展望》2012 年第 9 期。

全晓洁、靳玉乐：《我国基础教育课程中道德价值取向的演变及其超越》，《课程·教材·教法》2018 年第 3 期。

全晓洁、靳玉乐：《校园欺凌的"道德推脱"溯源及其改进策略》，《中国教育学刊》2017 年第 11 期。

沈晓敏、权五铉：《中国社会科教科书中的国家形象透析——以人教版和科教版〈品德与社会〉为例》，《全球教育展望》2010 年第 12 期。

沈晓敏：《日本小学社会科教科书述评——东京书籍版、大阪书籍版、光村图书版的比较》,《课程·教材·教法》2000 年第 2 期。

宋银桂:《中国传统文化中的道德理性分析》,《求索》2006 年第 10 期。

孙彩平:《小学德育教材中儿童德育境遇的转变及其伦理困境》,《华中师范大学学报》(人文社会科学版) 2016 年第 3 期。

孙凤华:《人教版〈思想品德〉教科书中的意识形态教育价值取向分析》,《通化师范学院学报》2009 年第 9 期。

孙银光:《德育教材中儿童身份的三重转换——基于人教版〈品德与生活〉〈品德与社会〉分析》,《中国教育学刊》2014 年第 8 期。

唐镜:《中国传统文化中的人文精神》,《求索》2011 年第 2 期。

王常柱:《孝慈精神与现代家庭伦理的建构》,《北京科技大学学报》(社会科学版) 2008 年第 1 期。

王海明:《论道德结构》,《湖南师范大学社会科学学报》2004 年第 9 期。

王牧华、李若一:《我国马克思主义教育学的百年探索与实践创新》,《西南大学学报》(社会科学版) 2021 年第 3 期。

王世光:《教材中诚信故事类型之比较分析》,《上海教育科研》2007 年第 7 期。

王学伟:《中国优秀传统文化研究 30 年》,《中州学刊》2014 年第 4 期。

王永智:《中国传统道德价值的根本观念》,《道德与文明》2015 年第 3 期。

王泽应:《论承继中华优秀传统文化与践行社会主义核心价值观》,《伦理学研究》2015 年第 1 期。

夏惠贤、李国栋:《从立德树人看小学语文教科书德育内容的改进——基于苏教版与人教版的比较研究》,《全球教育展望》2016 年第 4 期。

夏湘远:《义务·良心·自由:道德需要三层次》,《求索》2000 年第 3 期。

谢翌、程雯：《新时期儿童道德期待的课程文本研究》，《中国教育学刊》2016年第12期。

徐柏才：《历史的视角：中国传统道德思想的再认识》，《中央民族大学学报》（哲学社会科学版）2006年第3期。

徐春：《儒家"天人合一"自然伦理的现代转化》，《中国人民大学学报》2014年第1期。

闫闯、郑航：《小学德育教科书中传统文化教育的嬗变——以四套人教版小学德育教科书为文本》，《课程·教材·教法》2015年第10期。

燕良轼等：《差序公正与差序关怀：论中国人道德取向中的集体偏见》，《心理科学》2013年第5期。

杨启亮：《中国传统道德精神与21世纪的学校德育》，《教育研究》1999年第12期。

杨伟涛：《"道德"溯源：形上本体与德性价值的统一》，《深圳大学学报》（人文社会科学版）2009年第6期。

杨宪邦：《弘扬中华优秀文化》，《中华文化论坛》1994年第4期。

杨宪邦：《中国哲学与中华民族精神》，《中国哲学史》1993年第10期。

于语和、吕姝洁：《中国传统法律文化与当今的法治认同》，《北京理工大学学报》（社会科学版）2016年第4期。

于泽元、王丹艺：《"立德树人"何以可能：我国高考作文的价值取向研究》，《全球教育展望》2017年第10期。

袁阳：《觉醒的迷失——中国传统理性精神的觉醒过度与中国文化的"主静"》，《社会科学研究》2004年第2期。

岳刚德：《中国学校德育课程近代化的三个特征》，《全球教育展望》2010年第11期。

曾红、郭斯萍：《"乐"——中国人的主观幸福感与传统文化中的幸福观》，《心理学报》2012年第7期。

曾黎：《中西伦理思想之异同与全球伦理的建构》，《河南大学学报》

（社会科学版）2007 年第 7 期。

张岱年：《论弘扬中国文化的优秀传统》，《中国社会科学院研究生院学报》1991 年第 2 期。

张岱年：《试论新时代的道德规范建设》，《道德与文明》1992 年第 3 期。

张岱年：《中国文化的基本精神》，《齐鲁学刊》2003 年第 5 期。

张岱年：《中国哲学中"天人合一"思想的剖析》，《北京大学学报》（哲学社会科学版）1985 年第 1 期。

张恒道：《论道德结构的内在逻辑关系及其价值实现》，《党史博采》2012 年第 2 期。

张鸿雁：《中国传统文化新探》，《社会科学》1986 年第 6 期。

张建英等：《公德与私德概念的辨析与厘定》，《伦理学研究》2010 年第 1 期。

张茂聪：《〈品德与社会〉教科书比较分析及思考》，《教育科学研究》2012 年第 7 期。

张锡勤：《尚公·重礼·贵和：中国传统伦理道德的基本精神》，《道德与文明》1998 年第 4 期。

张伊丽：《道德层次及其课程意义——以苏教版四年级下册〈想想他们的难处〉为例》，《上海教育科研》2009 年第 11 期。

赵吉惠：《论中国传统文化的层次结构与体用》，《人文杂志》1987 年第 12 期。

郑航：《德育教材开发中的叙事素材》，《课程·教材·教法》2004 年第 11 期。

郑航：《平民化的自由人格：当代道德教育的目标取向》，《华南师范大学学报》（社会科学版）2003 年第 2 期。

郑敬斌：《学校德育课程内容衔接问题与治理路径》，《思想理论教育》2015 年第 1 期。

中村哲：《日本小学社会科教科书中的"传统与文化"》，许芳译，《全球教育展望》2012 年第 9 期。

## 四　古籍

《北齐书·元景安传》
陈苃:《修慝余编》
《春秋繁露·必仁且知》
《春秋繁露·身之养莫重于义》
《春秋繁露·循天之道》
《春秋繁露·尧舜不擅移汤武不专杀》
《春秋繁露·俞序》
董仲舒:《春秋繁露·天道无二》
范仲淹:《范文正公文集·与省主叶内翰书二》
《管子·霸言》
《管子集校·幼官》
《管子·任法》
《管子·五辅》
《管子·心术上》
《管子·形势解》
《管子·治国》
《国语·晋语》
《汉书·董仲舒传》
《汉书·贾谊传》
《淮南子·泰族训》
《黄帝内经·灵枢》
《黄帝内经·素问》
贾谊:《新书·道术》
《贾子·道术》
《老子》
《礼记·中庸》

《礼仪·丧服传》
梁启超：《爱国论》
刘向：《说苑·立节》
柳宗元：《柳河东集·国子司业阳城遗爱碣》
柳宗元《原道》
《论语·八佾》
《论语·季氏》
《论语·里仁》
《论语·述而》
《论语·泰伯》
《论语·为政》
《论语·卫灵公》
《论语·先进》
《论语·宪问》
《论语·学而》
《论语·阳货》
《论语·雍也》
《论语·子罕》
《孟子·告子上》
《孟子·告子下》
《孟子·尽心上》
《孟子·尽心下》
《孟子·离娄上》
《孟子·离娄下》
《孟子·梁惠王上》
《孟子·梁惠王下》
《孟子·滕文公上》
《墨子·大取》

《墨子·法仪》
《墨子閒诂》
《墨子·尚贤》
《潜书·大命》
《尚书·大禹谟》
《尚书·洪范》
《尚书·五子之歌》
邵雍：《皇极经世·观物外篇》
《呻吟语·应务》
《诗经·大雅》
《诗经·小雅》
《说文解字》
王达：《笔畴（卷上）》
《王阳明全集·传习录》
《新书·道术》
《荀子·大略》
《荀子·天论》
《荀子·王制》
《荀子·修身》
《易经·彖传》
《曾文正公全集·家书》
《曾文正公全集·杂著》
郑樵：《通志·总序》
《中庸》
《忠经·天地神明章》
周敦颐：《通书·礼乐》
《周易·说卦传》
朱熹：《孟子集注》

朱熹:《四书章句集注·中庸章句》
《朱子语类》
《庄子·知北游》
《字汇》
《左传·襄公二十二年》
《左传·隐公六年》
《左传·昭公二十六年》

### 五　资料汇编

陈卫平:《略谈传统与价值》,载上海文艺出版社《反思:传统与价值——中国文化十二讲》,上海文艺出版社1991年版。

杜威:《教育中的道德原理》,载赵祥麟《学校与社会 "明日之学校》,人民教育出版1994年版。

金开诚:《中华传统文化的四个重要思想及其古为今用》,载何怀宏、葛剑雄《党员领导干部十七堂文化修养课》,华文出版社2010年版。

李锦全:《儒学在当代的推陈出新》,载国际儒学联合会《儒学与当代文明——纪念孔子诞生2555周年国际学术研讨会论文集》,九州出版社2005年版。

谭嗣同:《仁学》(二),载方行、蔡尚思《谭嗣同全集》(下册),中华书局1981年版。

张岱年:《分析中国传统文化的优缺》,载谢龙《平凡的真理　非凡的求索——纪念冯定百年诞辰研究文集》,北京大学出版社2002年版。

郑玄注、孔颖达疏:《礼记正义》,载阮元《十三经注疏》,中华书局1980年版。

### 六　报刊文献

杜悦:《什么是国学?什么是传统文化?——中国文化研究所刘梦溪

所长访谈录》，《中国教育报》2007 年 5 月 23 日第 3 版。

黄克剑：《传统文化封闭性及其时代特质》，《光明日报》1986 年 5 月 26 日第 4 版。

李连科：《儒家传统与后现代主义》，《人民日报》2001 年 6 月 23 日第 6 版。

魏承思：《中国传统的思维方式和文化观念》，《文汇报》1986 年 4 月 8 日第 2 版。

习近平：《在纪念孔子诞辰 2565 周年国际学术研讨会暨国际儒学联合会第五届会员大会开幕会上的讲话》，《人民日报》2014 年 9 月 25 日第 2 版。

习近平：《在中共中央政治局第十三次集体学习时强调把培育和弘扬社会主义核心价值观作为凝魂聚气强基固本的基础工程》，《人民日报》2014 年 2 月 26 日第 1 版。

张分田：《中国古代有民主主义思想吗？》，《北京日报》2003 年 2 月 17 日第 3 版。

张岂之：《儒家思想的历史演变及其作用》，《人民日报》1987 年 10 月 9 日第 3 版。

中华人民共和国教育部：《完善中华优秀传统文化教育指导纲要》，《中国教育报》2014 年 4 月 2 日第 3 版。

### 七　课程文件及教学用书

（一）课程文件

中华人民共和国教育部：《义务教育历史与社会课程标准》，北京师范大学出版集团 2011 年。

中华人民共和国教育部：《义务教育语文课程标准（2011 年）》，北京师范大学出版社 2012 年。

中华人民共和国教育部：《义务教育品德与生活课程标准（2011 年）》，北京师范大学出版社 2012 年。

中华人民共和国教育部:《义务教育品德与社会课程标准(2011年)》,北京师范大学出版社2012年。

中华人民共和国教育部:《全日制义务教育思想品德课程标准(实验稿)》,北京师范大学出版社2001年。

(二) 教科书

教育部:《道德与法治》(1年级上册—1年级下册),人民教育出版社2016年版。

教育部:《道德与法治》(2年级上册—2年级下册),人民教育出版社2017年版。

教育部:《道德与法治》(3年级上册—3年级下册),人民教育出版社2018年版。

教育部:《道德与法治》(4年级上册—6年级下册),人民教育出版社2019年版。

教育部:《道德与法治》(7年级上册—7年级下册),人民教育出版社2016年版。

教育部:《道德与法治》(8年级上册),人民教育出版社2017年版。

教育部:《道德与法治》(8年级下册—9年级下册),人民教育出版社2018年版。

教育部:《历史》(7年级上册—7年级下册),人民教育出版社2016年版。

教育部:《历史》(8年级上册—8年级下册),人民教育出版社2017年版。

教育部:《历史》(9年级上册—9年级下册),人民教育出版社2018年版。

教育部:《语文》(1年级上册—1年级下),人民教育出版社2016年版。

教育部:《语文》(2年级上册—2年级下),人民教育出版社2017年版。

教育部：《语文》（3年级上册—3年级下），人民教育出版社2018年版。

教育部：《语文》（4年级上册—6年级下），人民教育出版社2019年版。

教育部：《语文》（7年级上册—7年级下），人民教育出版社2016年版。

教育部：《语文》（8年级上册—8年级下），人民教育出版社2017年版。

教育部：《语文》（9年级上册—9年级下），人民教育出版社2018年版。

课程教材研究所：《历史》（7年级—9年级），人民教育出版社2010年版。

课程教材研究所：《品德与生活》（1年级上册—2年级下册），人民教育出版社2007年版。

课程教材研究所：《品德与社会》（3年级上册），人民教育出版社2009年版。

课程教材研究所：《品德与社会》（3年级下册），人民教育出版社2004年版。

课程教材研究所：《品德与社会》（4年级上册），人民教育出版社2009年版。

课程教材研究所：《品德与社会》（4年级下册），人民教育出版社2007年版。

课程教材研究所：《品德与社会》（5年级上册—6年级下册），人民教育出版社2009年版。

课程教材研究所：《思想品德》（7年级—9年级），人民教育出版社2008年版。

课程教材研究所：《语文》（1年级上册—2年级上册），人民教育出版社2001年版。

课程教材研究所:《语文》(2年级下册),人民教育出版社2002年版。

课程教材研究所:《语文》(3年级上册—3年级下册),人民教育出版社2003年版。

课程教材研究所:《语文》(4年级上册—4年级下册),人民教育出版社2004年版。

课程教材研究所:《语文》(5年级上册—5年级下册),人民教育出版社2005年版。

课程教材研究所:《语文》(6年级上册—6年级下册),人民教育出版社2006年版。

课程教材研究所:《语文》(7年级上册—8年级上册),人民教育出版社2001年版。

课程教材研究所:《语文》(8年级下册),人民教育出版社2002年版。

课程教材研究所:《语文》(9年级上册—9年级下册),人民教育出版社,2003年版。

(三) 教师用书

课程教材研究所:《义务教育课程标准实验教科书历史教师教学用书》(7年级—9年级),人民教育出版社2010年版。

课程教材研究所:《义务教育课程标准实验教科书品德与生活教师教学用书》(1年级—2年级),人民教育出版社2007年版。

课程教材研究所:《义务教育课程标准实验教科书品德与社会教师教学用书》(3年级—6年级),人民教育出版社2009年版。

课程教材研究所:《义务教育课程标准实验教科书思想品德教师教学用书》(7年级—9年级),人民教育出版社2008年版。

课程教材研究所:《义务教育课程标准实验教科书语文教师教学用书》(1年级—9年级),人民教育出版社2003年版。

人民教育出版社课程教材研究所:《小学道德与法治教师教学用书》

(1年级上册—1年级下册),人民教育出版社2016年版。

人民教育出版社课程教材研究所:《小学道德与法治教师教学用书》(2年级上册),人民教育出版社2017年版。

人民教育出版社课程教材研究所:《小学道德与法治教师教学用书》(2年级下册—3年级上册),人民教育出版社2018年版。

人民教育出版社课程教材研究所:《小学道德与法治教师教学用书》(3年级下册—6年级下册),人民教育出版社2019年版。

人民教育出版社课程教材研究所:《小学语文教师教学用书》(1年级上册),人民教育出版社2016年版。

人民教育出版社课程教材研究所:《小学语文教师教学用书》(1年级下册—2年级上册),人民教育出版社2017年版。

人民教育出版社课程教材研究所:《小学语文教师教学用书》(2年级下册—3年级下册),人民教育出版社2016年版。

人民教育出版社课程教材研究所:《小学语文教师教学用书》(4年级上册—6年级下册),人民教育出版社2019年版。

人民教育出版社课程教材研究所:《中学道德与法治教师教学用书》(7年级上册—7年级下册),人民教育出版社2016年版。

人民教育出版社课程教材研究所:《中学道德与法治教师教学用书》(8年级上册),人民教育出版社2017年版。

人民教育出版社课程教材研究所:《中学道德与法治教师教学用书》(8年级下册—9年级下册),人民教育出版社2018年版。

人民教育出版社课程教材研究所:《中学历史教师教学用书》(7年级上册),人民教育出版社2016年版。

人民教育出版社课程教材研究所:《中学历史教师教学用书》(7年级下册—8年级上册),人民教育出版社2017年版。

人民教育出版社课程教材研究所:《中学历史教师教学用书》(8年级下册—9年级下册),人民教育出版社2018年版。

人民教育出版社课程教材研究所:《中学语文教师教学用书》(7年

级上册），人民教育出版社2016年版。

人民教育出版社课程教材研究所：《中学语文教师教学用书》（7年级下册—8年级下册），人民教育出版社2017年版。

人民教育出版社课程教材研究所：《中学语文教师教学用书》（9年级上册—9年级下册），人民教育出版社2018年版。

# 索　引

## A

爱国　3—5,10,12,14,19,31,42—46,52,61,64,73,78,91,92,111,112,114,119,156,180,184,185,189—192,200,202,203,205,207,214,218,231,234,239,241,244,257,261,277,292,293,297

爱物　31,60,63,64,76,78,91,104,108,111,168

## B

榜样示范　206,210,253
保守内求　108,123

## C

差序之爱　159—161,205,275
"超义务"道德　287
成人化与精英化　210,213,216,218
呈现方式　13,15—17,25,29,32,122,206,209,216,252,282

诚信　11,12,19,31,42,60—62,64,73,76,78,86,108,112,114,131,149,150,178,183,205,209,221,222,231,240,247,250,255,277,282,291

持节　30,31,60,62,63,78,81,108,111,112,117—119,126,134,237,277

传统道德精神的"类后现代性"　279

传统道德精神的"潜现代性"　278
传统宗法利益关系　269,274,275
创新　4,20,40,43,60,61,63,74—76,112,126,133,134,137—139,147,184,204,214,218,260,264,269,277,283,285,291,302

## D

道德　1—7,9—15,17—31,40,42—80,82—90,92—94,96—111,114,117,118,122—124,126,127,129—134,136—138,140—150,

152,154,160—163,166,169—174,
176—180,182,184,188—190,194,
195,198,203,205—211,213—243,
245—302

道德的合法性　246,249,251,252,
265,294,295

道德的实践功夫　104

道德活动　51,55,58,140,141,
227—229,232,236,259,295,296

道德价值共识　285—287

道德形象　1,4—6,22—32,34,
47—49,59,63—67,70,71,75—78,
92,97,110,115,117,118,125,126,
129,133—135,149,161,172,173,
184,194,195,204,206—209,211,
214,216,218,219,226,239,252—
254,261,263,264,269,276,278,
281,283,287,288,290,292,295,
296,300—302

道德形象的超越　125,126,159,
194,205,258

道德形象的新释　122,153,190,
205

道德形象的延续　65,117,149,
184,205

道德形象结构　66

道德叙事　206,219—222,253,259

道德选择　103,209,227,229,259,
271,272,286,287,289

道德自由　285

德性动机　132,133

对话　15,32,39,197,202,219,
224,226,232,233,238,253,259,
277,295—297

**F**

发展性道德　76,126,128,129,
134,205

法治　12,29,30,73,98,112,114,
178,181—183,208,231,235,237,
241,243,247—250,269,291

泛爱众生　159,160,205

奉献　6,31,42,43,46,47,51,60,
64,73,77,78,92,93,101,111,112,
114,124,129—131,136,143,146,
184,186,187,192,194,195,200,
207,208,210,218,241,242,257,
259,273,292,294

富强　73,112,114,185,191,195,
199,200,248,291

**G**

感恩　31,63,64,76,78,86,112,
114,149—151,159,205,231,255,
265,277,291

个人层面道德　31,32,63,75—78,
110—112,115,117,118,120,133,
137,141,143,149,258,292

根源本体层次　68

工夫层次　67,69,70,75

公德　14,155,159,170—173,181,
183,205,208,209,261,269

公民之德　194,205

公平　54,61,112,114,155,161,173,178—181,183,200,203,235,237,247,291

公忠　31,60,62,64,77,78,92,93,108,111,112,114,184—186,214,218,237,257,277,292

功利型叙事　220—222

规劝　32,232,246,251—253

贵刚重阳的民族性格　91,96,184,189,190,205

国际意识　111,194,200,202—205

国家层面道德　31,32,64,75—78,91,110—112,117,184,200,202,258,291,292

## H

和睦　31,60,64,77,78,93—95,106,112,114,165,167,187,202,209,245,271,278

和平　31,61,64,78,94—96,106,112,114,135,181,184,186—190,193,197,208,209,243,247,271,277

和谐统一的政治立场　91,93,184,187,205,278

厚生　31,60,64,76,78,91,111

话语表达　25,26,32,206,223,232,238,253

环保　31,63,64,76,78,91,111,124,153,156

## J

家国一体的使命担当　91,184,205

价值传承　1,5,22—26,28,29,31,34,64,65,110,204,206,252,254,261,263,264,269,276,281,287,290,295,301,302

节制　31,60,63,78,79,97,108,111,112,117,118,123—126,134,153,205,255,257,259,270,291

进取　31,44—46,62,63,77,78,84,85,111,112,114,117,120,122,123,128,132—134,137,153,171,195,199,214,217,218,229,255,256,269,277,292

经验性资源　249

敬业　3,31,60,63,73,77,78,81,82,111,112,117,120,293

境界本体层次　70

## K

抗争　31,64,78,96,111,114,124,189,190,208,214,226,244,266

宽恕　30,31,60,64,76,78,85,108,111,114,149,166,205,247,277,291

## L

乐观　20,47,63,76,84,112,129,143—146,148,190,208,218

礼让　31,60,62,64,76,78,87,

108，111，114，149，151，153，154，205，255，258，261，291

礼以节事的交往法则　　85，87

利与义　　93，152，163，164，172，174，176，191，270，273，274，293

伦理本位　　45，97—100

## M

美德型叙事　　220，221

民胞物与　　44，91，163，168—170，255，281

民本　　31，42，45，61，64，73，78，96，97，195—197，278，279，283

民以为天的民本思想　　91，96

民主　　4，5，7，44，73，97，111，114，154，155，164，172，174，175，179，191，195—197，220，236，237，247，248，259—261，269，275，278—280，283，291

民族意识　　194，200，204，205

明智　　31，60，62，63，78，82，83，108，112，117，119，120，145

## N

内圣外王　　19，45，66，70，254，256

## P

平等　　5—7，19，50，73，76，88，94，102，112，114，125，127，149，151，155，158，160，162—168，170，172—176，179，180，182，183，187，191，194，196，197，200，202，204，210，216，217，220，242，245，247，256，259—261，266，267，269，275，288

平等型叙事　　220，222，225，226

## Q

谦虚　　31，47，63，78，80，87，112，117—119，121，123，126，129，205，208，218，255，291，297，298

勤劳　　31，44，60，63，76，78，80，81，111，112，117，118，120，121，134，146，166，175，208，277，291

求实　　112，133，134，137—139，150，155，173，201，217，251

权威型叙事　　220，222，226

## R

热爱生活　　76，112，143，234

仁爱　　14，19，31，44，47，57，60—62，64，73，76，78，89，104，108，112，114，162，163，167—170，173，210，258，274，277，280，292

仁以处世的立身之道　　85，88

认知性活动　　229—232，296

## S

善以安人的人性哲学　　85

社会层面道德　　18，31，32，64，75—78，85，110—112，114，117，149，153，162，173，258，291，292

社会隐喻　　240，242

生存性道德　76,126,127,144,205
守规　31,63,64,76,78,88,111,114,149,151—155,171,205,207,228,255,281
私德　14,155,159,170,171,173,180,181,183,205,261,269

## T

探索　6,11,19—22,24,26,50,58,60,75,111,112,126,133—135,137—139,156,161,174,186,198,213,214,216,218,247,263,277,286,291
探索自然　112,137,159
体验性活动　229,231,232
天人合德　103,104
天人合一　20,42—45,73,90,91,103,135,156—159,168,251,254—256,280
"天人和谐"的生存法则　85,90
天下己任的责任意识　85,89,149,152,205
同胞之爱　163,167,170
团结　14,19,31,44,60,64,76,78,94,95,112,114,127,130,142,162,184,187,188,190,192,193,205,208,233,242,243,258,278

## W

文化的二元特性　262
文化隐喻　242,244

## X

先验性资源　246
享用性道德　76,126,140,205
孝慈　31,60—62,64,76,78,88,89,108,111,114,163—168,170,173,207,277
性善　107,117,216,245

## Y

言利性角色　210,217,218
养成性活动　229,230,232
以天为本的道德本体论　269—271
义务型叙事　220—222
义以为上　254,257
引导型叙事　220,222,224—226
隐性渗透　206,207,253
隐喻　32,226,232,238—246,253
勇毅　31,60,63,78,83,108,111,112,117,120,121,124,126,205
友善　31,61,64,71,73,78,87,104,112,114,145,167,170,209,210,255,258,292
约束性道德　126,140,205

## Z

责任　10,18,19,31,37,43,53,54,61,64,78,83,90,92,93,111,112,114,129,147,152,153,155,156,162,163,165,169,170,173,176,177,180,181,185,186,188,189,

191，194，197，200，203—205，207，208，213，214，223，225，237，243，245，255—257，260，261，269，273，277，292，297，300

整体主义　19，100，101，142，180，195，257

正　义　31，46，53，60—62，64，73，76，78，81，87，89，90，108，111，114，155，161，173，175，178，180，181，183，186，187，203，244，247，277，286

知　耻　31，60，61，63，78—80，108，112，117—119，125，126，129，178，205，255，277，291

中　庸　2，45，47，60，61，69，86，94，95，105，106，109，134，138，142，161，269，280

忠顺之德　194，205

重义轻利　106，180，183，198，217，272

主体自律精神　20，78，117，118，122，137，205，255，277

主体自为意志　83，117，120，205

自立自强　31，63，78，84，112，120，122，133—135，137，144，214，218，242

自然隐喻　240—242

自　由　6，7，52，54，55，60，73，99—101，103，112，114，128，136，141，142，147，171—173，176—178，180—183，189，191，220，229，246，247，259，260，265，266，269，272，275，286—288，291，294

自致性　210，215，216，218，296

自尊自信　31，60，63，78，83，112，117，120，121

遵道　31，64，78，91，112